安装工程工程量清单计价

（第 3 版）

朱永恒　李　俊　编　著
陈　艳　王国云

东南大学出版社
SOUTHEAST UNIVERSITY PRESS
南京 · 2016

内 容 提 要

本书以国家现行的《建设工程工程量清单计价规范》(GB 50500—2013)、《通用安装工程工程量计算规范》(GB 50856—2013)以及财税〔2016〕36 号《关于全面推开营业税改增值税试点的通知》和财税〔2018〕32号《财政部税务总局关于调整增值税税率的通知》为依据,根据多年的工作经验和教学实践,结合现行的《江苏省安装工程计价定额》(2014 版)和《江苏省建设工程费用定额》(2014 年),系统阐述了建设工程费用结构,施工资源消耗量和价格的确定原理,通用安装工程工程量清单编制,招标控制价、投标报价的确定等内容。书中附有多个典型实例,供读者参阅。本书集理论和实务于一体,具有较强的针对性、实用性和通用性,可作为建筑类高等院校工程造价、建筑管理、建筑安装等专业的教学用书,也可供从事工程造价的造价工程师、造价员、监理工程师及相关技术人员参考。

图书在版编目(CIP)数据

安装工程工程量清单计价/朱永恒等编著. —3 版.
—南京:东南大学出版社,2016.11(2025.1重印)
  ISBN 978-7-5641-6310-5

  Ⅰ. ①安… Ⅱ. ①朱… Ⅲ. ①建筑安装—工程造价
—高等学校—教材 Ⅳ. ①TU723.3

  中国版本图书馆 CIP 数据核字(2016)第 197476 号

安装工程工程量清单计价

出版发行	东南大学出版社
社　　址	南京市四牌楼 2 号　　**邮编**　　210096
出 版 人	江建中
网　　址	http://www.seupress.com
电子邮箱	press@seupress.com
经　　销	全国各地新华书店
印　　刷	苏州市古得堡数码印刷有限公司
开　　本	787 mm×1 092 mm　1/16
印　　张	19.75
字　　数	493 千
版　　次	2016 年 11 月第 3 版
印　　次	2025 年 1 月第 5 次印刷
书　　号	ISBN 978-7-5641-6310-5
定　　价	45.00 元

本社图书若有印装质量问题,请直接与营销部联系。电话(传真):025-83791830

《工程造价系列丛书》编委会

丛 书 主 编：刘钟莹　卜龙章

丛书副主编：（以姓氏笔画为序）

朱永恒　李　泉　余璠璟　赵庆华

丛书编写人员：（以姓氏笔画为序）

卜龙章　卜宏马　王国云　朱永恒

仲玲钰　刘钟莹　孙子恒　严　斌

李　泉　李　俊　李婉润　李　蓉

余璠璟　张晶晶　陈冬梅　陈红秋

陈　艳　陈　萍　茅　剑　周　欣

孟家松　赵庆华　徐太朝　徐西宁

徐丽敏　郭仙君　陶运河　董荣伟

韩　苗

第 三 版 前 言

2012 年 12 月 25 日,住房和城乡建设部发布第 1567 号、第 1569 号公告,批准《建设工程工程量清单计价规范》(GB 50500—2013)、《通用安装工程工程量计算规范》(GB 50856—2013)为国家标准,自 2013 年 7 月 1 日实施。

《建设工程工程量清单计价规范》(GB 50500—2013)是以《建设工程工程量清单计价规范》(GB 50500—2008)为基础,结合工程建设实践,进一步修改、完善而成的。《通用安装工程工程量计算规范》(GB 50856—2013)与《建设工程工程量清单计价规范》(GB 50500—2013)配套使用,形成通用安装工程工程计价、工程计量标准体系。2013 计价与计量规范的实施,为深入推行工程量清单计价、建立市场形成工程造价机制奠定了坚实基础,并对规范建设工程计价行为、促进市场健康发展发挥重要作用。

编者以国家现行的《建设工程工程量清单计价规范》(GB 50500—2013)、《通用安装工程工程量计算规范》(GB 50856—2013)以及建筑业全面推开的营业税改征增值税的相关规定为依据,根据多年的工作和教学经验,结合编者参编的《江苏省安装工程计价定额》(2014版)和《江苏省建设工程费用定额》(2014 年),对《安装工程工程量清单计价》第 2 版进行了重新编写。本书系统阐述了建设工程造价的构成、工程量清单计价的基本原理,结合多个典型工程实例,详细介绍了安装工程工程量清单、招标控制价、投标报价的编制方法,具有较强的针对性、实用性和通用性。本书可作为建筑类高等院校工程造价、建筑管理、建筑安装等专业的教学用书,也可供从事工程造价的造价工程师、造价员、监理工程师及相关技术人员参考。

本书第 2 章至第 4 章以及第 6 章、第 10 章由扬州大学朱永恒编写,第 8 章由李俊编写,第 1 章、第 5 章由陈艳编写,第 7 章由朱永恒、李俊编写,第 9 章由朱永恒、王国云编写,全书由朱永恒统稿。

鉴于《建设工程工程量清单计价规范》(GB 50500—2013)在实施过程中尚有不少问题有待进一步研究探讨,书中难免出现不当之处,恳请广大读者和专家及时指正。在本书编写过程中得到了扬州市建委定额站的大力支持,在此表示感谢。

编 者
2016 年 5 月

目　　录

1 工程量清单计价概述

1.1 工程造价的产生与发展

人们对工程造价管理的认识是随着生产力的发展,市场经济的发展和现代科学管理的发展而不断加深的。

在中国漫长的封建社会中,不少官府建筑规模宏大、技术要求很高,历代工匠积累了丰富的经验,逐步形成一套工料限额管理制度,即现在我们所说的人工、材料定额。据《辑古算经》等书记载,我国唐代就已有夯筑城台的用工定额——功。北宋将作少监(主管建筑的大臣)李诫所著《营造法式》(1103 年)一书共 34 卷,包括释名、各作制度、功限、料例、图样五部分,其中"功限"就是现在所说的劳动定额,"料例"就是材料消耗限额。该书实际上是官府颁布的建筑规范和定额。它汇集了北宋以前的技术精华,吸取了历代工匠的经验,对控制工料消耗、加强设计监督和施工管理起了很大作用,一直沿袭到明清。清代管辖官府建筑的工部所编著的《工程做法》则一直流传至今。两千多年来,我国也不乏把技术与经济相结合大幅度降低工程造价的实例。北宋大臣丁谓在主持修复被大火烧毁的汴京宫殿时提出的"挖沟取土、以沟运料、废料填沟"一举三得的方案就是一个典型。

资本主义社会化大生产的发展,使得许多工人共同劳动的规模日益扩大,劳动分工和协作越来越细、越来越复杂,对工程建设中的人工和材料消耗进行科学管理也就越来越重要。以英国为例,16 世纪到 18 世纪是英国工程造价管理发展的第一阶段。这个时期,设计和施工逐步分离并各自形成一个独立专业以后,施工工匠需要有人帮助他们对已完成的工程进行测量和估价,以确定应得的报酬。这些人在英国被称为工料测量师。这时的工料测量师是在工程设计和工程完工以后才去测量工程量和估算工程造价的,并以工匠小组的名义与工程委托人和建筑师进行洽商。从 19 世纪初期开始,资本主义国家在工程建设中开始推行招标承包制。形势要求工料测量师在工程设计以后和开工以前就进行测量和估价,根据图纸算出实物工程量并汇编成工程量清单,为招标者制订标底或为投标者作出报价。从此,工程造价管理也逐步形成了独立的专业。1881 年英国皇家测量师学会成立。这个时期通常称为工程造价管理发展的第二个阶段,完成了工程造价管理的第一次飞跃。至此,工程委托人能够做到在工程开工之前,预先了解到需要支付的投资额,但是工程委托人还不能做到在设计阶段就对工程项目所需的投资进行准确预计,并对设计进行有效的监督控制。招标时,往往设计已经完成,此时业主才发现由于工程费用过高、投资不足,不得不停工或修改设计。业主为了使投资花得明智和恰当,为了使各种资源得到最有效的利用,迫切要求在设计的早期阶段以至在投资决策时,就开始进行投资估算,并对设计进行控制。另一方面,由于工程造价规划技术和分析方法的应用,工料测量师在设计过程中有可能相当准确地做出概预算,甚至在设计之前就做出估算,并可根据工程委托人的要求使工程造价控制在限额以内。因此,从 20 世纪 40 年代开始,一个"投资计划和控制制度"在英国等商品经济发达国家应运而生。工程造价管理的发展进入了第三阶段,完成了工程造价管理的再一次飞跃。

从上述工程管理发展简史中不难看出，工程造价管理专业是随着工程建设的发展和商品经济发展而产生并日趋完善的。这个发展过程归纳起来有以下特点：

（1）从事后算账到事先算账。即从最初只是消极地反映已完工程量的价格，逐步发展到在开工前进行工程量的计算和估价，进而发展到在初步设计时提出概算，在可行性研究时提出投资估算，成为业主作出投资决策的重要依据。

（2）从被动地反映设计和施工发展到能动地影响设计和施工。最初负责施工阶段工程造价的确定和结算，以后逐步发展到在设计阶段、投资决策阶段对工程造价作出预测，并对设计和施工过程投资的支出进行监督和控制，进行工程建设全过程的造价控制和管理。

（3）从依附于施工者或建筑师发展成一个独立的专业。现在许多国家均有专业学会，有统一的业务职称评定标准和职业守则，不少高等院校也开设了工程造价管理专业，培养专门的人才。

1.2　国际工程造价管理模式

1.2.1　英联邦国家（地区）工程造价管理

英联邦成员遍布世界各大洲，虽然所处地域不同，经济、社会、政治发展状态各异，但与英联邦的工程造价管理制度有着千丝万缕的联系。英国是英联邦的核心，其工程造价管理体系最为完整，许多英联邦国家（地区）的工程造价管理制度均以此为基础，再融合了各自实际情况而形成。我国的香港特别行政区仍沿袭着英联邦的工程造价管理方式，且与内地情况较为接近，其做法也较为成功。下面归纳的是香港地区的工程造价管理。

1）政府间接调控

在香港，建设项目划分为政府工程和私人工程两类。政府工程由政府专业部门以类似业主的身份组织实施，统一管理，统一建设；而对于占工程总量大约70%的私人工程的具体实施过程采取"不干预"政策。

香港政府对工程造价的间接调控主要表现为：

（1）建立完善的法律体系，以此制约建筑市场主体的价格行为。香港目前制定有100多项有关城市规划、建设与管理的法规，如《建筑条例》《香港建筑管理法规》《标准合同》《标书范本》，等等。一项建筑工程从设计、征地、筹资、标底制定、招标到施工结算、竣工验收、管理维修等环节都有具体的法规制度可以遵循，各政府部门依法照章办事，防止了办事人员的随意性，因而相互推诿、扯皮的事很少发生；另一方面，业主、建筑师、工程师、测量师的责任在法律中都有明确规定，违法者将负民事、刑事责任。健全的法规，严密的机构，为建筑业的发展提供了有力保障。

（2）制定与发布各种工程造价信息，对私营建筑业施加间接影响。政府有关部门制定的各种应用于公营工程计价与结算的造价指数以及其他信息，虽然对私人工程的业主与承包商不存在行政上的约束力，但由于这些信息在建筑行业具有较高的权威性和广泛的代表性，因而能为私人工程的业主与承包商共同接受，实际上起到了指导价格的作用。

（3）政府与测量师学会及各测量师行保持密切联系，间接影响测量师的估价。在香港，工料测量师受雇于业主，是进行工程造价管理的主要力量。政府在对其进行行政监督的同时，主要通过测量师学会的作用，如进行操守评定、资历与业绩考核等，达到间接控制的目的。

2）动态估价，市场定价

在香港，无论是政府工程还是私人工程，均被视为商品，在工程招标报价中一般都采用自由竞争，按市场经济规律要求进行动态估价。业主对工程的估价一般要委托工料测量师行来完成。测量师行的估价大体上是按比较法和系数法进行，经过长期的估价实践，他们都拥有极为丰富的工程造价实例资料，甚至建立了工程造价数据库。承包商在投标时的估价一般凭自己的经验来完成，他们往往把投标工程划分为若干个分部工程，根据本企业定额计算出所需人工、材料、机械等的耗用量，而人工单价主要根据企业报价，材料单价主要根据各材料供应商的报价加以比较确定，承包商根据建筑市场供求情况随行就市，自行确定管理费率，最后作出体现当时当地实际价格的工程报价。总之，工程任何一方的估价，都是以市场状况为重要依据之一，是完全意义的动态估价。

3）发育健全的咨询服务业

伴随着建筑工程规模的日趋扩大和建筑生产的高度专业化，香港各类社会咨询服务机构迅速发展起来，他们承担着各建设项目的管理和服务工作，是政府摆脱对微观经济活动直接控制和参与的保证，是承发包双方的顾问和代言人。

在这些社会咨询服务机构中，工料测量师行是直接参与工程造价管理的咨询部门。从20世纪60年代开始，香港的工程建设预算师已从以往的编制工程概算、预算，按施工完成的实物工程量编制竣工结算和竣工决算，发展成为对工程建设全过程进行成本控制；预算师从以往的服务于建筑师、工程师的被动地位，发展到与建筑师和工程师并列，并相互制约、相互影响的主动地位，在工程建设过程中发挥出积极作用。

4）多渠道的工程造价信息发布体系

在香港这个市场经济社会中，能否及时、准确地捕捉建筑市场价格信息，是业主和承包商保持竞争优势和取得盈利的关键，是建筑产品估价和结算的重要依据，是建筑市场价格变化的指示灯。

工程造价信息的发布往往采取价格指数的形式。按照指数内涵划分，香港地区发布的主要工程造价指数可分为三类，即投入品价格指数、成本指数和价格指数，分别是依据投入品价格、建造成本和建造价格的变化趋势而编制。在香港建筑工程诸多投入品中，劳工工资和材料价格是经常变动的因素，因而有必要定期发布指数信息，供估算及价格调整之用。建造成本（Construction Cost），是指承包商为建造一项工程所付出的代价；建造价格（Construction Price），是指承包商为业主建造一项工程所收取的费用，除了包括建造成本外，还有承包商所赚取的利润。

按照发布机构分类，工程造价指数可分为政府指数和民间指数。政府指数是由建筑署定期发布，包括建筑工料综合成本指数（Labour and Material Consolidated Index）、劳工指数（Labour Cost Index）、建材价格指数（Material Cost Index ）和投标价格指数（Tender Price Index）。政府指数主要用于政府工程结算调价和估算。私人工程也可参照政府指数调整，但这要视业主与承包商签订的合同而定。民间指数由一些工料测量师行根据其造价资料综合而成，其中最具权威性的指数是威宁谢（香港）公司和利比测计师事务所发布的造价指数。这两种指数虽属民间性质，仅供报价与估价参考之用，但由于它们具有良好的声誉，能够被业主和承包商所共同接受，因而有着不可取代的地位。

目前,香港特区工程造价信息从编制到发布已形成了较成熟的体系,信息及时、准确、实用,反映了市场快速、高效、多变的特点,基本满足了建筑市场主体对价格信息的需要。

1.2.2 日本建设工程造价管理

日本建设工程造价管理(建筑积算)起步较晚,主要是在明治时代实行开放政策后,伴随西方建筑技术的引进,借鉴英国工料测量制度而发展起来的。这对于我国如何结合本国实际,借鉴西方成功经验具有较高的参考价值。

日本建设工程造价管理的特点归纳起来有3点:行业化、系统化、规范化。

1) 行业化

日本工程造价管理作为一个行业经历了较长的历史过程。早期的积算管理方法源于英国。早在明治十年,受英国的影响而懂得建筑积算在工程建设中的作用,并由设计部门在实际工作中应用建筑积算;到了大正时代,出版了《建筑工程工序及积算法》等书。昭和二十年,民间咨询机构开始出现,昭和四十二年成立了民间建筑积算事务所协会,昭和五十年,日本建筑积算协会成为社团法人,从此建筑积算成为一个独立的行业活跃于日本各地。建设省于1990年正式承认日本建筑积算协会组织的全国统考,并授予通过考试者"国家建筑积算士"资格,使建筑积算得以职业化。

2) 系统化

日本的建设工程造价管理在20世纪50年代后通过借鉴国外经验逐步形成了一套科学体系。

日本对国家投资工程的管理分部门进行。在建设省内设置了管厅营缮部、建设经济局、河川局、道路局、住宅局,分别负责国家机关建筑物的修建与维修、房地产开发、河川整治与水资源开发、道路建设和住宅建设等,基本上做到分工明确。此外设有8个地方建设局,每个局设15~30个工程事务所,每个工程事务所下设若干个派出机构"出张所"。建设省负责制定计价规定、办法和依据,地方建设局和工程事务所负责具体投标厂商的指明、招标、定标和签订合同,以及政府统计计价依据的调查研究,工程项目的结算、决算等工作。出张所直接面对各具体工程,对造价实行监督、控制、检查。

日本政府对建设工程造价实行全过程管理。日本建筑工程的建设程序大致如下:

调查(规划)—计划(设计任务书)—设计(基本设计及实施设计)—积算(概预算)—契约(合同)—监理检查—引渡(交工)—保全(维修服务)。

在立项阶段,对规划设计作出切合实际的投资估算(包括工程费、设计费和土地购置费),并根据审批权限审批。

立项后,政府主管部门依照批准的规划和投资估算,委托设计单位在估算限额内进行设计。一旦作出了设计,则要对不同阶段设计的工程造价进行详细计算和确认,检查其是否突破批准的估算。如未突破,即以实施设计的预算作为施工发包的标底也就是预定价格;如突破了,则要求设计单位修改设计,缩小建设规模或降低建设标准。

在承发包和施工阶段,政府与项目主管部门以控制工程造价在预定价格内为中心,将管理贯穿于选择投标单位、组织招投标、确定中标单位和签订工程承发包合同,并对质量、工期、造价进行严格的监控。

3) 规范化

日本工程造价管理在 20 世纪 50 年代前大多凭经验进行,随着建筑业的发展,学习国外经验,制定各种规章,逐步形成了比较完整的法规体系。

日本政府各部门根据基本法准则,制定了一系列有关确定工程造价的规定和依据,如《新营预算单价》(估算指标)、《建筑工事积算基准》、《土木工事积算基准》、《建筑数量积算基准——解说》(工程量计算规则)、《建筑工事内识书标准书式》(预算书标准格式),等等。

日本的预算定额的"量"和"价"分开,量是公开的,价是保密的。对于政府投资的工程,各级政府都掌握有自己的劳务、机械、材料单价。以建设省为例,它的劳务单价是先选定 83 个工种进行调查,再按社会平均劳务价格确定。这项调查以地方建设局为主,通过各建筑企业进行,一般每半年调查一次。对于材料、设备价格变化情况的调查,日本有"建设物价调查会"和"经济调查会"两个专门机构负责,定期进行收集、整理和编辑出版工作。

日本的法规既有指令性的又有指导性的。指令性的要做到有令必行、违令必究,维护其严肃性;而指导性的则提供丰富、真实且具有权威性的信息,真正做到其指导性。

1.2.3 美国建设工程造价管理

1) 美国政府对工程造价的管理

美国政府对工程造价的管理包括对政府工程的管理和对私人投资工程的管理。美国政府对建设工程造价的管理,主要采用间接手段。

(1) 美国政府对政府工程的造价管理

美国政府对政府工程造价管理一般采用两种形式:一是由政府设专门机构对政府工程进行直接管理;二是将一些政府工程通过公开招标的形式,委托私营企业设计、估价,或委托专业公司按照该部门的规定进行管理。

对于政府委托给私营承包商的政府工程的管理,各级政府都十分重视严把招标投标这一关,以确保合理的工程成本和良好的工程质量。决标的标准并不是报价越低越好,而是综合考虑投标者的信誉、施工技术、施工经验以及过去对同类工程建设的历史记录,综合确定中标者。当政府工程被委托给私营承包商建设之后,各级政府还要对这些项目进行监督检查。

(2) 美国政府对私营工程的造价管理

在美国的建设工程总量中,私营工程占较大的比重。各级政府对私营工程项目进行管理的中心思想是尊重市场调节的作用,提供服务引导型管理,体现在私人投资方向的诱导和对私人投资项目规模的管理两个方面。

2) 美国工程估价编制

在美国,建设工程造价被称为建设工程成本。美国工程造价协会(AACE)统一将工程成本划分为两部分费用:其一是与工程设计直接有关的工程本身的建设费用,称为造价估算,主要包括设备费、材料费、人工费、机械使用费、勘测设计费等;其二是由业主掌握的一些费用,称为工程预算,主要包括场地使用费、生产准备费、执照费、保险费和资金筹措费等。在上述费用的基础上,还按一定比例提取管理费和利润计入工程成本。

（1）工程造价计价标准和要求

在美国，对确定工程造价的依据和标准并没有统一的规定。确定工程造价的依据基本上可分为两大类：一类是由政府部门制定的造价计价标准；另一类是由专业公司制定的造价计价标准。

美国各级政府都分别对各自管辖的工程项目制定计价标准，但这些政府发布的计价标准只适用于政府投资工程，对全社会并不要求强制执行，仅供社会参考。对于非政府工程主要由各地工程咨询公司根据本地区的特点，为所辖项目规定计价标准。这种做法可使计价标准更接近项目所在地区的具体实际。

（2）工程估价的具体编制

在美国，工程估价主要由设计部门或专业估价公司承担。估价师在编制工程估价时，除了考虑工程项目本身的特征因素外，如项目拟采用的独特工艺和新技术、项目管理方式、现有场地条件以及资源获得的难易程度等，一般还对项目进行较为详细的风险评估，对于风险性较大的项目，预备费的比例较高，否则则较小。估价师通过掌握不同的预备费率来调节工程估价的总体水平。

美国工程估价中的人工费由基本工资和工资附加两部分组成。其中，工资附加项目包括管理费、保险金、劳动保护金、税金等。

3）美国工程造价的动态控制

（1）项目实施过程中的造价控制

美国建设工程造价管理十分重视工程项目具体实施过程中的造价控制和管理。他们对工程预算执行情况的检查和分析工作做得非常细致。对于建设工程的各分部分项工程都有详细的成本计划，美国的建筑承包商以各分部分项工程的成本详细计划为根据来检查工程造价计划的执行情况。也对不同类型的工程变更，如合同变更、工程内部调整和重新规划等都详细规定了执行工程变更的基本程序，而且建立了较为详细的工程变更记录制度。

（2）工程造价的反馈控制

美国工程造价的动态控制还体现在造价信息的反馈系统。就单一的微观造价管理单位而言，他们十分注意收集在造价管理各个阶段上的造价资料。微观组织向有关行业提供造价信息资料，几乎成为一种制度，微观组织也把提供造价信息视为一种应尽的义务。这就使得一些专业咨询公司能够及时将造价信息公布于众，便于全社会实施造价的动态管理。

4）美国工程造价的职能化管理及其社会基础

在美国，大多数工程项目都是由专业公司来管理的。这些专业公司包括设计部门、专业估价公司、专业工程公司和咨询服务公司。这些专业公司脱离于业主之外，无论是政府工程还是私营工程，都需到社会中、到市场上去寻找自己信得过的专业公司来承担工程项目的全方位管理。

（1）工程造价职能化管理

实施工程造价的全过程管理，是美国工程造价管理的一个主要特点。即对工程项目从方案选择、编制估算，到优化设计、编制概预算，再到项目实施阶段的造价控制，一般都是由业主委托同一个专业公司全面负责。专业公司在实施其造价管理的职能过程中，有相当大的自主权。在工程各阶段的造价估算、标底编制、承发包价格的制定、工程进度及造价控制、合同管理、工程款支付的认可、索赔处理,以及造价控制紧急应变措施的采取方面,只要不违反业主或有关部门的要求和规定,便可自行决策。这种职责对等的造价管理,有利于专业公司发挥造价管理的主动性和创造性,提高了他们对造价控制的责任心。

(2)工程造价职能化管理的社会基础

美国实行的是市场经济体制,体系完善、发育健全的市场机制是美国建设工程造价职能化管理的重要基础,特别是规模庞大的社会咨询服务业在美国的工程造价管理中起着不可低估的作用。众多的咨询服务机构在政府与私人承包商之间起到了中介作用。在对政府投资工程的管理方面,咨询服务机构的活动使得政府不必对项目进行直接管理,而主要依靠间接管理手段即可达到目的。因此,规模庞大、信誉良好的社会咨询服务机构可以充当业主和承包商的代理人。这样的咨询服务机构也是美国建设工程造价实施专业化职能管理的必要前提。

(3)工程造价职能化的手段

在美国,社会咨询服务业在工程造价职能化管理中作用的发挥还得益于发达的计算机信息网络系统。各种造价资料及其变化通过计算机联网系统,可及时提供到全美各地,各地的造价信息也通过计算机网络互通有无,及时交流,这不仅便于对工程造价实施动态管理,而且保证了工程造价信息的及时性、准确性和科学性。

1.3 我国工程造价管理综述

1.3.1 我国工程造价管理体制历史沿革

从发展过程来看,我国工程造价管理体制大体可分为五个阶段。

第一阶段:1950～1957年,是与计划经济相适应的概预算定额制度建立时期。1949年新中国成立后,百业待兴,全国面临着大规模的恢复重建工作,特别是实施第一个五年计划后,为合理确定工程造价,用好有限的资金,引进了前苏联的一套概预算定额管理制度,同时也为新组建的国有施工企业建立了企业管理制度。1957年颁布的《关于编制工业与民用建设预算的若干规定》规定了不同的设计阶段都应编制概算和预算,明确了概预算的作用。在这之前国务院和国家建设委员会还先后颁发了《基本建设工程设计和预算文件审核批准暂行办法》《工业与民用建设设计及预算编制暂行办法》《工业与民用建设预算编制暂行细则》等文件。这些文件的颁布,建立健全了概预算工作制度,确立了概预算在基本建设工作中的地位,同时对概预算的编制原则、内容、方法和审批、修正办法、程序等作了规定,确立了对概预算编制依据实行集中管理为主的分级管理原则。

为了加强概预算的管理工作,先后成立标准定额局(处),1956年又单独成立建筑经济局。同时,各地分支定额管理机构也相继成立。

第二阶段:1958～1966年,是概预算定额管理逐渐被削弱的阶段。1958年开始,"左"倾错误指导思想统治了国家政治、经济生活。在中央放权的背景下,概预算与定额管理权限也全部下放。1958年6月,基本建设预算编制办法、建筑安装工程预算定额和间接费用定额交由各省、自治区、直辖市负责管理,其中有关专业性的定额由中央各部委负责修订、补充和管理,造成全国工程量计量规则和定额项目在各地区不统一的现象。各级基建管理机构的预算部门被精简,设计单位概预算人员减少,只算政治账,不讲经济账。概预算控制投资作用被削弱,吃大锅饭,投资大撒手之风逐渐滋长。尽管在短时期内也有过重整定额管理迹象,但总的趋势并未改变。

第三阶段:1966~1976年,是概预算定额管理工作遭到严重破坏的阶段。概预算和定额管理机构被撤销,预算人员改行,大量基础资料被销毁。定额被说成是"管、卡、压"的工具,造成设计无概算,施工无预算,竣工无决算,投资大敞口,吃大锅饭。

1967年,建工部直属企业实行经常费制度。工程完工后向建设单位实报实销,从而使施工企业变成了行政事业单位。这一制度实行6年,于1973年1月1日被迫停止。恢复建设单位与施工单位施工图预算结算制度。1973年制定了《关于基本建设概算管理办法》,但并未能实施。

第四阶段:1977~1990年代,是造价管理工作整顿和发展的时期。1976年,十年动乱结束后,国家工作中心转移到经济建设上来,为恢复与重建造价管理制度提供了良好的条件。

从1977年起,国家恢复重建造价管理机构,至1983年8月成立基本建设标准定额局,组织制定工程建设概预算定额、费用标准及工作制度。为了概预算定额统一归口,1988年基本建设标准定额局划归建设部,成立标准定额司,各省市、各部委建立了定额管理站。全国颁布一系列推动概预算管理和定额管理发展的文件,并颁布几十种预算定额、估算指标。这些做法,特别是在80年代后期,中国建设工程造价管理协会成立,全过程工程造价管理概念逐渐为广大造价管理人员所接受,对推动建筑业改革起到了促进作用。

第五阶段:从20世纪90年代初至今,是深入进行工程造价管理改革的阶段。随着我国经济发展水平的提高和经济结构的日益复杂,计划经济的内在弊端逐步暴露出来,传统的与计划经济相适应的概预算定额管理,实际上是用来对工程造价实行行政指令的直接管理,遏制了竞争,抑制了生产者和经营者的积极性与创造性。市场经济虽然有其弱点和消极的方面,但它能适应不断变化的社会经济条件而发挥优化资源配置的基础作用,因而,在总结十年改革开放经验的基础上,党的十四大明确提出我国经济体制改革的目标是建立社会主义市场经济体制。我国广大工程造价管理人员也逐渐认识到,传统的概预算定额管理必须改革,不改革没有出路,"统一量、指导价、竞争费"的工程造价管理模式被越来越多的工程造价管理人员所接受,改革的步伐在加快。

1.3.2 传统工程造价管理制度存在的问题

长期以来,我国的工程造价管理沿用了前苏联的模式,实行的是与高度集中的计划经济相适应的概预算定额管理制度。工程建设概预算定额管理制度曾经对工程造价的确定和控制起过积极有效的作用。因为在传统的计划经济模式下,商品生产的范围只限于个人消费品,生产资料不是商品,在生产领域起调节作用的是国民经济有计划按比例发展的规律,所以价值规律只在流通领域起调节作用,在生产领域只起影响作用,导致淡化直至排斥价值规律。党的十一届三中全会以来,我国的政治、经济形势发生了巨大变化,到20世纪90年代初,随着市场经济体制的建立,我国在工程建设领域开始初步实行招投标制度,但无论是业主编制标底,还是施工企业投标报价,在计价的规则上也还都没有超出定额规定的范畴。招投标制度本来引入的是竞争机制,可是因为定额的限制,限制了企业之间竞争。传统定额计价模式还不能适应招投标的要求。具体而言,造价管理制度和定额计价手段暴露了以下问题:

（1）定额的指令性过强、指导性不足，反映在具体表现形式上主要是施工手段消耗部分统得过死，把企业的技术装备、施工手段、管理水平等本属竞争内容的活跃因素固定化了，不利于企业竞争机制的发挥，又妨碍了建筑市场健康有序的发展，更不利于同国际惯例接轨。

（2）定额的法令性，决定了定额成为确定工程造价的主体，而与建设工程密切联系的作为建筑市场主体的发包人和承包人，则没有价格的决策权，其主体资格形同虚设。企业作为市场的主体，必须是市场价格决策的主体，应根据企业自身的经营状况和市场供求关系决定其价格。

（3）预算定额"量""价"合一，把相对稳定的消耗量与不断变化的价格合一难以及时反映出市场经济体制下人工、材料、机械等价格的动态变化，难以就人工、材料、机械等价格的变化适时调整工程造价，使市场的参与各方无所适从，难以最终确定价格。

（4）违反商品的价值规律和供求规律。建筑物不仅是产品，更是商品。商品的价值规律和供求规律决定了建筑产品由企业自主报价，通过市场竞争形成价格。

（5）缺乏全国统一的基础定额和计价办法，地区和部门自成体系，且地区间、部门间同样项目定额水平悬殊，不利于全国统一市场的形成。

（6）各种取费计算繁琐，取费基础也不统一，使地区与地区之间、部门与部门之间、地区与部门之间产生许多矛盾，更难与国际通用规则相衔接，不适应对外开放和国际工程承包的要求。

长期以来，我国发承包计价、定价是以工程预算定额作为主要依据的。1992年为了适应建设市场工程造价管理改革的要求，针对工程预算定额编制和使用中存在的问题，建设部提出了"控制量、指导价、竞争费"的改革措施，将工程预算定额中的人工、材料、机械台班的消耗量和相应的单价分离。这一措施在我国实行市场经济初期起到了积极的作用，但随着建设市场化进程的发展，这种做法难以改变工程预算定额中国家指令性的状况，不能准确地反映各个企业的实际消耗量，不能全面地体现企业技术装备水平、管理水平和劳动生产率。为了适应目前工程招投标和由市场竞争形成工程造价的需要，对现行工程计价方法和工程预算定额进行改革已势在必行。

1.3.3 我国工程造价管理的发展趋势

1）工程造价管理的国际化趋势

随着我国改革开放的进一步加快，中国经济日益深刻地融入全球市场，在我国的跨国公司和跨国项目越来越多，我国的许多项目要通过国际招标、咨询或 BOT 方式运作。同时，我国企业走出国门在海外投资和经营的项目也在增加。因此，伴随着经济全球化的到来，工程造价管理的国际化正形成趋势和潮流。特别是我国加入 WTO 后，我国的行业壁垒下降，国内市场国际化，国内外市场全面融合，外国企业必定利用其在资本、技术、管理、人才、服务等方面的优势，挤占我国国内市场，尤其是工程总承包市场。面对日益激烈的市场竞争，我国的企业必须以市场为导向，转换经营模式，增强应变能力，自强不息，勇于进取，在竞争中学会生存，在拼搏中寻求发展。另一方面，入世后根据最惠国待遇和国民待遇，我们将获得更多的机会，并能更加容易地进入国际市场。同时，加入 WTO 后，在国际市场上，作为一名成员国，我国的企业可以与其他成员方企业拥有同等的权利，并享有同等的关税减免，在"贸易自由化"原则指导下，减少对外工程承包的审批程序，将有更多的公司从事国际工程承包,并逐步过渡到自由经营。随着经济全球化的到来,工程造价管理国际化已成必然趋势,各国都在努力寻求国际间的合作,寻找自己发展的空间。

2) 工程造价管理的信息化趋势

伴随着 INTERNET 走进千家万户,以及知识经济时代的到来,工程造价管理的信息化已成必然趋势。这给工程造价管理带来很多新的特点,在信息高速膨胀的今天,工程造价管理越来越依赖于电脑手段,其竞争从某种意义上讲已成为信息战。知识经济时代的工程造价管理将由过去的劳动密集型转变为知识密集型。知识经济可以理解为把知识转化为效益的经济;知识经济利用较少的自然资源和人力资源,而更重视利用智力资源;知识产生新的创意,形成新的成果,带来新的财富。这一过程靠传统方式已无法实现,这时先进管理手段——电脑又发挥了不可替代的作用。目前西方发达国家已经在工程造价管理中运用了计算机网络技术,通过网上招投标,开始实现了工程造价管理网络化、虚拟化。种种迹象表明 21 世纪的工程造价管理将更多地依靠电脑技术和网络技术,未来的工程造价管理必将成为信息化管理。

1.3.4 我国工程造价管理体制改革的目标

工程造价管理体制改革的最终目标是要在统一工程量计算规则和消耗量定额的基础上,遵循商品经济价值规律,建立以市场形成价格为主的价格机制。即企业依据政府和社会咨询机构提供的市场价格信息和造价指数,结合企业自身实际情况,自主报价,通过市场价格机制的运行,形成统一、协调、有序的工程造价管理体系,达到合理使用投资、有效地控制工程造价,取得最佳的投资效益的目的,逐步建立起适应社会主义市场经济体制、符合中国国情、与国际惯例接轨的工程造价管理体制。简言之,"政府宏观调控,企业自主报价,市场竞争形成价格"。

因此,改革中的关键是实现"量""价"分离,变指导价为市场价格,变指令性的政府主管部门调控取费及其费率为指导性,由企业自主报价,通过市场竞争予以定价。改变计划定额属性,这不是不要定额,而是改变定额作为政府的法定行为,采用企业自行制定定额与政府指导性相结合的方式,并统一项目费用构成,统一定额项目划分,使计价基础统一,有利竞争。一场国家取消定价,把定价权交还给企业和市场,实行"量""价"分离,由市场形成价格的造价改革势在必行。其主导原则就是"确定量、市场价、竞争费",具体改革措施就是在工程施工发、承包过程中采用工程量清单计价。工程量清单计价是目前国际上通行的、大多数国家所采用的工程计价方式。在我国工程建设中推行工程量清单计价,是与市场经济相适应的、与国际惯例接轨的一项重要的造价改革措施,必将引起我国工程造价管理体制的重大变革。

1.4 工程量清单计价与计量规范

为了适应我国建设工程管理体制改革以及建设市场发展的需要,规范建设工程各方的计价行为,进一步深化工程造价管理模式的改革,2003 年 2 月 17 日,原建设部以第 119 号公告发布了国家标准《建设工程工程量清单计价规范》(GB 50500—2003,简称"03 规范")。"03 规范"的实施,为推行工程量清单计价,建立市场形成工程造价的机制奠定了基础。但是,"03 规范"主要侧重于工程招投标中的工程量清单计价,对工程合同签订、工程计量与价款支付、合同价款调整、索赔和竣工结算等方面缺乏相应的规定。为此,原建设部标准定额司从 2006 年开始,组织有关单位对"03 规范"的正文部分进行了修订。增加了工程量清单计价中有关招标控制价、投标报价、合同价款约定、工程计量与价款支付、工程价款调整、索赔、竣工结算、工程计价争议等内容。2008 年 7 月 9 日,住房和城乡建设部以第 63 号公告,发布了《建设工程工程量清单计价规范》(GB 50500—2008,简称"08 规范")。"08 规范"实施以来,对规范工程实施阶段的计价行为起到了良好的作用,但由于附录没有修订,还存在有待完善的地方。

为了进一步适应建设市场的发展,借鉴国外经验,总结我国工程建设实践,进一步健全、完善计价规范,2009 年 6 月 5 日,标准定额司组织有关单位全面开展"08 规范"的修订工作。经过两年多的时间,于 2012 年 6 月完成了国家标准《建设工程工程量清单计价规范》(GB 50500—2013,简称《计价规范》)和《房屋建筑与装饰工程工程量计算规范》(GB 50854—2013)、《仿古建筑工程工程量计算规范》(GB 50855—2013)、《通用安装工程工程量计算规范》(GB 50856—2013)、《市政工程工程量计算规范》(GB 50857—2013)、《园林绿化工程工程量计算规范》(GB 50858—2013)、《矿山工程工程量计算规范》(GB 50859—2013)、《构筑物工程工程量计算规范》(GB 50860—2013)、《城市轨道交通工程工程量计算规范》(GB 50861—2013)、《爆破工程工程量计算规范》(GB 50862—2013)等 9 本计量规范。

1.4.1 工程量清单的定义

工程量清单是载明建设工程分部分项工程项目、措施项目、其他项目的名称和相应数量以及规费和税金项目等内容的明细清单。其中由招标人根据国家标准、招标文件、设计文件,以及施工现场实际情况编制工程量清单的称为招标工程量清单,而作为投标文件组成部分的已标明价格并经承包人确认的工程量清单称为已标价工程量清单。招标工程量清单应由具有编制能力的招标人或受其委托、具有相应资质的工程造价咨询人或招标代理人编制。采用工程量清单方式招标,招标工程量清单必须作为招标文件的组成部分,其准确性和完整性由招标人负责。招标工程量清单应以单位(项)工程为单位编制,由分部分项工程量清单,措施项目清单,其他项目清单,规费项目、税金项目清单组成。

1.4.2 工程量清单计价的适用范围

(1) 计价规范适用于建设工程发承包及其实施阶段的计价活动。包括工程量清单编制、招标控制价编制、投标报价的编制、工程合同价款的约定、工程施工过程中工程计量与合同价款的支付、索赔与现场签证、合同价款的调整、竣工结算和合同价款争议的解决以及工程造价鉴定等活动,涵盖了工程建设发承包以及施工阶段的整个过程。

(2) 使用国有资金投资的建设工程发承包,必须采用工程量清单计价。国有资金投资的工程建设项目包括国有资金投资和国家融资投资的工程建设项目。国有资金(含国家融资资金)为主的工程建设项目是指国有资金占投资总额 50% 以上,或虽不足 50% 但国有投资者实质上拥有控股权的工程建设项目。

(3) 非国有资金投资的建设工程,宜采用工程量清单计价。对于非国有资金投资的工程建设项目,是否采用工程量清单方式计价由项目业主自主确定,但鼓励采用工程量清单计价方式。

（4）不采用工程量清单计价的建设工程，应执行计价规范中除工程量清单等专门性规定外的其他规定。除不执行工程量清单计价的专门性规定外，其他条文仍应执行。

1.4.3 工程量清单计价与计量规范的内容简介

《建设工程工程量清单计价规范》(GB 50500—2013)包括总则、术语、一般规定、工程量清单编制、招标控制价、投标报价、合同价款约定、工程计量、合同价款调整、合同价款期中支付、竣工结算与支付、合同解除的价款结算与支付、合同价款争议的解决、工程造价鉴定、工程计价资料与档案、工程计价表格及 11 个附录。

新编的"计量规范"是在"08 规范"附录 A、B、C、D、E、F 基础上，独立而成为 9 个计量规范。各专业工程量计量规范包括总则、术语、工程计量、工程量清单编制、附录。附录中包括项目编码、项目名称、项目特征、计量单位、工程量计算规则和工程内容，其中项目编码、项目名称、项目特征、计量单位、工程量计算规则作为工程量清单的"五个要件"，要求招标人在编制工程量清单时必须执行。

1.4.4 工程量清单计价与计量规范的特点

工程量清单计价与计量规范具有强制性、实用性、竞争性和通用性的特点。现分述如下：

1）强制性

通过制定统一的建设工程工程量清单计价方法，达到规范计价行为的目的。这些规则和办法是强制性的，工程建设各方面都应该遵守。主要体现在：一是由建设主管部门按照强制性国家标准的要求批准颁布，规定全部使用国有资金或国有资金投资为主建设工程应按计价规范规定执行。二是明确工程量清单是招标文件的组成部分，并规定了招标人在编制工程量清单时必须做到项目编码、项目名称、项目特征、计量单位、工程量计算规则五个统一，并且要用规定的标准格式来表述。

2）实用性

计量规范附录中工程量清单项目名称明确清晰，工程量计算规则简洁明了，特别还列有项目特征和工程内容，易于编制工程量清单时确定具体项目名称和投标报价。

3）竞争性

竞争性一方面表现在计价规范中从政策性规定到一般内容的具体规定，充分体现了工程造价由市场竞争形成价格的原则。计量规范中的措施项目列出了本专业工程常用的措施项目，具体采用什么措施，如模板、脚手架、临时设施、施工排水等详细内容由投标人根据企业的施工组织设计，视具体情况报价，因为这些项目在各个企业间各有不同，是企业竞争项目，是留给企业竞争的空间。另一方面，规范中人工、材料和施工机械没有具体的消耗量，投标企业可以依据企业定额和市场价格信息，也可以参照建设行政主管部门发布的社会平均消耗量定额进行报价，规范将报价权交给了企业。

4）通用性

采用工程量清单计价将是与国际惯例接轨，符合工程量计算方法标准化、工程量计算规则统一化、工程造价确定市场化的要求。

1.5 《江苏省安装工程计价定额》(2014 版)简介

《建设工程工程量清单计价规范》规定工程量清单计价采用综合单价。综合单价包括完成一个规定清单项目所需的人工费、材料费、机械使用费、管理费和利润以及一定范围内的风险因素。综合单价不但适用于分部分项工程项目清单,也适用于措施项目清单。各省市工程造价管理机构制定具体办法,统一综合单价的计算和编制。鉴于此,江苏省住房和城乡建设厅为配合《建设工程工程量清单计价规范》(GB 50500—2013)和《通用安装工程工程量计算规范》(GB 50856—2013)的实施,编制和颁发了《江苏省安装工程计价定额》(2014版),原 2004 版《江苏省安装工程计价表》同时停止执行。

《江苏省安装工程计价定额》是完成规定计量单位分项工程计价所需的人工、材料、施工机械台班的消耗量标准,是安装工程预算工程量计算规则、项目划分、计量单位的依据;是编制设计概算、施工图预算、招标控制价(标底)、确定工程造价的依据;也是编制概算定额(指标)、投资估算指标的基础;也可作为制定企业定额和投标报价的基础。本定额是按目前国内大多数施工企业采用的施工方法、机械化装备程度、合理的工期、施工工艺和劳动组织条件制定的。

本定额的人工工日不分列工种和技术等级,一律以综合工日表示,内容包括基本用工、超运距用工和人工幅度差。综合工日的单价分为一类工每工日 77 元,二类工每工日 74 元,三类工每工日 69 元。实际使用时,应根据江苏省建设厅的规定,适时调整综合工日的单价。

本定额中的材料消耗量包括直接消耗在安装工作内容中的主要材料、辅助材料和零星材料等,并计入了相应损耗,其内容和范围包括:从工地仓库、现场集中堆放地点或现场加工地点到操作或安装地点的运输损耗、施工操作损耗、施工现场堆放损耗。凡本计价表内未注明单价的材料均为主材,基价中不包括其价格,应根据"( )"内所列的用量,按相应的材料预算价格计算。用量很少,对基价影响很小的零星材料合并为其他材料费,计入材料费内。施工措施性消耗部分,周转性材料按不同施工方法、不同材质分别列出一次使用量和一次摊销量。

施工机械台班单价是按《江苏省施工机械台班 2007 年单价表》计算的。实际使用时,应根据江苏省建设厅的规定,适时调整施工机械台班的单价。

《江苏省安装工程计价定额》(2014 版)共分十一册,包括:

第一册　机械设备安装工程

第二册　热力设备安装工程

第三册　静置设备与工艺金属结构制作安装工程

第四册　电气设备安装工程

第五册　建筑智能化工程

第六册　自动化控制仪表安装工程

第七册　通风空调工程

第八册　工业管道工程

第九册　消防工程

第十册　给排水、采暖、燃气工程

第十一册　刷油、防腐蚀、绝热工程

2 通用安装工程造价构成

2.1 工程建设项目总投资的构成

工程建设项目总投资是确定一个建设项目从筹建到竣工验收全过程的全部建设费用的文件。生产性建设项目总投资包括建设投资、固定资产投资方向调节税、建设期贷款利息和铺底流动资金四个部分；非生产性建设项目总投资包括建设投资、固定资产投资方向调节税和建设期利息三个部分。根据国家发展改革委和建设部发布的《建设项目经济评价方法与参数(第三版)》(发改投资〔2006〕1325号)的规定，建设投资由工程费用、工程建设其他费用和预备费三部分组成。如图2.1所示。

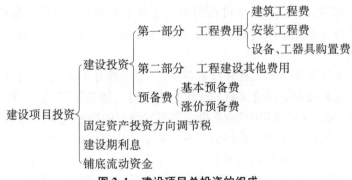

图 2.1 建设项目总投资的组成

2.1.1 工程费用

工程费用又称第一部分费用，由建筑工程费，安装工程费，设备、工器具购置费组成。

1) 建筑工程费

建筑工程费包括各种厂房、仓库、住宅等建筑物和矿井、铁路、公路、码头等构筑物的砌筑费用；列入建筑工程预算的各类管道、电信、电力导管的敷设工程费用；设备的基础、支柱、工作台、梯子等建筑工程的费用；水利工程及其他特殊工程(如防空、电站等)费用等。

2) 安装工程费

安装工程费包括生产、动力、电信、起重、运输、医疗、实验等设备的安装费用；被安装设备的绝缘、保温、防腐和管线敷设工程费用，以及与设备相连的工作台、梯子、栏杆等设施安装工程费用；安装设备的单机试运转、系统设备联动无负荷试运转工作的调试费等。

建筑工程费和安装工程费合称建筑安装工程费，其费用的构成和计算在下面章节中详述。

3) 设备、工器具购置费

设备、工器具购置费是指为工程项目购置或自制达到固定资产标准的设备和新、扩建工程项目配置的首套工器具及生产家具所需的费用，由设备购置费和工器具及生产家具购置费组成。

设备购置费由设备原价或进口设备抵岸价和设备运杂费构成，即：

设备购置费＝设备原价或进口设备抵岸价＋设备运杂费

上式中，设备原价系指国产标准设备、非标准设备的原价。设备运杂费系指设备原价以外的关于设备采购、运输、运输保险、途中包装、装卸及仓库保管等方面支出费用的总和。如果设备是由设备公司成套供应的,设备公司的服务费也应计入设备运杂费之中。

设备运杂费按设备原价乘以设备运杂费率计算,即:

$$设备运杂费＝设备原价×设备运杂费率$$

设备运杂费率按各部门及省、市的规定计取。

一般来讲,沿海和交通便利的地区,设备运杂费率相对低一些;内地和交通不很便利的地区就要相对高一些,边远省份则要更高一些。对于非标准设备来讲,应尽量就近委托设备制造厂,以大幅度降低设备运杂费。进口设备由于原价较高,国内运距较短,因而运杂费比率应适当降低。

工具、器具及生产家具购置费是指按照有关规定,为保证初期正常生产必须购置的没有达到固定资产标准的设备、仪器、工卡模具、器具、生产家具的购置费用。一般以设备购置费为计算基数,按照部门或行业规定的工具、器具及生产家具费率计算。计算公式为:

$$工器具及生产家具购置费＝设备购置费×定额费率$$

2.1.2 工程建设其他费用

工程建设其他费用,又称第二部分费用,是指应在建设项目的建设投资中开支的、工程费用以外的建设项目必须支出的各项费用。其内容应结合工程项目的实际情况予以确定,通常可分为三类。第一类为土地使用费;第二类为与项目建设有关的费用;第三类为与未来企业生产经营有关的费用。如图 2.2 所示。

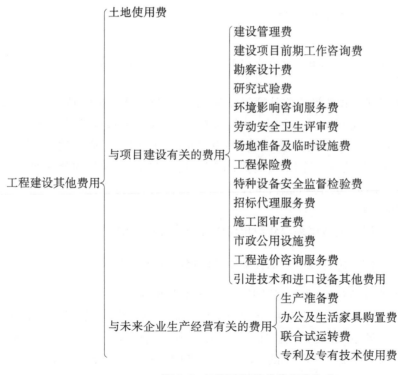

图 2.2 工程建设其他费用的构成

　　一般建设项目很少发生或一些具有较明显行业或地区特征的工程建设其他费用的项目费用,如工程咨询费、移民安置费、水资源费、水土保持评价费、地震安全性评价费、地质灾害危险性评价费、河道占用补偿费、超限设备运输特殊措施费、航道维护费、植被恢复费、种质检测费、引种测试费等,可按照各省(市、自治区)、各部门有关政策规定计取。

2.1.2.1　土地使用费

　　土地使用费是指为获得工程项目建设土地的使用权而在建设期内发生的各项费用,包括通过划拨方式取得土地使用权而支付的土地征用及迁移补偿费,或通过土地使用权出让方式取得土地使用权而支付的土地使用权出让金。

1) 土地征用及迁移补偿费

　　土地征用及迁移补偿费,指建设项目通过划拨方式取得无限期的土地使用权,依照《中华人民共和国土地管理法》等所支付的费用。其总和一般不得超过被征土地年产值的 20 倍,土地年产值按该地被征日前 3 年的平均产量和国家规定的价格计算,征地补偿费包括:土地补偿费;青苗补偿费和被征用土地上的房屋、水井、树木等附着物补偿费;安置补助费;缴纳的耕地占用税或城镇土地使用税、土地登记费及征地管理费;新菜地开发建设基金。拆迁补偿费包括拆迁补偿费和搬迁、安置补助费。

2) 土地使用权出让金

　　土地使用权出让金是指建设项目通过土地使用权出让方式取得有限期的土地使用权,依照《中华人民共和国城镇国有土地使用权出让和转让暂行条例》规定支付的土地使用权出让金。城市土地的出让和转让可采用协议、招标、拍卖等方式。

2.1.2.2　与项目建设有关的其他费用

1) 建设管理费

　　建设单位从项目筹建开始直至办理竣工决算为止发生的项目建设管理费用。包括:建设单位管理费、工程监理费。

　　(1) 建设单位管理费。指建设单位从项目立项、筹建、建设、联合试运转到竣工验收交付使用及后评估等全过程管理所需的费用。内容包括:工作人员的基本工资、工资性津贴、职工福利费、劳动保护费、劳动保险费、办公费、差旅交通费、工会经费、职工教育经费、固定资产使用费、工具用具使用费、技术图书资料费、生产人员招募费、合同契约公证费、工程质量监督检测费、工程咨询费、法律顾问费、审计费、业务招待费、排污费、竣工交付使用清理及竣工验收费、后评估等费用。

　　建设单位管理费按照工程费用乘以建设单位管理费率计算。即:

$$建设单位管理费＝工程费用×建设单位管理费率$$

　　建设单位管理费率按照建设项目的不同性质、不同规模确定。

　　(2) 工程监理费。指委托工程监理单位对工程实施监理工作所需的费用。根据国家发展改革委、建设部《关于印发〈建设工程监理与相关服务收费管理规定〉的通知》(发改价格〔2007〕670 号)规定,以工程费用和联合试运转费用之和的投资额为基础,按监理工程的不同规模分别确定监理费率和有关调整系数计算。

2) 建设项目前期咨询费

建设项目前期咨询费包括:建设项目专题研究、编制和评估项目建议书、编制和评估可行性研究报告,以及其他与建设项目前期有关的咨询费用。

建设项目前期咨询费以建设项目估算投资额为基础,参照《国家计委关于印发〈建设项目前期工作咨询收费暂行规定〉的通知》(计价格〔1999〕1283 号)的规定,根据估算投资额在相对应的区间内用插入法计算。

3) 勘察设计费

勘察设计费是指委托勘察设计单位进行工程水文地质勘察、工程设计所发生的各项费用。由工程勘察费和工程设计费两部分组成。

(1) 工程勘察费包括:测绘、勘探、取样、试验、测试、检测、监测等勘察作业,以及编制工程勘察文件和岩土工程设计文件等收取的费用。

(2) 工程设计费包括:编制初步设计文件、施工图设计文件、非标准设备设计文件、施工图预算文件、竣工图文件等服务所收取的费用。

勘察设计费参照《国家计委、建设部关于发布〈工程勘察设计收费管理规定〉的通知》(计价格〔2002〕10 号)的规定,以工程费用和联合试运转费用之和的投资额为基础,根据投资额在相对应的区间内用插入法计算。施工图预算编制按设计费的 10％计算,竣工图编制按设计费的 8％计算。

4) 研究试验费

研究试验费是指为本建设项目提供或验证设计参数、数据资料等进行必要的研究试验,以及设计规定在施工中必须进行的试验、验证所需的费用。这项费用按照设计单位根据本工程项目的需要提出的研究试验内容和要求计算。

5) 环境影响咨询服务费

环境影响咨询服务费是指按照《中华人民共和国环境保护法》《中华人民共和国环境影响评价法》等规定,对建设项目对环境影响进行全面评价所需的费用。包括编制环境影响报告书(含大纲)、环境影响报告表和评估环境影响报告书(含大纲)、评估环境影响报告表等所需的费用。

环境影响咨询服务费参照《国家计委、国家环境保护总局关于环境影响咨询收费有关问题的通知》(计价格〔2002〕125 号)的规定,以工程项目投资为基数,按照工程项目的不同规模分别确定的环境影响咨询服务费。

6) 劳动安全卫生评审费

劳动安全卫生评审费是指按照原劳动部《建设项目(工程)劳动安全卫生监察规定》和《建设项目(工程)劳动安全卫生预评价管理办法》的规定,为预测和分析建设项目存在的职业危险、危害因素的种类和危险危害程度,并提出先进、科学、合理可行的劳动安全卫生技术和管理对策所需的费用。包括编制建设项目劳动安全卫生预评价大纲和劳动安全卫生预评价报告书以及为编制上述文件所进行的工程分析和环境现状调查等所需费用。

劳动安全卫生评审费按照省市劳动部门的规定计算,也可按第一部分工程费用的 0.1％～0.5％估算。

7) 场地准备及临时设施费

场地准备费是指建设项目为达到工程开工条件所发生的场地平整和对建设场地余留

的有碍于施工建设的设施进行拆除清理的费用。临时设施费是指为满足施工建设需要而供到场地界区的、未列入工程费用的临时水、电、路、讯、气等其他工程费用和建设单位的现场临时建(构)筑物的搭设、维修、拆除、摊销或建设期间租赁费用,以及施工期间专用公路养护费、维修费。

新建项目的场地准备及临时设施费应根据实际工程量估算,即:

$$场地准备及临时设施费＝工程费用×费率＋拆除清理费$$

也可按工程费用的比例估算。改扩建项目一般只计拆除清理费;发生拆除清理费时可按新建同类工程造价或主材费、设备费的比例计算。凡可回收材料的拆除采用以料抵工方式,不再计算拆除清理费。

此项费用不包括已列入建筑安装工程费中的临时设施费。

8) 工程保险费

工程保险费是指建设项目在建设期间根据需要对建筑工程、安装工程、机器设备和人身安全进行投保而发生的保险费用。包括建筑安装工程一切险、引进设备财产保险和人身意外伤害险等。不包括已列入施工企业管理费中的施工管理用财产、车辆保险费。

不同工程项目可根据工程特点选择投保险种,根据投保合同计列保险费用。编制概算时可按工程费用的 0.3%～0.6% 估算。

9) 特殊设备安全监督检验费

特殊设备安全监督检验费是指在施工现场组装的锅炉及压力容器、压力管道、消防设备、燃气设备、电梯等特殊设备和设施,由安全监察部门按照有关安全监察条例和实施细则以及设计技术要求进行安全检验,应由建设项目支付的、向安全监察部门缴纳的费用。

特殊设备安全监督检验费按照建设项目所在省(市、自治区)安全监察部门的规定标准计算。无具体规定的,在编制投资估算时可按受检设备现场安装费的比例估算。

10) 招标代理服务费

招标代理机构接受招标人委托,从事招标业务所需的费用。包括编制招标文件(包括编制资格预审文件和标底),审查投标人资格,组织投标人踏勘现场答疑,组织开标、评标、定标以及提供招标前期咨询、协调合同的签订等业务。

招标代理服务费参照《国家计委关于印发〈招标代理服务收费管理暂行办法〉的通知》(计价格〔2002〕1980 号)的规定,按工程费用差额定率累进计算。

11) 施工图审查费

施工图审查机构受建设单位委托,根据国家法律、法规、技术标准与规范,对施工图进行审查所需的费用。包括:对施工图进行结构安全和强制性标准、规范执行情况进行独立审查。

施工图审查费按国家或主管部门发布的现行施工图审查费有关规定估列。

12) 市政公用设施费

市政公用设施费是指使用市政公用设施的建设项目,按照项目所在地省一级人民政府有关规定建设或缴纳的市政公用设施建设配套费用,以及绿化工程补偿费用。

该费用按工程所在地人民政府规定标准计列;不发生或按规定免征项目不计取。

13) 工程造价咨询服务费

工程造价咨询服务费是指工程造价咨询机构接受委托,从事工程造价咨询服务所需的费用。按国家或主管部门发布的工程造价咨询服务收费标准计算。

14）引进技术和进口设备其他费

引进技术和进口设备其他费用，包括出国人员费用、国外工程技术人员来华费用、技术引进费、分期或延期付款利息、担保费以及进口设备检验鉴定费。

该费用按照合同和国家有关规定计算。

2.1.2.3　与未来企业生产经营有关的其他费用

1）生产准备费

生产准备费是指新建企业或新增生产能力的企业，为保证竣工交付使用进行必要的生产准备所发生的费用。费用内容包括：

（1）生产人员培训费，包括自行培训、委托其他单位培训人员的工资、工资性补贴、职工福利费、差旅交通费、学习资料费、学习费、劳动保护费。

（2）生产单位提前进厂参加施工、设备安装、调试以及熟悉工艺流程与设备性能等人员的工资、工资性补贴、职工福利费、差旅交通费、劳动保护费等。提前进厂费也是根据提前进厂人数和当地的工资标准计算。若不发生提前进厂，不得计算此项费用。

新建项目按设计定员为基数，改扩建项目按新增设计定员为基数计算：

$$生产准备费＝设计定员×生产准备费指标（元/人）$$

2）办公及生活家具购置费

办公及生活家具购置费是指为保证新建、改建、扩建项目初期正常生产、使用和管理所必须购置的办公和生活家具、用具的费用。改建、扩建项目所需的办公和生活用具购置费，应低于新建项目。其范围包括：办公室、会议室、资料档案室、阅览室、文娱室、食堂、浴室、理发室、单身宿舍和设计规定必须建设的托儿所、卫生所、招待所、中小学校等家具用具的购置。这项费用按照设计定员人数乘以综合指标计算，一般为 1 000～2 000 元/人。

3）联合试运转费

联合试运转费是指新建企业或新增加生产能力的工程项目在竣工验收前，按照设计文件规定的工程质量标准，进行整个车间的负荷联合试运转发生的费用支出大于试运转收入的亏损部分。费用内容包括：试运转所需的原料、燃料、油料和动力的费用，机械使用费用，低值易耗品及其他物品的购置费用和施工单位参加联合试运转人员的工资等。试运转收入包括试运转产品销售和其他收入。

需要注意的是，联合试运转费不包括应由设备安装工程费项目开支的单台设备试车调试费用；不发生试运转或试运转收入大于（或等于）费用支出的工程，不列此项费用。

当联合试运转收入小于试运转支出时：

$$联合试运转费＝联合试运转费用支出－联合试运转收入$$

编制估算时也可按需要试运转车间的设备购置费的百分比估算。

4）专利及专有技术使用费

专利及专有技术使用费是指建设项目使用国内外专利和专有技术支付的费用。包括：

（1）国外技术及技术资料费、引进有效专利、专有技术使用费和技术保密费。

（2）国内有效专利和专有技术使用费。

（3）商标权、商誉和特许经营权费等。

专利及专有技术使用费的计算方法：

（1）按专利使用许可协议和专有技术使用合同的规定计列。

（2）专有技术的界定应以省、部级鉴定批准为依据。

（3）项目投资中只计需在建设期支付的专利及专有技术使用费。协议或合同规定在生产期分年支付的使用费应在生产成本中核算。

（4）一次性支付的商标权、商誉及特许经营权费按协议或合同规定计列。协议或合同规定在生产期支付的商标权或特许经营权费应在生产成本中核算。

2.1.3 预备费

预备费是指在投资估（概）算中难以预料，而在建设过程中可能发生的工程费用，又称不可预见费。按我国的现行规定，预备费包括基本预备费和涨价预备费两部分。

1）基本预备费

基本预备费是指在初步设计及概算内难以预料的工程费用，其中包括实行按施工图预算加系数包干的预算包干费用。具体包括：

（1）在批准的初步设计范围内，技术设计、施工图设计及施工过程中所增加的工程费用。

（2）一般自然灾害造成的损失和预防自然灾害所采取的措施费用。实行工程保险的工程项目费用应适当降低。

（3）竣工验收时为鉴定工程质量对隐蔽工程进行必要的挖掘和修复费用。

基本预备费以工程费用和工程建设其他费用两者之和为基础，乘以基本预备费率进行计算，即：

$$基本预备费＝（工程费用＋工程建设其他费用）×基本预备费率$$

基本预备费率常取 5%～8%，具体数值应按工程具体情况在规定的幅度内确定。

2）涨价预备费

涨价预备费是指项目在建设期间由于价格可能上涨而预留的费用。费用内容包括：人工、设备、材料、施工机械价差，建筑安装工程费及工程建设其他费用调整，利率、汇率调整等。

测算方法：以编制项目可行性或总概算的年份为基准期，估算到项目建成年份为止的设备、材料、人工等价格上涨系数，以第一部分费用总值为基数，根据测算的物价上涨率，按建设期年度用款计划进行涨价预备费估算。如下式所示：

$$P_t = \sum_{t=1}^{n} I_t \left[(1+f)^t - 1 \right]$$

式中：P_t——计算期涨价预备费；

I_t——计算期第 t 年的建筑安装工程费用和设备、工器具、生产家具购置费的和；

f——物价上涨率；

n——计算期年份数，以编制报告的年份为基期，计算至项目建成的年份；

t——计算期第 t 年。

2.1.4　固定资产投资方向调节税

为了贯彻国家产业政策,控制投资规模,引导投资方向,调整投资结构,加强重点建设,促进国民经济持续稳定协调发展,对在我国境内进行固定资产投资的单位和个人(不含中外合资经营企业、中外合作经营企业和外商独资企业)征收固定资产投资方向调节税(简称投资方向调节税)。

投资方向调节税根据国家产业政策和项目经济规模实行差别税率,税率为0、5%、10%、15%、30%五个档次。固定资产投资方向调节税,应计入项目总投资,但不作为设计、施工和其他取费的基础。其计税依据是固定资产投资额,包括工程费用、工程建设其他费用以及预备费。各固定资产投资项目按其单位工程分别确定适用的税率。目前,为了扩大内需,此项税已暂停征收。

2.1.5　建设期利息

建设期利息是指工程项目在建设期间固定资产投资借款的应计利息。建设期利息应按借款要求和条件计算。国内银行借款按现行贷款计算,国外贷款利息按协议书或贷款意向书确定的利率按复利计算。为了简化计算,在编制投资估算时通常假定借款均在每年的年中支用,借款第一年按半年计息,其余各年份按全年计息。计算公式为:

$$各年应计利息=(年初借款本息累计+\frac{本年借款额}{2})\times年利率$$

2.1.6　铺底流动资金

铺底流动资金指经营性建设项目为保证生产和经营正常进行而先期投入的流动资金。按规定铺底流动资金应列入建设项目总投资。铺底流动资金一般按正常生产时流动资金的30%计算。

综上所述,建设项目总投资由上述六部分费用组成。建设项目总投资按其费用项目性质分为静态投资、动态投资和流动资金等三部分。静态投资包括建筑工程费、安装工程费、设备购置费(含工器具)、工程建设其他费用、基本预备费以及固定资产投资方向调节税。动态投资是指建设项目从估(概)算编制时间到工程竣工时间由于物价、汇率、税费率、劳动工资、贷款利率等发生变化所需增加的投资额,主要包括建设期利息、汇率变动和建设期涨价预备费。

2.2　建筑安装工程费用组成

2.2.1　按费用构成要素划分的建筑安装工程费用

根据住房城乡建设部、财政部联合发文"建标〔2013〕44号"的规定,建筑安装工程费按费用构成要素划分为人工费、材料费、施工机具使用费、企业管理费、利润、规费和税金,其中人工费、材料费、施工机具使用费、企业管理费和利润包含在分部分项工程费、措施项目费、其他项目费中,如图2.3所示。

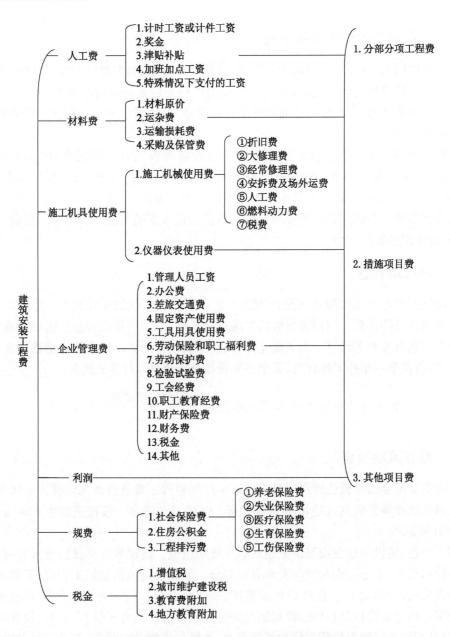

图 2.3 建筑安装工程费用组成(按费用构成要素划分)

2.2.1.1 人工费

人工费是指按工资总额构成规定,支付给从事建筑安装工程施工的生产工人和附属生产单位工人的各项费用。内容包括:

(1)计时工资或计件工资:是指按计时工资标准和工作时间或对已做工作按计件单价支付给个人的劳动报酬。

(2)奖金:是指对超额劳动和增收节支支付给个人的劳动报酬。如节约奖、劳动竞赛奖等。

(3)津贴补贴:是指为了补偿职工特殊或额外的劳动消耗和因其他特殊原因支付给个

人的津贴,以及为了保证职工工资水平不受物价影响支付给个人的物价补贴。如流动施工津贴、特殊地区施工津贴、高温(寒)作业临时津贴、高空津贴等。

(4)加班加点工资:是指按规定支付的在法定节假日工作的加班工资和在法定日工作时间外延时工作的加点工资。

(5)特殊情况下支付的工资:是指根据国家法律、法规和政策规定,因病、工伤、产假、计划生育假、婚丧假、事假、探亲假、定期休假、停工学习、执行国家或社会义务等原因按计时工资标准或计时工资标准的一定比例支付的工资。

2.2.1.2 材料费

材料费是指施工过程中耗费的原材料、辅助材料、构配件、零件、半成品或成品、工程设备的费用。内容包括:

(1)材料原价:是指材料、工程设备的出厂价格或商家供应价格。

(2)运杂费:是指材料、工程设备自来源地运至工地仓库或指定堆放地点所发生的全部费用。

(3)运输损耗费:是指材料在运输装卸过程中不可避免的损耗。

(4)采购及保管费:是指为组织采购、供应和保管材料、工程设备的过程中所需要的各项费用。包括采购费、仓储费、工地保管费、仓储损耗。

工程设备是指构成或计划构成永久工程一部分的机电设备、金属结构设备、仪器装置及其他类似的设备和装置。

2.2.1.3 施工机具使用费

施工机具使用费是指施工作业所发生的施工机械、仪器仪表使用费或其租赁费。

(1)施工机械使用费:以施工机械台班耗用量乘以施工机械台班单价表示,即:

$$施工机械使用费 = \sum(施工机械台班消耗量 \times 机械台班单价)$$

施工机械台班单价应由下列七项费用组成:

① 折旧费:指施工机械在规定的使用年限内,陆续收回其原值的费用。

② 大修理费:指施工机械按规定的大修理间隔台班进行必要的大修理,以恢复其正常功能所需的费用。

③ 经常修理费:指施工机械除大修理以外的各级保养和临时故障排除所需的费用。包括为保障机械正常运转所需替换设备与随机配备工具附具的摊销和维护费用,机械运转中日常保养所需润滑与擦拭的材料费用及机械停滞期间的维护和保养费用等。

④ 安拆费及场外运费:安拆费指施工机械(大型机械除外)在现场进行安装与拆卸所需的人工、材料、机械和试运转费用以及机械辅助设施的折旧、搭设、拆除等费用;场外运费指施工机械整体或分体自停放地点运至施工现场或由一施工地点运至另一施工地点的运输、装卸、辅助材料及架线等费用。

⑤ 人工费:指机上司机(司炉)和其他操作人员的人工费。

⑥ 燃料动力费:指施工机械在运转作业中所消耗的各种燃料及水、电等。

⑦ 税费:指施工机械按照国家规定应缴纳的车船使用税、保险费及年检费等。

(2)仪器仪表使用费:是指工程施工所需使用的仪器仪表的摊销及维修费用。

2.2.1.4 企业管理费

企业管理费是指建筑安装企业组织施工生产和经营管理所需的费用。内容包括：

（1）管理人员工资：是指按规定支付给管理人员的计时工资、奖金、津贴补贴、加班加点工资及特殊情况下支付的工资等。

（2）办公费：是指企业管理办公用的文具、纸张、账表、印刷、邮电、书报、办公软件、现场监控、会议、水电、烧水和集体取暖降温（包括现场临时宿舍取暖降温）等费用。

（3）差旅交通费：是指职工因公出差、调动工作的差旅费、住勤补助费，市内交通费和误餐补助费，职工探亲路费，劳动力招募费，职工退休、退职一次性路费，工伤人员就医路费，工地转移费以及管理部门使用的交通工具的油料、燃料等费用。

（4）固定资产使用费：是指管理和试验部门及附属生产单位使用的属于固定资产的房屋、设备、仪器等的折旧、大修、维修或租赁费。

（5）工具用具使用费：是指企业施工生产和管理使用的不属于固定资产的工具、器具、家具、交通工具和检验、试验、测绘、消防用具等的购置、维修和摊销费。

（6）劳动保险和职工福利费：是指由企业支付的职工退职金、按规定支付给离休干部的经费，集体福利费、夏季防暑降温、冬季取暖补贴、上下班交通补贴等。

（7）劳动保护费：是企业按规定发放的劳动保护用品的支出。如工作服、手套、防暑降温饮料以及在有碍身体健康的环境中施工的保健费用等。

（8）检验试验费：是指施工企业按照有关标准规定，对建筑以及材料、构件和建筑安装物进行一般鉴定、检查所发生的费用，包括自设试验室进行试验所耗用的材料等费用。不包括新结构、新材料的试验费，对构件做破坏性试验及其他特殊要求检验试验的费用和建设单位委托检测机构进行检测的费用，对此类检测发生的费用，由建设单位在工程建设其他费用中列支。但对施工企业提供的具有合格证明的材料进行检测不合格的，该检测费用由施工企业支付。

（9）工会经费：是指企业按《工会法》规定的全部职工工资总额比例计提的工会经费。

（10）职工教育经费：是指按职工工资总额的规定比例计提，企业为职工进行专业技术和职业技能培训，专业技术人员继续教育、职工职业技能鉴定、职业资格认定以及根据需要对职工进行各类文化教育所发生的费用。

（11）财产保险费：是指施工管理用财产、车辆等的保险费用。

（12）财务费：是指企业为施工生产筹集资金或提供预付款担保、履约担保、职工工资支付担保等所发生的各种费用。

（13）税金：是指企业按规定缴纳的房产税、车船使用税、土地使用税、印花税等。

（14）其他：包括技术转让费、技术开发费、投标费、业务招待费、绿化费、广告费、公证费、法律顾问费、审计费、咨询费、保险费等。

2.2.1.5 利润

利润是指施工企业完成所承包工程获得的盈利。

2.2.1.6 规费

规费是指按国家法律、法规规定，由省级政府和省级有关权力部门规定必须缴纳或计取的费用。包括：

（1）社会保险费

① 养老保险费:指企业按照规定标准为职工缴纳的基本养老保险费。

② 失业保险费:指企业按照规定标准为职工缴纳的失业保险费。

③ 医疗保险费:指企业按照规定标准为职工缴纳的基本医疗保险费。

④ 生育保险费:指企业按照规定标准为职工缴纳的生育保险费。

⑤ 工伤保险费:指企业按照规定标准为职工缴纳的工伤保险费。

（2）住房公积金

住房公积金指企业按规定标准为职工缴纳的住房公积金。

（3）工程排污费

工程排污费指按规定缴纳的施工现场工程排污费。

2.2.1.7 税金

按照《财政部、国家税务总局关于全面推开营业税改征增值税试点的通知》（财税〔2016〕36 号）的规定,自 2016 年 5 月 1 日起建筑业由缴纳营业税改为缴纳增值税。增值税是以商品（含应税劳务）在流转过程中产生的增值额作为计税依据而征收的一种流转税。从计税原理上说,增值税是对商品生产、流通、劳务服务中多个环节的新增价值或商品的附加值征收的一种流转税。

故税金是指应计入建筑安装工程造价内的增值税、城市维护建设税、教育费附加以及地方教育附加。

2.2.2 按工程造价形成划分的建筑安装工程费用

根据住房和城乡建设部、财政部联合发文"建标〔2013〕44 号"的规定,建筑安装工程费按照工程造价形成由分部分项工程费、措施项目费、其他项目费、规费、税金组成。分部分项工程费、措施项目费、其他项目费包含人工费、材料费、施工机具使用费、企业管理费和利润,如图 2.4 所示。

2.2.2.1 分部分项工程费

分部分项工程费是指各专业工程的分部分项工程应予列支的各项费用。

（1）专业工程:是指按现行国家计量规范划分的房屋建筑与装饰工程、仿古建筑工程、通用安装工程、市政工程、园林绿化工程、矿山工程、构筑物工程、城市轨道交通工程、爆破工程等各类工程。

（2）分部分项工程:指按现行国家计量规范对各专业工程划分的项目。如房屋建筑与装饰工程划分的土石方工程、地基处理与桩基工程、砌筑工程、钢筋及钢筋混凝土工程等。

各类专业工程的分部分项工程划分见现行国家或行业计量规范。

2.2.2.2 措施项目费

措施项目费是指为完成建设工程施工,发生于该工程施工前和施工过程中的技术、生活、安全、环境保护等方面的费用。内容包括:

（1）安全文明施工费

① 环境保护费:是指施工现场为达到环保部门要求所需要的各项费用。

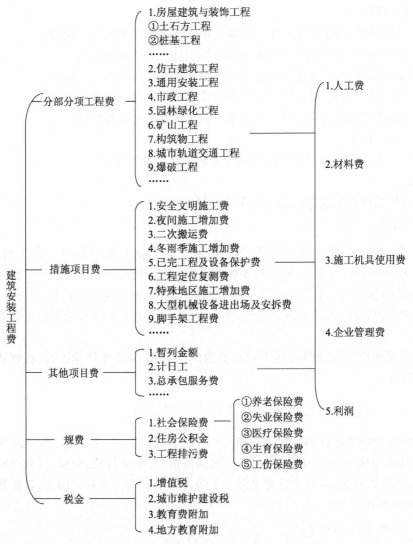

图 2.4 建筑安装工程费用组成(按造价形成划分)

② 文明施工费:是指施工现场文明施工所需要的各项费用。

③ 安全施工费:是指施工现场安全施工所需要的各项费用。

④ 临时设施费:是指施工企业为进行建设工程施工所必须搭设的生活和生产用的临时建筑物、构筑物和其他临时设施费用。包括临时设施的搭设、维修、拆除、清理费或摊销费等。

(2)夜间施工增加费:是指因夜间施工所发生的夜班补助费、夜间施工降效、夜间施工照明设备摊销及照明用电等费用。

(3)二次搬运费:是指因施工场地条件限制而发生的材料、构配件、半成品等一次运输不能到达堆放地点,必须进行二次或多次搬运所发生的费用。

(4)冬雨季施工增加费:是指在冬季或雨季施工需增加的临时设施、防滑、排除雨雪,人工及施工机械效率降低等费用。

(5)已完工程及设备保护费:是指竣工验收前,对已完工程及设备采取的必要保护措施所发生的费用。

（6）工程定位复测费：是指工程施工过程中进行全部施工测量放线和复测工作的费用。

（7）特殊地区施工增加费：是指工程在沙漠或其边缘地区、高海拔、高寒、原始森林等特殊地区施工增加的费用。

（8）大型机械设备进出场及安拆费：是指机械整体或分体自停放场地运至施工现场或由一个施工地点运至另一个施工地点，所发生的机械进出场运输及转移费用及机械在施工现场进行安装、拆卸所需的人工费、材料费、机械费、试运转费和安装所需的辅助设施的费用。

（9）脚手架工程费：是指施工需要的各种脚手架搭、拆、运输费用以及脚手架购置费的摊销（或租赁）费用。

措施项目及其包含的内容详见各类专业工程的现行国家或行业计量规范。

2.2.2.3　其他项目费

（1）暂列金额：是指建设单位在工程量清单中暂定并包括在工程合同价款中的一笔款项。用于施工合同签订时尚未确定或者不可预见的所需材料、工程设备、服务的采购，施工中可能发生的工程变更、合同约定调整因素出现时的工程价款调整以及发生的索赔、现场签证确认等的费用。

（2）计日工：是指在施工过程中，施工企业完成建设单位提出的施工图纸以外的零星项目或工作所需的费用。

（3）总承包服务费：是指总承包人为配合、协调建设单位进行的专业工程发包，对建设单位自行采购的材料、工程设备等进行保管以及施工现场管理、竣工资料汇总整理等服务所需的费用。

2.2.2.4　规费：定义同上。

2.2.2.5　税金：定义同上。

2.3　工程量清单计价

为及时总结我国实施工程量清单计价以来的实践经验和最新理论研究成果，顺应市场要求，结合建设工程行业特点，在新时期统一建设工程工程量清单的编制和计价行为，实现"政府宏观调控、部门动态监管、企业自主报价、市场形成价格"的宏伟目标，住房和城乡建设部及时对《建设工程工程量清单计价规范》（GB 50500—2008）进行全方位修改、补充和完善。修订后的《建设工程工程量清单计价规范》（GB 50500—2013）于 2013 年 7 月 1 日起实施。

2.3.1　基本概念

1）工程量清单

载明建设工程分部分项工程项目、措施项目、其他项目的名称和相应数量以及规费、税金项目等内容的明细清单。

工程量清单是建设工程计价的专用名词，在建设工程发承包及实施过程的不同阶段，又可分别称为"招标工程量清单"、"已标价工程量清单"等。

2）招标工程量清单

招标人依据国家标准、招标文件、设计文件以及施工现场实际情况编制的，随招标文件发布供投标报价的工程量清单，包括其说明和表格。

招标工程量清单是招标阶段供投标人报价的工程量清单，是对工程量清单的具体化。招标工程量清单必须作为招标文件的组成部分，其准确性和完整性应由招标人负责。招标工程量清单是工程量清单计价的基础，应作为编制招标控制价、投标报价、计算或调整工量、索赔等的依据之一。招标工程量清单应以单位（项）工程为单位编制，应由分部分项工程项目清单、措施项目清单、其他项目清单、规费和税金项目清单组成。

3）已标价工程量清单

构成合同文件组成部分的投标文件中已标明价格，经算术性错误修正（如有）且承包人已确认的工程量清单，包括其说明和表格。

4）措施项目

为完成工程项目施工，发生于该工程施工准备和施工过程中的技术、生活、安全、环境保护等方面的项目。

5）项目编码

分部分项工程和措施项目清单名称的阿拉伯数字标识。

工程量清单的项目编码，应采用十二位阿拉伯数字表示，一位至九位应按各专业工程计算规范附录的规定设置，十位至十二位应根据拟建工程的工程量清单项目名称和项目特征设置，同一招标工程的项目编码不得有重码。

项目编码的具体构成为：一、二位为专业工程代码，三、四位为国家现行的相关工程计算规范附录分类顺序码，五、六位为分部工程项目顺序码，七、八、九位为分项工程项目名称顺序码，十至十二位为清单项目名称顺序码。

即：第一级表示专业工程代码（分二位）。其中：房屋建筑与装饰工程为01、仿古建筑工程为02、通用安装工程为03、市政工程为04、园林绿化工程为05、矿山工程为06、构筑物工程为07、城市轨道交通工程为08、爆破工程为09。

第二级表示国家现行的相关工程计算规范附录分类顺序码（分二位）。

第三级表示分部工程顺序码（分二位）。

第四级表示分项工程项目名称顺序码（分三位）。

第五级表示具体清单项目名称顺序码（分三位）。

以安装工程为例说明项目编码的构成：

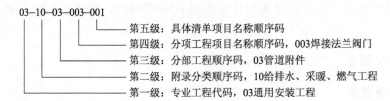

6）项目特征

构成分部分项工程项目、措施项目自身价值的本质特征。

工程量清单的项目特征是确定一个清单项目综合单价不可缺少的重要依据，在编制工程量清单时，必须对项目特征进行准确和全面的描述。《计价规范》规定：工程量清单项目特征应按各专业工程计算规范规定的项目特征,结合拟建工程项目的实际予以描述。

7) 分部分项工程

分部分项工程是"分部工程"和"分项工程"的总称。分部工程是单位工程的组成部分,是按结构部位、路段长度及施工特点或施工任务将单位工程划分为若干分部的工程;分项工程是分部工程的组成部分,是按不同施工方法、材料、工序及路段长度等将分部工程划分为若干个分项或项目的工程。

建筑工程的分部工程通常按建筑工程的主要部位划分,例如基础工程、主体工程、地面工程等,安装工程的分部工程是按工程的种类划分,例如管道工程、电气工程、通风工程以及设备安装工程等。

分部分项工程项目清单必须载明项目编码、项目名称、项目特征、计量单位和工程量;分部分项工程项目清单必须根据相关工程现行国家计量规范规定的项目编码、项目名称、项目特征、计量单位和工程量计算规则进行编制。因此,"项目编码""项目名称""项目特征""计量单位"和"工程数量"构成了一个分部分项工程项目清单的"五个要件",这五个要件在分部分项工程项目清单中缺一不可。分部分项工程项目清单格式如表 2.1 所示,在分部分项工程项目清单的编制过程中,由招标人负责表中前六项内容填列,金额部分在编制招标控制价或投标报价时填列。

表 2.1　分部分项工程和单价措施项目清单与计价表

工程名称:×××　　　　　　　　　　标段:　　　　　　　　第___页　共__页

序号	项目编码	项目名称	项目特征	计量单位	工程数量	金额(元)		
						综合单价	合价	其中:暂估价
1	031003003001	焊接法兰阀门	1. 类型:闸阀 2. 材质:铸铁 3. 规格、压力等级:DN100、1.0 MPa 4. 连接形式:法兰 5. 焊接方法:电弧焊	个	25			

8) 综合单价

完成一个规定清单项目所需的人工费、材料和工程设备费、施工机具使用费和企业管理费、利润以及一定范围内的风险费用。

该定义是一种狭义的综合单价,规费和税金并不包括在项目单价中。

综合单价有别于传统定额计价的工料单价。《计价规范》规定:工程量清单应采用综合单价计价。

9) 风险费用

隐含于已标价工程量清单综合单价中,用于化解发承包双方在工程合同中约定内容和范围内的市场价格波动风险的费用。

10) 暂列金额

招标人在工程量清单中暂定并包括在合同价款中的一笔款项。用于工程合同签订时尚未确定或者不可预见的所需材料、工程设备、服务的采购,施工中可能发生的工程变更、合同约定调整因素出现时的合同价款调整以及发生的索赔、现场签证确认等的费用。

暂列金额应包括在合同价之内,但不直接属承包人所有,而是由发包人暂定并掌握使用的一笔款项。

11）暂估价

招标人在工程量清单中提供的用于支付必然发生但暂时不能确定价格的材料、工程设备的单价以及专业工程的金额。

12）计日工

在施工过程中，承包人完成发包人提出的工程合同范围以外的零星项目或工作，按合同中约定的单价计价的一种方式。

计日工是指对零星项目或工作采取的一种计价方式，包括完成该项作业的人工、材料和机械台班。

13）总承包服务费

总承包人为配合协调发包人进行的专业工程发包，对发包人自行采购的材料、工程设备等进行保管以及施工现场管理、竣工资料汇总整理等服务所需的费用。

14）安全文明施工费

在合同履行过程中，承包人按照国家法律、法规、标准等规定，为保证安全施工、文明施工，保护现场内外环境和搭拆临时设施等所采用的措施而发生的费用。

《计价规范》规定：措施项目中的安全文明施工费必须按国家或省级、行业建设主管部门的规定计算，不得作为竞争性费用。

15）工程设备

工程设备指构成或计划构成永久工程一部分的机电设备、金属结构设备、仪器装置及其他类似的设备和装置。

16）企业定额

施工企业根据本企业的施工技术、机械装备和管理水平而编制的人工、材料和施工机械台班等消耗标准。

17）规费

根据国家法律、法规规定，由省级政府或省级有关权力部门规定施工企业必须缴纳的，应计入建筑安装工程造价的费用。

18）税金

国家税法规定的应计入建筑安装工程造价内的增值税、城市维护建设税、教育费附加和地方教育附加。

19）招标控制价

招标人根据国家或省级、行业建设主管部门颁发的有关计价依据和办法，以及拟定的招标文件和招标工程量清单，结合工程具体情况编制的招标工程的最高投标限价。

招标控制价是招标人用于对招标工程发包规定的最高投标限价。

20）投标价

投标人投标时响应招标文件要求所报出的对已标价工程量清单汇总后标明的总价。

2.3.2 工程造价的构成及计算

根据《建设工程工程量清单计价规范》（GB 50500—2013）的规定，建设工程发承包及实施阶段的工程造价应由分部分项工程费、措施项目费、其他项目费、规费和税金组成。

2.3.2.1 分部分项工程费

分部分项工程费是指完成各专业工程的分部分项工程项目清单应予列支的各项费用。包括:人工费、材料费、机械使用费、管理费、利润,并考虑风险因素。

按现行国家计量规范划分的专业工程包括:房屋建筑与装饰工程、仿古建筑工程、通用安装工程、市政工程、园林绿化工程、矿山工程、构筑物工程、城市轨道交通工程、爆破工程等9类工程。各类专业工程的分部分项工程划分见现行国家相关计量规范。

分部分项工程费根据招标文件中的分部分项工程项目清单所提供的工程数量,或根据计算规范规定的工程量计算规则确认的工程数量,乘以该清单项目的综合单价,并累加得到分部分项工程费用的总和。即:

$$分部分项工程费 = \sum(分部分项工程项目清单工程量 \times 相应清单项目的综合单价)$$

综合单价是完成一个规定清单项目所需的人工费、材料和工程设备费、施工机具使用费和企业管理费、利润以及一定范围内的风险费用。

确定综合单价的主要依据包括:

(1) 建设工程工程量清单计价规范。

(2) 国家或省级、行业建设主管部门颁发的计价办法。

(3) 企业定额,国家或省级、行业建设主管部门颁发的计价定额。

(4) 建设工程设计文件及相关资料。

(5) 招标文件及招标工程量清单。

(6) 与建设项目相关的标准、规范、技术资料。

(7) 施工现场情况、工程特点及施工组织设计或施工方案。

(8) 工程造价管理机构发布的工程造价信息,或市场价格信息。

(9) 其他的相关资料。

确定清单项目综合单价主要采用定额组价法,即计算出完成该清单项目的每一工程内容的费用,并累加得到完成该清单项目的工程费用合计值,由合计值除以清单项目工程量即为该清单项目的综合单价。即:

$$综合单价 = \frac{完成该清单项目的费用总和}{清单项目工程量}$$

从综合单价的定义可以看出:

$$综合单价 = 人工费 + 材料费 + 机械费 + 管理费 + 利润$$

人工费、材料费和机械费按计价定额规定的消耗量乘以相应的单价计算。即:

$$人工费 = \sum(人工消耗量 \times 人工工日单价)$$

$$材料费 = \sum(材料消耗量 \times 材料单价)$$

$$机械费 = \sum(机械台班消耗量 \times 台班单价)$$

增值税采用一般计税方法时,人工费、材料费和机械费的单价应为扣除增值税可抵扣进项税额后的价格(以下简称"除税价格")。

人工、材料和机械台班消耗量及单价的确定方法在下一章详述。先介绍管理费和利润的计算方法。

根据住房和城乡建设部、财政部联合发文"建标〔2013〕44 号"的规定,管理费的计算方法按取费基数的不同分为以下三种:

方法一:以人工费为计算基础,乘以相应的费率。即:

$$企业管理费＝人工费×企业管理费费率$$

方法二:以人工费和机械费合计为计算基础,乘以相应的费率。即:

$$企业管理费＝(人工费＋机械费)×企业管理费费率$$

方法三:以分部分项工程费为计算基础,乘以相应的费率。即:

$$企业管理费＝分部分项工程费×企业管理费费率$$

利润的计算方法按取费基数的不同分为以下两种:

方法一:以人工费为计算基础,乘以相应的费率。即:

$$利润＝人工费×利润率$$

方法二:以人工费和机械费合计为计算基础,乘以相应的费率。即:

$$利润＝(人工费＋机械费)×利润率$$

不同性质的工程,管理费和利润的计算方法不同。目前在工程造价领域,安装工程采用方法一,即以人工费作为管理费和利润的计算基础。

式中的管理费率与工程类别有关。管理费费率、利润率以省级造价主管部门发布的文件规定为准。

2.3.2.2 措施项目费

措施项目费是指为完成建设工程施工,发生于该工程施工前和施工过程中的技术、生活、安全、环境保护等方面的费用。

根据现行工程量清单计算规范,措施项目可以分为单价措施项目与总价措施项目。单价措施项目是指在现行各专业工程国家计量规范中有对应工程量计算规则,按人工费、材料费、施工机具使用费、管理费和利润形式组成综合单价的措施项目;总价措施项目是指在现行各专业工程国家计量规范中无工程量计算规则,以总价计算的措施项目。措施项目清单必须根据相关工程现行国家计量规范的规定编制,各专业工程措施项目内容详见各类专业工程的现行国家计量规范。

1) 单价措施项目费

通用安装工程中单价措施项目包括:吊装加固;金属抱杆安装、拆除、移位;平台铺设、拆除;顶升、提升装置安装、拆除;大型设备专用机具安装、拆除;焊接工艺评定;胎(模)具制作、安装、拆除;防护棚制作安装拆除;特殊地区施工增加;安装与生产同时进行施工增加;在有害身体健康环境中施工增加;工程系统检测、检验;设备、管道施工的安全、防冻和焊接保护;焦炉烘炉、热态工程;管道安拆后的充气保护;隧道内施工的通风、供水、供气、供电、照明及通信设施;脚手架搭拆;高层施工增加;其他措施(工业炉烘炉、设备负荷试运转、联合试运转、生产准备试运转及安装工程设备场外运输），见表 2.2 所示。

表 2.2　单价措施项目表

项目编码	项目名称	工作内容及包含范围
031301001	吊装加固	1. 行车梁加固 2. 桥式起重机加固及负荷试验 3. 整体吊装临时加固件，加固设施拆除、清理
031301002	金属抱杆安装、拆除、移位	1. 安装、拆除 2. 位移 3. 吊耳制作安装 4. 拖拉坑挖埋
031301003	平台铺设、拆除	1. 场地平整 2. 基础及支墩砌筑 3. 支架型钢搭设 4. 铺设 5. 拆除、清理
031301004	顶升、提升装置	安装、拆除
031301005	大型设备专用机具	
031301006	焊接工艺评定	焊接、试验及结果评价
031301007	胎（模）具制作、安装、拆除	制作、安装、拆除
031301008	防护棚制作安装拆除	防护棚制作、安装、拆除
031301009	特殊地区施工增加	1. 高原、高寒施工防护 2. 地震防护
031301010	安装与生产同时进行施工增加	1. 火灾防护 2. 噪声防护
031301011	在有害身体健康环境中施工增加	1. 有害化合物防护 2. 粉尘防护 3. 有害气体防护 4. 高浓度氧气防护
031301012	工程系统检测、检验	1. 起重机、锅炉、高压容器等特种设备安装质量监督检验检测 2. 由国家或地方检测部门进行的各类检测
031301013	设备、管道施工的安全、防冻和焊接保护	保证工程施工正常进行的防冻和焊接保护
031301014	焦炉烘炉、热态工程	1. 烘炉安装、拆除、外运 2. 热态作业劳保消耗
031301015	管道安拆后的充气保护	充气管道安装、拆除
031301016	隧道内施工的通风、供水、供气、供电、照明及通信设施	通风、供水、供气、供电、照明及通信设施安装、拆除
031301017	脚手架搭拆	1. 场内、场外材料搬运 2. 搭、拆脚手架 3. 拆除脚手架后材料的堆放
031301018	其他措施	为保证工程施工正常进行所发生的费用
031302007	高层施工增加	1. 高层施工引起的人工工效降低以及由于人工工效降低引起的机械降效 2. 通信联络设备的使用

建筑设备安装工程中常用的单价措施项目有:脚手架搭拆、高层施工增加、安装与生产同时进行施工增加和在有害身体健康环境中施工增加。

(1) 脚手架搭拆费

脚手架搭拆不属于工程实体内容,应属于措施项目,脚手架搭拆费应计入措施项目费用中,属竞争性费用。现行的安装工程计价定额规定:以单位工程人工费为取费基础,采用脚手架搭拆系数来计算此费用。

脚手架搭拆费以单位工程人工费作为取费基础,其计算分为三步:

① 单位工程人工费×脚手架搭拆费费率

定额各册的脚手架搭拆费费率不尽相同,如《江苏省安装工程计价定额》(第十册)规定的脚手架搭拆费费率为5%。

② 费用拆分:该费用拆分为人工费和材料费。其中人工工资占25%,材料占75%。

③ 在人工费的基础上计算管理费和利润。即:

$$脚手架搭拆费=人工费+材料费+管理费+利润$$

各册定额在测算脚手架搭拆费系数时,均已考虑各专业工程交叉作业、互相利用脚手架、简易架等因素。因此,不论工程实际是否搭拆或搭拆数量多少,均按定额规定系数计算脚手架搭拆费用,由企业包干使用。

(2) 高层施工增加费(高层建筑增加费)

高层施工增加费安装工程中又称"高层建筑增加费"。高层建筑是指层数在6层以上或高度在20 m以上(不含6层、20 m)的工业与民用建筑。高层建筑增加费是指高层建筑施工应增加的费用。

高层建筑的高度或层数以室外设计正负零至檐口(不包括屋顶水箱间、电梯间、屋顶平台出入口等)高度计算,不包括地下室的高度和层数,半地下室也不计算层数。高层建筑增加费的计取范围有:给排水、采暖、燃气、电气、消防工程、通风空调、建筑智能化等工程。

现行的《江苏省安装工程计价定额》规定:以单位工程人工费为取费基础,采用高层建筑增加费费率来计算此费用。

高层建筑增加费以人工费为计算基础,其计算分为三步:

① 人工费×高层建筑增加费费率

各册定额的高层建筑增加费费率不尽相同,具体费率参见各册计价定额。

② 费用拆分:该费用拆分为人工费和机械费。

③ 在人工费的基础上计算管理费和利润。即:

$$高层建筑增加费=人工费+机械费+管理费+利润$$

在计算高层建筑增加费时,应注意下列几点:

① 计算基数包括6层或20 m以下的全部人工费,并且包括各章、节中所规定的应按系数调整的子目中人工调整部分的费用。

② 同一建筑物有部分高度不同时,可分别不同高度计算高层建筑增加费。

③ 在高层建筑施工中,同时又符合超高施工条件的,可同时计算高层建筑增加费和超高增加费。

（3）安装与生产同时进行施工增加费

安装与生产同时进行增加的费用，是指改扩建工程在生产车间或装置内施工，因生产操作或生产条件限制（如不准动火）干扰了安装工作正常进行而增加的降效费用，不包括为保证安全生产和施工所采取的措施费用。若安装工作不受干扰的，不应计取此项费用。

现行的《江苏省安装工程计价定额》规定：以单位工程人工费为取费基础，按定额人工费的10%计取，其中人工费占100%，在该人工费的基础上再计算管理费和利润。

（4）有害身体健康环境中施工增加费

在有害身体健康的环境中施工增加的费用，是指在《中华人民共和国民法通则》有关规定允许的前提下，改扩建工程由于车间、装置范围内有害气体或高分贝的噪音超过国家标准以至影响身体健康而增加的降效费用，不包括劳保条例规定应享受的工种保健费。

现行的《江苏省安装工程计价定额》规定：以单位工程人工费为取费基础，按定额人工费的10%计取，其中人工费占100%，在该人工费的基础上再计算管理费和利润。

2）总价措施项目费

通用安装工程中总价措施项目包括：安全文明施工、夜间施工增加、非夜间施工照明、二次搬运、冬雨季施工增加、已完工程及设备保护。此外，《江苏省建设工程费用定额（2014年）》又补充了5项总价措施项目：临时设施费、赶工措施费、工程按质论价、特殊条件下施工增加费、住宅工程分户验收，见表2.3所示。

表2.3　总价措施项目表

项目编码	项目名称	工作内容及包含范围	备 注
031302001	安全文明施工	1. 环境保护：现场施工机械设备降低噪声、防扰民措施；水泥和其他易飞扬细颗粒建筑材料密闭存放或采取覆盖措施等；工程防扬尘洒水；土石方、建渣外运车辆保护措施等；现场污染源的控制、生活垃圾清理外运、场地排水排污措施；其他环境保护措施 2. 文明施工："五牌一图"；现场围挡的墙面美化（包括内外粉刷、刷白、标语等）、压顶装饰；现场厕所便槽刷白、贴面砖，水泥砂浆地面或地砖，建筑物内临时便溺设施；其他施工现场临时设施的装饰装修、美化措施；现场生活卫生设施；符合卫生要求的饮水设备、淋浴、消毒等设施；生活用洁净燃料；防煤气中毒、防蚊虫叮咬等措施；施工现场操作场地的硬化；现场绿化、治安综合治理；现场配备医药保健器材、物品费用和急救人员培训；用于现场工人的防暑降温、电风扇、空调等设备及用电；其他文明施工措施 3. 安全施工：安全资料、特殊作业专项方案的编制，安全施工标志的购置及安全宣传，"三宝"（安全帽、安全带、安全网）、"四口"（楼梯口、电梯井口、通道口、预留洞口）、"五临边"（阳台围边、楼板围边、屋面围边、槽坑围边、卸料平台两侧）、水平防护架、垂直防护架、外架封闭等防护措施；施工安全用电，包括配电箱三级配电、两级保护装置要求、外电防护措施；起重机、塔吊等起重设备（含井架、门架）及外用电梯的安全防护措施（含警示标志）及卸料平台的临边防护、层间安全门、防护棚等设施；建筑工地起重机械的检验检测；施工机具防护棚及其围栏的安全保护设施；施工安全防护通道；工人的安全防护用品、用具购置；消防设施与消防器材的配置；电气保护、安全照明设施；其他安全防护措施 4. 临时设施：施工现场采用彩色、定型钢板，砖、混凝土砌块等围挡的安砌、维修、拆除；施工现场临时建筑物、构筑物的搭设、维修、拆除，如临时宿舍、办公室、食堂、厨房、厕所、诊疗所、临时文化福利用房、临时仓库、加工场、搅拌台、临时简易水塔、水池等；施工现场临时设施的搭设、维修、拆除，如临时供水管道、临时供电管线、小型临时设施等；施工现场规定范围内临时简易道路铺设，临时排水沟、排水设施安砌、维修、拆除；其他临时设施的搭设、维修、拆除	

续表

项目编码	项目名称	工作内容及包含范围	备注
031302002	夜间施工增加	1. 夜间固定照明灯具和临时可移动照明灯具的设置、拆除 2. 夜间施工时,施工现场交通标志、安全标牌、警示灯等的设置、移动、拆除 3. 夜间照明设备及照明用电、施工人员夜班补助、夜间施工劳动效率降低等	
031302003	非夜间施工增加	为保证工程施工正常进行,在地下(暗)室、设备及大口径管道内等特殊施工部位施工时所采用的照明设备的安拆、维护及照明用电、通风等;在地下(暗)室等施工引起的人工工效降低以及由于人工工效降低引起的机械降效	
031302004	二次搬运	由于施工场地条件限制而发生的材料、成品、半成品等一次运输不能到达堆放地点,必须进行二次或多次搬运	
031302005	冬雨季施工增加	1. 冬雨(风)季施工时增加的临时设施(防寒保温、防雨、防风设施)的搭设、拆除 2. 冬雨(风)季施工时,对砌体、混凝土等采用的特殊加温、保温和养护措施 3. 冬雨(风)季施工时,施工现场的防滑处理、对影响施工的雨雪的清除 4. 冬雨(风)季施工时增加的临时设施、施工人员的劳动保护用品、冬雨(风)季施工劳动效率降低等	
031302006	已完工程及设备保护	对已完工程及设备采取的覆盖、包裹、封闭、隔离等必要保护措施	
031302008	临时设施费	施工企业为进行工程施工所必需的生活和生产用的临时建筑物、构筑物和其他临时设施的搭设、使用、拆除等费用	省补充
031302009	赶工措施费	施工合同约定工期比定额工期提前,施工企业为缩短工期所发生的费用;如施工过程中,发包人要求实际工期比合同工期提前时,由发承包双方另行约定	省补充
031302010	工程按质论价	施工合同约定质量标准超过国家规定,施工企业完成工程质量达到经有权部门鉴定或评定为优质工程所必须增加的施工成本费	省补充
031302011	住宅工程分户验收	按《住宅工程质量分户验收规程》(DGJ 32/TJ103—2010)的要求对住宅工程安装项目进行专门验收发生的费用	省补充
	特殊条件下施工增加费	地下不明障碍物、铁路、航空、航运等交通干扰而发生的施工降效费用	省补充

(1) 安全文明施工费

安全文明施工费是在合同履行过程中,承包人按照国家法律、法规、标准等规定,为保证安全施工、文明施工,保护现场内外环境和搭拆临时设施等所采用的措施而发生的费用。

《计价规范》规定:措施项目中的安全文明施工费必须按国家或省级、行业建设主管部门的规定计算,不得作为竞争性费用。

根据住房和城乡建设部、财政部联合发文"建标〔2013〕44号"的规定:

$$安全文明施工费=计算基数×安全文明施工费费率(\%)$$

安全文明施工费计算基数应为以下三种费用之一:

① 定额分部分项工程费+定额中可以计量的措施项目费。

② 定额人工费。

③ 定额人工费+定额机械费。

安全文明施工费计算基数和费率由工程造价管理机构根据各专业工程的特点综合

确定。

《江苏省建设工程费用定额(2014 年)》规定,安全文明施工费计算基数为:

$$分部分项工程费-工程设备费+单价措施项目费$$

即:安全文明施工费=(分部分项工程费-工程设备费+单价措施项目费)×

安全文明施工费费率(%)

(2) 其他总价措施项目费

根据住房和城乡建设部、财政部联合发文"建标〔2013〕44 号"的规定:

$$其他总价措施项目费=计算基数×相应费用费率(%)$$

其计算基数和费率由工程造价管理机构根据各专业工程的特点综合确定。

《江苏省建设工程费用定额(2014 年)》规定,其他总价措施项目费计算基数为:

$$分部分项工程费-工程设备费+单价措施项目费$$

即:其他总价措施项目费=(分部分项工程费-工程设备费+单价措施项目费)×

相应费率(%)

其他总价措施项目费费率参见《江苏省建设工程费用定额(2014 年)》。

2.3.2.3　其他项目费

《计价规范》规定,其他项目清单应按照下列内容列项:

① 暂列金额。

② 暂估价,包括材料暂估单价、工程设备暂估单价、专业工程暂估价。

③ 计日工。

④ 总承包服务费。

1) 暂列金额

暂列金额是招标人在工程量清单中暂定并包括在合同价款中的一笔款项。用于工程合同签订时尚未确定或者不可预见的所需材料、工程设备、服务的采购,施工中可能发生的工程变更、合同约定调整因素出现时的合同价款调整以及发生的索赔、现场签证确认等的费用。

暂列金额应包括在合同价之内,但不直接属承包人所有,而是由发包人暂定并掌握使用的一笔款项。暂列金额应按表 2.4 格式列示。

表 2.4　暂列金额明细表

工程名称:　　　　　　　　　　标段:　　　　　　　　　　　第　页共　页

序　号	项目名称	计量单位	暂定金额(元)	备　注
1				
2				
3				
合　计				—

注:此表由招标人填写,如不能详列,也可只列暂定金额总额,投标人应将上述暂列金额计入总价中。

投标人投标报价时,暂列金额应按招标工程量清单中列出的金额填写计入总价中。

2) 暂估价

暂估价是招标人在工程量清单中提供的用于支付必然发生但暂时不能确定价格的材料、工程设备的单价以及专业工程的金额,包括材料暂估单价、工程设备暂估单价、专业工程暂估价。

"暂估价"是在招标阶段预见肯定要发生,只是因为标准不明或者需要由专业承包人完成,暂时又无法确定具体价格时采用的一种价格形式。材料(工程设备)暂估单价及调整表见表 2.5 所示。专业工程暂估价及结算价表见表 2.6 所示。

表 2.5 材料(工程设备)暂估单价及调整表

工程名称: 　　　　　　　　　　　标段: 　　　　　　　　　　第　页共　页

序号	材料(工程设备)名称、规格、型号	计量单位	数量		暂估(元)		确认(元)		差额±(元)		备注
			投标	确认	单价	合价	单价	合价	单价	合价	
合　计											

注:此表由招标人填写"材料(工程设备)名称、规格、型号"、"计量单位"、"暂估单价",并在备注栏说明暂估价的材料、工程设备拟用在哪些清单项目上,投标人应将上述材料、工程设备暂估单价计入工程量清单综合单价报价中,并填写"数量"中的"投标"和"暂估合价"列。

表 2.6 专业工程暂估价及结算价表

工程名称: 　　　　　　　　　　　标段: 　　　　　　　　　　第　页共　页

序　号	工程名称	工程内容	暂估金额(元)	结算金额(元)	差额±(元)	备注
合　计						

注:此表"暂估金额"由招标人填写,投标人应将"暂估金额"计入投标总价中,结算时按合同约定结算金额填写。

投标人投标报价时,材料、工程设备暂估价应按招标工程量清单中列出的单价计入综合单价;专业工程暂估价应按招标工程量清单中列出的金额填写。

结算时,暂估价按《计价规范》规定按下列原则确定:

① 发包人在招标工程量清单中给定暂估价的材料、工程设备属于依法必须招标的,应由发承包双方以招标的方式选择供应商,确定价格,并应以此为依据取代暂估价,调整合同价款。

② 发包人在招标工程量清单中给定暂估价的材料、工程设备不属于依法必须招标的,应由承包人按照合同约定采购,经发包人确认单价后取代暂估价,调整合同价款。

③ 发包人在工程量清单中给定暂估价的专业工程不属于依法必须招标的,应按照工程变更相应条款的规定确定专业工程价款,并应以此为依据取代专业工程暂估价,调整合同价款。

④ 发包人在招标工程量清单中给定暂估价的专业工程,依法必须招标的,应当由发承包双方依法组织招标选择专业分包人,并接受有管辖权的建设工程招标投标管理机构的监督,应以专业工程发包中标价为依据取代专业工程暂估价,调整合同价款。

3) 计日工

在施工过程中,承包人完成发包人提出的工程合同范围以外的零星项目或工作,按合同中约定的单价计价的一种方式。

计日工是指对零星项目或工作采取的一种计价方式,包括完成该项作业的人工、材料、机械台班、企业管理费和利润。

投标人投标报价时,计日工应按招标工程量清单中列出的项目和数量,自主确定综合单价并计算计日工金额;结算时按合同约定的单价乘以现场签证报告确认的计日工数量计算计日工金额。计日工表见表2.7所示。

表2.7 计日工表

工程名称:　　　　　　　　　　标段:　　　　　　　　第　页共　页

编　号	项目名称	单　位	暂定数量	综合单价(元)	合价(元)	
					暂定	实际
一	人　工					
1						
2						
人工小计						
二	材　料					
1						
2						
材料小计						
三	施工机械					
1						
2						
施工机械小计						
四、企业管理费和利润						
总　计						

注:此表名称、单位、暂定数量由招标人填写。投标时,单价由投标人自主报价,按暂定数量计算合价计入投标总价中。结算时,按发承包双方确认的实际数量计算合价。

4) 总承包服务费

总承包人为配合协调发包人进行的专业工程发包,对发包人自行采购的材料、工程设备等进行保管以及施工现场管理、竣工资料汇总整理等服务所需的费用。

投标人投标报价时,投标人应根据招标工程量清单中列出的内容和提出的要求,结合省级或行业建设主管部门的规定自主确定,通常按照分包的专业工程估算造价的一定比例计算。

总承包服务费计价表见表2.8所示。

表2.8 总承包服务费计价表

工程名称:　　　　　　　　　　标段:　　　　　　　　第　页共　页

序　号	项目名称	项目价值(元)	服务内容	计算基础	费率(%)	金额(元)
1	发包人发包专业工程					
2	发包人提供材料					
	合计	—	—	—	—	

注:此表项目名称、服务内容由招标人填写,投标报价时,费率和金额由投标人自主报价,计入投标总价中。

在暂列金额、暂估价、计日工和总承包服务费的基础上,汇总得到其他项目费,见表2.9所示。

表2.9 其他项目清单与计价汇总表

工程名称: 标段: 第 页共 页

序 号	项目名称	金额(元)	结算金额(元)	备注
1	暂列金额			明细详见表2.4
2	暂估价			
2.1	材料(工程设备)暂估价	—		明细详见表2.5
2.2	专业工程暂估价			明细详见表2.6
3	计日工			明细详见表2.7
4	总承包服务费			明细详见表2.8
	合 计			—

注:材料(工程设备)暂估价进入清单项目综合单价,此处不汇总。

2.3.2.4 规费

规费是根据国家法律、法规规定,由省级政府或省级有关权力部门规定施工企业必须缴纳的,应计入建筑安装工程造价的费用。

根据住房和城乡建设部、财政部联合发文"建标〔2013〕44号"的规定,规费是工程造价的组成部分。规费由施工企业根据省级政府或省级有关权力部门规定进行缴纳,但在工程建设项目施工中的计取标准和办法由国家及省级建设行政主管部门依据省级政府或省级有关权力部门的相关规定制定。

《计价规范》规定,规费项目清单应按照下列内容列项:

① 社会保险费:包括养老保险费、失业保险费、医疗保险费、工伤保险费、生育保险费。

② 住房公积金。

③ 工程排污费。

出现《计价规范》中未列的项目,应根据省级政府或省级有关部门的规定列项。

《计价规范》规定:规费必须按国家或省级、行业建设主管部门的规定计算,不得作为竞争性费用。

$$规费=计算基数×规费费率(\%)$$

《江苏省建设工程费用定额(2014年)》规定,规费计算基数为:

分部分项工程费－工程设备费＋措施项目费＋其他项目费

即:规费=(分部分项工程费－工程设备费＋措施项目费＋其他项目费)×
规费费率(%)

规费费率由当地造价主管部门规定。规费项目计价表见表2.10所示。

表 2.10 规费、税金项目计价表

工程名称：　　　　　　　　　　　　标段：　　　　　　　　　　第　页共　页

序　号	项目名称	计算基础	计算基数	计算费率(%)	金额(元)
1	规费				
1.1	社会保险费	分部分项工程费＋措施项目费＋其他项目费－工程设备费			
1.2	住房公积金				
1.3	工程排污费				
2	税金	分部分项工程费＋措施项目费＋其他项目费＋规费－(甲供材料费＋甲供设备费)			
		合　计			

注：工程排污费率在招标时暂按 0.1％计入,结算时按工程所在地环境保护部门收取标准计入。

2.3.2.5 税金

税金是国家税法规定的应计入建筑安装工程造价内的增值税、城市维护建设税、教育费附加和地方教育附加。

《计价规范》规定:税金项目清单应包括下列内容:

① 增值税。

② 城市维护建设税。

③ 教育费附加。

④ 地方教育附加。

出现《计价规范》中未列的项目,应根据税务部门的规定列项。

《计价规范》规定:税金必须按国家或省级、行业建设主管部门的规定计算,不得作为竞争性费用。

按照财税〔2016〕36 号文的规定,增值税应纳税额的计税方法,包括一般计税方法和简易计税方法。一般纳税人发生应税行为适用一般计税方法计税。应税行为的年应征增值税销售额超过财政部和国家税务总局规定标准的纳税人为一般纳税人,未超过规定标准的纳税人为小规模纳税人。小规模纳税人发生应税行为适用简易计税方法计税。一般情况下,包清工工程、甲供工程采用简易计税方法,其他一般纳税人提供建筑服务的建设工程,采用一般计税方法。

(1)一般计税方法

一般计税方法的增值税应纳税额,是指当期销项税额抵扣当期进项税额后的余额。即:

$$应纳税额＝当期销项税额－当期进项税额$$

销项税额,是指纳税人发生应税行为按照销售额和增值税税率计算并收取的增值税额。销项税额计算公式:

$$销项税额＝销售额×税率$$

进项税额,是指纳税人购进货物、加工修理修配劳务、服务、无形资产或者不动产,支付或者负担的增值税额。

对建筑安装工程,一般计税方法下,当期销项税额按下式计算:

当期销项税额＝税前工程造价×建筑业拟征增值税税率

根据财税〔2018〕32 号《财政部税务总局关于调整增值税税率的通知》,建筑业拟征增值税税率为 10%;税前工程造价中不包含增值税可抵扣进项税额,即组成建设工程造价的要素价格中,除无增值税可抵扣项的人工费、利润、规费外,材料费、施工机具使用费、管理费均按扣除增值税可抵扣进项税额后的价格即"除税价格"计入。

建设工程造价＝税前工程造价×(1＋建筑业拟征增值税税率)

同时,按苏建价〔2016〕154 号文的规定,城市建设维护税、教育费附加及地方教育附加,不再列入税金项目内,调整放入企业管理费中。

综上所述,一般计税方法的税金是指根据建筑服务销售价格,按规定税率计算的增值税销项税额。

(2)简易计税方法

简易计税方法的增值税应纳税额,是指按照销售额和增值税征收率计算的增值税额,不得抵扣进项税额。增值税应纳税额计算公式:

应纳税额＝销售额×增值税征收率

对建筑安装工程,简易计税方法下,建设工程应纳税额计算公式如下:

应纳税额＝包含增值税可抵扣进项税额的税前工程造价×增值税征收率

其中,增值税征收率为 3%。需要注意的是:税前工程造价中包含增值税可抵扣进项税额,这和一般计税方法的应纳税额的计算是不同的。

城市维护建设税、教育费附加和地方教育附加以增值税额为基础计税。即:

城市维护建设税＝增值税应纳税额×城市维护建设税率

城市维护建设税率因纳税地点不同其适用税率也不一样。纳税所在地为市区,税率为 7%;纳税所在地为县城、建制镇,税率为 5%;纳税所在地不在市区、县城、建制镇,税率为 1%。

教育费附加＝增值税应纳税额×教育费附加费率

国务院规定的教育费附加费率为 3%。建筑安装企业的教育费附加要与增值税同时缴纳。

地方教育附加＝增值税应纳税额×地方教育附加费率

按照财政部财综〔2010〕98 号文的规定,地方教育附加费率为 2%。

简易计税方法下:

税金＝增值税应缴纳税额＋城市维护建设税＋教育费附加＋地方教育附加
＝包含增值税可抵扣进项税额的税前工程造价×[增值税征收率×
(1＋城市维护建设税率＋教育费附加费率＋地方教育附加费率)]
＝包含增值税可抵扣进项税额的税前工程造价×税金综合税率

综合税率因纳税人所在地不同而不同。税金综合税率为:市区 3.36%,县镇 3.30%,乡村 3.18%。如各市另有规定的,按各市规定计取。

按照财税〔2016〕36 号文的规定,绝大多数建筑安装工程的增值税采用一般计税方法,本书重点介绍一般计税方法,书中相关实例皆采用一般计税方法。

2.4 安装工程造价计算程序

2.4.1 包工包料工程

包工包料安装工程工程造价计算程序见表 2.11 所示。

表 2.11 包工包料工程工程造价计算程序

工程名称: 标段: 第 页共 页

序 号	汇 总 内 容	金额(元)	其中:暂估价(元)
1	分部分项工程		
1.1	人工费		
1.2	材料费		
1.3	施工机具使用费		
1.4	企业管理费		
1.5	利润		
2	措施项目		—
2.1	单价措施项目费		—
2.2	总价措施项目费		
2.2.1	其中:安全文明施工措施费		
3	其他项目		—
3.1	其中:暂列金额		—
3.2	其中:专业工程暂估价		—
3.3	其中:计日工		—
3.4	其中:总承包服务费		—
4	规费		—
5	税金		—
	投标报价合计＝1+2+3+4+5		

2.4.2 包工不包料工程

包工不包料安装工程工程造价计算程序见表 2.12 所示。

表 2.12 包工不包料安装工程工程造价计算程序

序 号	费用名称		计算公式
一	分部分项工程费中人工费		人工消耗量×人工单价
二	措施项目费中人工费		
三	其他项目费用		
四	规费		
	其中	工程排污费	(一+二+三)×费率
五	税金		(一+二+三+四)×费率
六	工程造价		一+二+三+四+五

2.5 营改增后《江苏省建设工程费用定额》(2014年)

根据《江苏省住房和城乡建设厅关于建筑业实施营改增后江苏省建设工程计价依据调整的通知》(苏建价〔2016〕154号)的规定,营改增后《江苏省建设工程费用定额》(2014年)的部分内容进行了调整。调整后的《江苏省建设工程费用定额》(2014年)如下:

为了与《计价规范》(GB 50500—2013)、国家现行计算规范、《建筑安装工程费用项目组成》(建标〔2013〕44号)相配套,江苏省建设厅编制了《江苏省建设工程费用定额(2014)》,自2014年7月1日施行,原有的"江苏省建设工程费用定额"停止执行。

该费用定额是建设工程编制设计概算、施工图预(结)算、最高投标限价(招标控制价)、标底以及调解处理工程造价纠纷的依据;是确定投标价、工程结算审核的指导;也可作为企业内部核算和制定企业定额的参考。

本定额适用于在江苏省行政区域内新建、扩建和改建的建筑与装饰、安装、市政、仿古建筑及园林绿化、房屋修缮、城市轨道交通工程等,与江苏省现行的建筑与装饰、安装、市政、仿古建筑及园林绿化、房屋修缮、城市轨道交通工程计价表(定额)配套使用。

本定额费用内容是由分部分项工程费、措施项目费、其他项目费、规费和税金组成。其中,安全文明施工措施费、规费和税金为不可竞争费,应按规定标准计取。

2.5.1 分部分项工程费

分部分项工程费是指各专业工程的分部分项工程应予列支的各项费用,由人工费、材料费、施工机械使用费、企业管理费和利润构成。

1) 人工费

人工费是指按工资总额构成规定,支付给从事建筑安装工程施工的生产工人和附属生产单位工人的各项费用。内容包括:

(1) 计时工资或计件工资:是指按计时工资标准和工作时间或对已做工作按计件单价支付给个人的劳动报酬。

(2) 奖金:是指对超额劳动和增收节支支付给个人的劳动报酬,如节约奖、劳动竞赛奖等。

(3) 津贴补贴:是指为了补偿职工特殊或额外的劳动消耗和因其他特殊原因支付给个人的津贴,以及为了保证职工工资水平不受物价影响支付给个人的物价补贴,如流动施工津贴、特殊地区施工津贴、高温(寒)作业临时津贴、高空津贴等。

(4) 加班加点工资:是指按规定支付的在法定节假日工作的加班工资和在法定日工作时间外延时工作的加点工资。

(5) 特殊情况下支付的工资:是指根据国家法律、法规和政策规定,因病、工伤、产假、计划生育假、婚丧假、事假、探亲假、定期休假、停工学习、执行国家或社会义务等原因按计时工资标准或计时工资标准的一定比例支付的工资。

2) 材料费

材料费是指施工过程中耗费的原材料、辅助材料、构配件、零件、半成品或成品、工程设备的费用。内容包括:

(1) 材料原价:是指材料、工程设备的出厂价格或商家供应价格。

（2）运杂费：是指材料、工程设备自来源地运至工地仓库或指定堆放地点所发生的全部费用。

（3）运输损耗费：是指材料在运输装卸过程中不可避免的损耗。

（4）采购及保管费：是指为组织采购、供应和保管材料、工程设备的过程中所需要的各项费用。包括采购费、仓储费、工地保管费、仓储损耗。

工程设备是指房屋建筑及其配套的构成或计划构成永久工程一部分的机电设备、金属结构设备、仪器装置等建筑设备，包括附属工程中电气、采暖、通风空调、给排水、通信及建筑智能等为房屋功能服务的设备，不包括工艺设备。具体划分标准见《建设工程计价设备材料划分标准》(GB/T 50531—2009)。明确由建设单位提供的建筑设备，其设备费用不作为计取税金的基数。

3）施工机具使用费

施工机具使用费是指施工作业所发生的施工机械、仪器仪表使用费或其租赁费。包含以下内容：

（1）施工机械使用费：以施工机械台班耗用量乘以施工机械台班单价表示，施工机械台班单价应由下列七项费用组成：

① 折旧费：指施工机械在规定的使用年限内，陆续收回其原值的费用。

② 大修理费：指施工机械按规定的大修理间隔台班进行必要的大修理，以恢复其正常功能所需的费用。

③ 经常修理费：指施工机械除大修理以外的各级保养和临时故障排除所需的费用。包括为保障机械正常运转所需替换设备与随机配备工具附具的摊销和维护费用，机械运转中日常保养所需润滑与擦拭的材料费用及机械停滞期间的维护和保养费用等。

④ 安拆费及场外运费：安拆费指施工机械（大型机械除外）在现场进行安装与拆卸所需的人工、材料、机械和试运转费用以及机械辅助设施的折旧、搭设、拆除等费用；场外运费指施工机械整体或分体自停放地点运至施工现场或由一施工地点运至另一施工地点的运输、装卸、辅助材料及架线等费用。

⑤ 人工费：指机上司机（司炉）和其他操作人员的人工费。

⑥ 燃料动力费：指施工机械在运转作业中所消耗的各种燃料及水、电等。

⑦ 税费：指施工机械按照国家规定应缴纳的车船使用税、保险费及年检费等。

（2）仪器仪表使用费：是指工程施工所需使用的仪器仪表的摊销及维修费用。

4）企业管理费

企业管理费是指施工企业组织施工生产和经营管理所需的费用。内容包括：

（1）管理人员工资：是指按规定支付给管理人员的计时工资、奖金、津贴补贴、加班加点工资及特殊情况下支付的工资等。

（2）办公费：是指企业管理办公用的文具、纸张、账表、印刷、邮电、书报、办公软件、监控、会议、水电、燃气、采暖、降温等费用。

（3）差旅交通费：是指职工因公出差、调动工作的差旅费、住勤补助费，市内交通费和误餐补助费，职工探亲路费，劳动力招募费，职工退休、退职一次性路费，工伤人员就医路费，工地转移费以及管理部门使用的交通工具的油料、燃料等费用。

（4）固定资产使用费：指企业及其附属单位使用的属于固定资产的房屋、设备、仪器等的折旧、大修、维修或租赁费。

（5）工具用具使用费：是指企业施工生产和管理使用的不属于固定资产的工具、器具、家具、交通工具和检验、试验、测绘、消防用具等的购置、维修和摊销费，以及支付给工人自备工具的补贴费。

（6）劳动保险和职工福利费：是指由企业支付的职工退职金、按规定支付给离休干部的经费，集体福利费、夏季防暑降温、冬季取暖补贴、上下班交通补贴等。

（7）劳动保护费：是企业按规定发放的劳动保护用品的支出。如工作服、手套、防暑降温饮料、高危险工作工种施工作业防护补贴以及在有碍身体健康的环境中施工的保健费用等。

（8）工会经费：是指企业按《中华人民共和国工会法》规定的全部职工工资总额比例计提的工会经费。

（9）职工教育经费：是指按职工工资总额的规定比例计提，企业为职工进行专业技术和职业技能培训，专业技术人员继续教育、职工职业技能鉴定、职业资格认定以及根据需要对职工进行各类文化教育所发生的费用。

（10）财产保险费：指企业管理用财产、车辆的保险费用。

（11）财务费：是指企业为施工生产筹集资金或提供预付款担保、履约担保、职工工资支付担保等所发生的各种费用。

（12）税金：指企业按规定交纳的房产税、车船使用税、土地使用税、印花税等。

（13）意外伤害保险费：企业为从事危险作业的建筑安装施工人员支付的意外伤害保险费。

（14）工程定位复测费：是指工程施工过程中进行全部施工测量放线和复测工作的费用。

（15）检验试验费：是施工企业按规定进行建筑材料、构配件等试样的制作、封样、送达和其他为保证工程质量进行的材料检验试验工作所发生的费用。

不包括新结构、新材料的试验费，对构件（如幕墙、预制桩、门窗）做破坏性试验所发生的试样费用和根据国家标准和施工验收规范要求对材料、构配件和建筑物工程质量检测检验发生的第三方检测费用，对此类检测发生的费用，由建设单位承担，在工程建设其他费用中列支。但对施工企业提供的具有合格证明的材料进行检测不合格的，该检测费用由施工企业支付。

（16）非建设单位所为 4 h 以内的临时停水停电费用。

（17）企业技术研发费：建筑企业为转型升级、提高管理水平所进行的技术转让、科技研发，信息化建设等费用。

（18）其他：业务招待费、远地施工增加费、劳务培训费、绿化费、广告费、公证费、法律顾问费、审计费、咨询费、投标费、保险费、联防费等等。

（19）采用一般计税方法的附加费：国家税法规定的应计入建筑安装工程造价内的城市建设维护税、教育费附加及地方教育附加。采用简易计税方法时，该附加费包括在税金中，不需单独计算。

5）利润

利润是指施工企业完成所承包工程获得的盈利。

一般计税方法的企业管理费费率和利润率取费标准见表 2.13 所示。安装工程类别划分标准详见本节 2.5.7。

表 2.13 安装工程企业管理费费率和利润率表

序 号	项目名称	计算基础	管理费费率(%)			利润率(%)
			一类工程	二类工程	三类工程	
一	安装工程	人工费	48	44	40	14

2.5.2 措施项目费

措施项目费是指为完成建设工程施工,发生于该工程施工前和施工过程中的技术、生活、安全、环境保护等方面的费用。

根据现行工程量清单计算规范,措施项目费可以分为单价措施项目与总价措施项目。

1) 单价措施项目

单价措施项目是指在现行工程量清单计算规范中有对应工程量计算规则,按人工费、材料费、施工机具使用费、管理费和利润形式组成综合单价的措施项目。单价措施项目根据专业不同设置。

安装工程包括的单价措施项目:吊装加固;金属抱杆安装、拆除、移位;平台铺设、拆除;顶升、提升装置安装、拆除;大型设备专用机具安装、拆除;焊接工艺评定;胎(模)具制作、安装、拆除;防护棚制作安装拆除;特殊地区施工增加;安装与生产同时进行施工增加;在有害身体健康环境中施工增加;工程系统检测、检验;设备、管道施工的安全、防冻和焊接保护;焦炉烘炉、热态工程;管道安拆后的充气保护;隧道内施工的通风、供水、供气、供电、照明及通讯设施;脚手架搭拆;高层施工增加;其他措施(工业炉烘炉、设备负荷试运转、联合试运转、生产准备试运转及安装工程设备场外运输)。

单价措施项目中各措施项目的工程量清单项目设置、项目特征、计量单位、工程量计算规则及工作内容均按现行工程量清单计算规范执行。

2) 总价措施项目

总价措施项目是指在现行工程量清单计算规范中无工程量计算规则,以总价(或计算基础乘费率)计算的措施项目。其中各专业都可能发生的通用的总价措施项目如下:

(1) 安全文明施工:为满足施工安全、文明、绿色施工以及环境保护、职工健康生活所需要的各项费用。本项为不可竞争费用。

① 环境保护包含范围:现场施工机械设备降低噪音、防扰民措施费用;水泥和其他易飞扬细颗粒建筑材料密闭存放或采取覆盖措施等费用;工程防扬尘洒水费用;土石方、建渣外运车辆冲洗、防洒漏等费用;现场污染源的控制、生活垃圾清理外运、场地排水排污措施的费用;其他环境保护措施费用。

② 文明施工包含范围:"五牌一图"的费用;现场围挡的墙面美化(包括内外粉刷、刷白、标语等)、压顶装饰费用;现场厕所便槽刷白、贴面砖,水泥砂浆地面或地砖费用,建筑物内临时便溺设施费用;其他施工现场临时设施的装饰装修、美化措施费用;现场生活卫生设施费用;符合卫生要求的饮水设备、淋浴、消毒等设施费用;生活用洁净燃料费用;防煤气中毒、防蚊虫叮咬等措施费用;施工现场操作场地的硬化费用;现场绿化费用、治安综合治理费用、现场电子监控设备费用;现场配备医药保健器材、物品费用和急救人员培训费用;用于现场工人的防暑降温费,以及电风扇、空调等设备及用电费用;其他文明施工措施费用。

③ 安全施工包含范围:安全资料、特殊作业专项方案的编制,安全施工标志的购置及安

全宣传的费用；"三宝"(安全帽、安全带、安全网)、"四口"(楼梯口、电梯井口、通道口、预留洞口)、"五临边"(阳台围边、楼板围边、屋面围边、槽坑围边、卸料平台两侧)，水平防护架、垂直防护架、外架封闭等防护的费用；施工安全用电的费用，包括配电箱三级配电、两级保护装置要求、外电防护措施；起重机、塔吊等起重设备(含井架、门架)及外用电梯的安全防护措施(含警示标志)费用及卸料平台的临边防护、层间安全门、防护棚等设施费用；建筑工地起重机械的检验检测费用；施工机具防护棚及其围栏的安全保护设施费用；施工安全防护通道的费用；工人的安全防护用品、用具购置费用；消防设施与消防器材的配置费用；电气保护、安全照明设施费；其他安全防护措施费用。

④ 绿色施工包含范围：建筑垃圾分类收集及回收利用费用；夜间焊接作业及大型照明灯具的挡光措施费用；施工现场办公区、生活区使用节水器具及节能灯具增加费用；施工现场基坑降水储存使用、雨水收集系统、冲洗设备用水回收利用设施增加费；施工现场生活区厕所化粪池、厨房隔油池设置及清理费用；从事有毒有害、有刺激性气味和强光、噪音施工人员的防护器具；现场危险设备、地段、有毒物品存放地安全标识和防护措施；厕所、卫生设施、排水沟、阴暗潮湿地带定期消毒费用；保障现场施工人员劳动强度和工作时间符合国家标准《体力劳动强度分级》(GB 3869—1997)的增加费用等。

(2) 夜间施工：规范、规程要求正常作业而发生的夜班补助、夜间施工降效、夜间照明设施的安拆、摊销、照明用电以及夜间施工现场交通标志、安全标牌、警示灯安拆等费用。

(3) 二次搬运：由于施工场地限制而发生的材料、成品、半成品等一次运输不能到达堆放地点，必须进行的二次或多次搬运费用。

(4) 冬雨季施工：在冬雨季施工期间所增加的费用。包括冬季作业、临时取暖、建筑物门窗洞口封闭及防雨措施、排水、工效降低、防冻等费用。不包括设计要求混凝土内添加防冻剂的费用。

(5) 地上、地下设施、建筑物的临时保护设施：在工程施工过程中，对已建成的地上、地下设施和建筑物进行的遮盖、封闭、隔离等必要保护措施。在园林绿化工程中，还包括对已有植物的保护。

(6) 已完工程及设备保护费：对已完工程及设备采取的覆盖、包裹、封闭、隔离等必要保护措施所发生的费用。

(7) 临时设施费：施工企业为进行工程施工所必需的生活和生产用的临时建筑物、构筑物和其他临时设施的搭设、使用、拆除等费用。

① 临时设施包括：临时宿舍、文化福利及公用事业房屋与构筑物、仓库、办公室、加工场等。

② 建筑、装饰、安装、修缮、古建园林工程规定范围内(建筑物沿边起 50 m 以内，多幢建筑两幢间隔 50 m 内)围墙、临时道路、水电、管线和轨道垫层等。

③ 市政工程施工现场在定额基本运距范围内的临时给水、排水、供电、供热线路(不包括变压器、锅炉等设备)、临时道路。不包括交通疏解分流通道、现场与公路(市政道路)的连接道路、道路工程的护栏(围挡)，也不包括单独的管道工程或单独的驳岸工程施工需要的沿线简易道路。

建设单位同意在施工就近地点临时修建混凝土构件预制场所发生的费用，应向建设单位结算。

(8) 赶工措施费：施工合同约定工期比定额工期提前，施工企业为缩短工期所发生的费用。如施工过程中,发包人要求实际工期比合同工期提前时,由发承包双方另行约定。

(9) 工程按质论价:施工合同约定质量标准超过国家规定,施工企业完成工程质量达到经有权部门鉴定或评定为优质工程所必须增加的施工成本费。

(10) 特殊条件下施工增加费:地下不明障碍物、铁路、航空、航运等交通干扰而发生的施工降效费用。

总价措施项目中,除通用措施项目外,安装工程专业措施项目如下:

(1) 非夜间施工照明:为保证工程施工正常进行,在如地下(暗)室、设备及大口径管道内等特殊施工部位施工时所采用的照明设备的安拆、维护及照明用电、通风等;在地下(暗)室等施工引起的人工工效降低以及由于人工工效降低引起的机械降效。

(2) 住宅工程分户验收:按《住宅工程质量分户验收规程》(DGJ 32/TJ103—2010)的要求对住宅工程安装项目进行专门验收发生的费用。

措施项目费取费标准及规定:

(1) 单价措施项目以清单工程量乘以综合单价计算。综合单价按照各专业计价定额中的规定,依据设计图纸和经建设方认可的施工方案进行组价。

(2) 总价措施项目中部分以费率计算的措施项目费率标准见表 2.14 和表 2.15 所示,其计算基础为:

$$分部分项工程费＋单价措施项目费－除税工程设备费$$

其他总价措施项目,按项计取,综合单价按实际或可能发生的费用进行计算。

一般计税方法的安全文明施工措施费费率见表 2.14、总价措施费费率见表 2.15 所示。

表 2.14　安全文明施工措施费费率表

序　号	工程名称	计算基础	基本费率(%)	省级标化增加费率(%)
一	安装工程	分部分项工程费＋单价措施项目费－除税工程设备费	1.5	0.30

注:对于开展市级建筑安全文明施工标准化示范工地创建活动的地区,市级标化增加费按照省级费率乘以 0.7 系数执行。

表 2.15　措施项目费取费标准表

项目名称	计算基础	费率(%)
夜间施工		0～0.1
非夜间施工照明		0.3
冬雨季施工		0.05～0.1
已完工程及设备保护	分部分项工程费＋单价措施项目费－除税工程设备费	0～0.05
临时设施		0.6～1.6
赶工措施		0.5～2.1
按质论价		1.1～3.2
住宅分户验收		0.1

2.5.3　其他项目费

(1) 暂列金额:建设单位在工程量清单中暂定并包括在工程合同价款中的一笔款项。用于施工合同签订时尚未确定或者不可预见的所需材料、工程设备、服务的采购,施工中可能发生的工程变更、合同约定调整因素出现时的工程价款调整以及发生的索赔、现场签证确认等的费用。由建设单位根据工程特点,按有关计价规定估算;施工过程中由建设单位掌握使用,扣除合同价款调整后如有余额,归建设单位。

(2) 暂估价:建设单位在工程量清单中提供的用于支付必然发生但暂时不能确定价格的材料的单价以及专业工程的金额。包括材料暂估价和专业工程暂估价。材料暂估价在清单综合单价中考虑,不计入暂估价汇总。

(3) 计日工:是指在施工过程中,施工企业完成建设单位提出的施工图纸以外的零星项目或工作所需的费用。

(4) 总承包服务费:是指总承包人为配合、协调建设单位进行的专业工程发包,对建设单位自行采购的材料、工程设备等进行保管以及施工现场管理、竣工资料汇总整理等服务所需的费用。总包服务范围由建设单位在招标文件中明示,并且发承包双方在施工合同中约定。

总承包服务费应根据招标文件列出的内容和向总承包人提出的要求,参照下列标准计算:

(1) 建设单位仅要求对分包的专业工程进行总承包管理和协调时,按分包的专业工程估算造价的1%计算。

(2) 建设单位要求对分包的专业工程进行总承包管理和协调,并同时要求提供配合服务时,根据招标文件中列出的配合服务内容和提出的要求,按分包的专业工程估算造价的2%～3%计算。

2.5.4 规费

规费是指有权部门规定必须缴纳的费用。

(1) 工程排污费:包括废气、污水、固体、扬尘及危险废物和噪声排污费等内容。

(2) 社会保险费:企业为职工缴纳的养老保险、医疗保险、失业保险、工伤保险和生育保险等社会保障方面的费用(不包括个人缴纳部分)。为确保施工企业各类从业人员社会保障权益落到实处,省、市有关部门可根据实际情况制定管理办法。

(3) 住房公积金:企业为职工缴纳的住房公积金。

规费取费标准及有关规定:

(1) 工程排污费按工程所在地环境保护等部门规定的标准缴纳,按实计取列入。

(2) 社会保险费及住房公积金按表2.16标准计取。

表2.16 社会保险费及公积金取费标准表

工程类别	计算基础	社会保险费费率(%)	公积金费率(%)
安装工程	分部分项工程费+措施项目费+ 其他项目费-除税工程设备费	2.4	0.42

注:① 社会保险费包括养老保险费、失业保险费、医疗保险费、工伤保险费、生育保险费。
　　② 点工和包工不包料的社会保险费和公积金已经包含在人工工资单价中。
　　③ 社会保险费费率和公积金费率将随着社保部门要求和建设工程实际率的提高,适时调整。

2.5.5 税金

(1) 一般计税方法

一般计税方法的税金是指根据建筑服务销售价格,按规定税率计算的增值税销项税额。

当期销项税额＝税前工程造价×建筑业拟征增值税税率

税前工程造价中的分部分项工程费、措施项目费、其他项目费、规费中均不包含增值税可抵扣进项税额。建筑业增值税税率10％。

（2）简易计税方法

简易计税方法的税金是指国家税法规定的应计入建筑安装工程造价内的增值税纳税额、城市维护建设税、教育费附加及地方教育附加。

① 增值税：是以商品（含应税劳务）在流转过程中产生的增值额作为计税依据而征收的一种流转税。

② 城市维护建设税：是为加强城市公共事业和公共设施的维护建设而开征的税，它以附加形式依附于营业税。

③ 教育费附加及地方教育附加：是为发展地方教育事业，扩大教育经费来源而征收的税种。它以营业税的税额为计征基数。

税金＝包含增值税可抵扣进项税额的税前工程造价×税金综合税率

综合税率因纳税人所在地不同而不同。税金综合税率为：市区3.36％，县镇3.30％，乡村3.18％。如各市另有规定的，按各市规定计取。

2.5.6　计算程序

2.5.6.1　一般计税方法（见表2.17）

表2.17　工程量清单法计算程序（包工包料）

序　号		费用名称	计算公式
一		分部分项工程费	清单工程量×除税综合单价
	其中	1. 人工费	人工消耗量×人工单价
		2. 材料费	材料消耗量×除税材料单价
		3. 施工机具使用费	机械消耗量×除税机械单价
		4. 管理费	(1＋3)×费率或(1)×费率
		5. 利润	(1＋3)×费率或(1)×费率
二		措施项目费	
	其中	单价措施项目费	清单工程量×除税综合单价
		总价措施项目费	(分部分项工程费＋单价措施项目费－除税工程设备费)×费率或以项计费
三		其他项目费	
四		规费	
	其中	1. 工程排污费	(一＋二＋三－除税工程设备费)×费率
		2. 社会保险费	
		3. 住房公积金	
五		税金	[一＋二＋三＋四－(除税甲供材料费＋除税甲供设备费)/1.01]×费率
六		工程造价	一＋二＋三＋四－(除税甲供材料费＋除税甲供设备费)/1.01＋五

2.5.6.2 简易计税方法(见表2.18)

表2.18 工程量清单法计算程序(包工包料)

序 号		费用名称	计算公式
一		分部分项工程费	清单工程量×综合单价
	其中	1. 人工费	人工消耗量×人工单价
		2. 材料费	材料消耗量×材料单价
		3. 施工机具使用费	机械消耗量×机械单价
		4. 管理费	(1+3)×费率或(1)×费率
		5. 利润	(1+3)×费率或(1)×费率
二		措施项目费	
	其中	单价措施项目费	清单工程量×综合单价
		总价措施项目费	(分部分项工程费+单价措施项目费-工程设备费)× 费率或以项计费
三		其他项目费	
四		规费	
	其中	1. 工程排污费	
		2. 社会保险费	(一+二+三-工程设备费)×费率
		3. 住房公积金	
五		税金	[一+二+三+四-(甲供材料费+甲供设备费)/1.01]×费率
六		工程造价	一+二+三+四-(甲供材料费+甲供设备费)/1.01+五

2.5.7 安装工程类别划分标准

安装工程类别划分见表2.19和表2.20所示。

表2.19 安装工程类别划分表

一类工程
(1) 10 kV变配电装置。 (2) 10 kV电缆敷设工程或实物量在5 km以上的单独6 kV(含6 kV)电缆敷设分项工程。 (3) 锅炉单炉蒸发量在10 t/h(含10 t/h)以上的锅炉安装及其相配套的设备、管道、电气工程。 (4) 建筑物使用空调面积在15 000 m² 以上的单独中央空调分项安装工程。 (5) 建筑物使用通风面积在15 000 m² 以上的通风工程。 (6) 运行速度在1.75 m/s以上的单独自动电梯分项安装工程。 (7) 建筑面积在15 000 m² 以上的建筑智能化系统设备安装工程和消防工程。 (8) 24层以上的水电安装工程。 (9) 工业安装工程一类项目(见表2.20)。
二类工程
(1) 除一类范围以外的变配电装置和10 kV以下架空线路工程。 (2) 除一类范围以外且在400 V以上的电缆敷设工程。 (3) 除一类范围以外的各类工业设备安装、车间工艺设备安装及其相配套的管道、电气工程。 (4) 锅炉单炉蒸发量在10 t/h以下的锅炉安装及其相配套的设备、管道、电气工程。 (5) 建筑物使用空调面积在15 000 m² 以下、5 000 m² 以上的单独中央空调分项安装工程。 (6) 建筑物使用通风面积在15 000 m² 以下、5 000 m² 以上的通风工程。 (7) 除一类范围以外的单独自动扶梯、自动或半自动电梯分项安装工程。 (8) 除一类范围以外的建筑智能化系统设备安装工程和消防工程。 (9) 8层以上或建筑面积在10 000 m² 以上建筑的水电安装工程。
三类工程
除一、二类范围以外的其他各类安装工程

表 2.20 工业安装工程一类工程项目表

(1) 洁净要求高于(等于)一万级的单位工程。

(2) 焊口有探伤要求的工艺管道、热力管道、煤气管道、供水(含循环水)管道等工程。

(3) 易燃、易爆、有毒、有害介质管道工程(《职业性接触毒物危害程度分级》GB 5044)

(4) 防爆电气、仪表安装工程。

(5) 各种类气罐、不锈钢及有色金属贮罐。碳钢贮罐容积单只≥1 000 m³。

(6) 压力容器制作安装。

(7) 设备单重≥10 t/台或设备本体高度≥10 m。

(8) 空分设备安装工程。

(9) 起重运输设备：

　　① 双梁桥式起重机：起重量≥50/10 t 或轨距≥21.5 m 或轨道高度≥15 m。

　　② 龙门式起重机：起重量≥20 t。

　　③ 皮带运输机：· 宽≥650 mm，斜度≥10°；

　　　　　　　　　 · 宽≥650 mm，总长度≥50 m；

　　　　　　　　　 · 宽≥1 000 mm。

(10) 锻压设备：

　　① 机械压力：压力≥250 t；

　　② 液压机：压力≥315 t；

　　③ 自动锻压机：压力≥5 t。

(11) 塔类设备安装工程。

(12) 炉窑类：

　　① 回转窑：直径≥1.5 m；

　　② 各类含有毒气体炉窑。

(13) 总实物量超过 50 m³ 的炉窑砌筑工程。

(14) 专业电气调试(电压等级在 500 V 以上)与工业自动化仪表调试。

(15) 公共安装工程中的煤气发生炉、液化站、制氧站及其配套的设备、管道、电气工程。

安装工程类别划分说明：

(1) 安装工程以分部工程确定工程类别。

(2) 在一个单位工程中有几种不同类别组成，应分别确定工程类别。

(3) 改建、装修工程中的安装工程可参照相应标准确定工程类别。

(4) 多栋建筑物下有连通的地下室或单独地下室工程，地下室部分水电安装按二类标准取费，如地下室建筑面积≥10 000 m²，则地下室部分水电安装按一类标准取费。

(5) 楼宇亮化工程按照安装工程三类取费。

(6) 上表中未包括的特殊工程，如影剧院、体育馆等，由当地工程造价管理机构根据工程实际情况予以核定，并报上级造价管理机构备案。

3 工程量清单计价的基础资料

实行工程量清单计价,要求投标人在掌握大量资料的基础上,根据企业定额、管理能力、消耗水平和生产效率在分析工程成本、利润的基础上确定企业投标报价。为了使报价具有足够的竞争力,必须详细掌握与项目实施有关的基础资料。这些资料主要包括两方面:一是与工程实体有关的资料,如设计图纸、招标文件、工程项目的水文地质资料等;二是与投标企业有关的资料,如施工组织设计或施工方案、施工资源消耗量定额、施工资源价格资料等。

与工程实体有关的资料,每一个投标人在投标过程中都能得到,是公开的;而与投标企业有关的资料,则是投标企业的秘密。在工程量清单计价的模式下,属于企业性质的施工方法、措施和人工、材料、机械的消耗量水平、管理费和利润取费等完全由投标企业自己确定,即企业自主报价。同一个工程项目,同样的工程量,各投标单位所报价格不同,反映了企业之间个别成本的差异,也是企业之间整体实力的体现。为了适应工程量清单报价,各企业必须建立自己的资料库、企业定额,并适时维护。这里介绍与企业投标报价有关的基础资料。

3.1 建设工程定额

建设工程定额是工程建设中各类定额的总称。建设工程定额是建筑企业经营管理的基础,是确定建筑安装工程造价、进行经济核算的依据。如何制定和应用建设工程定额,反映了一个国家、一个地区、一定时期建筑安装企业生产经营水平的高低,同时也反映了社会劳动生产率水平。

3.1.1 定额的概念

所谓定,就是规定;所谓额,就是额度和限额。从广义理解,定额就是规定的额度和限度。在工程建设中,为了完成某一工程项目,需要消耗一定数量的人力、物力和财力资源,这些资源的消耗是随着施工对象、施工方法和施工条件的变化而变化的。建设工程定额是指在正常施工条件下,完成一定单位合格产品所必须消耗的劳动力、材料、施工机械台班的数量标准。所谓正常的施工条件,是指生产过程能按生产工艺和施工验收规范操作,施工条件完善,有合理的劳动组织和能合理地使用施工机械和材料。建设工程定额就是在这样的条件下,对完成一定计量单位的合格产品进行的定员(定工日)、定量(数量)、定质(质量)、定价(资金),同时规定了工作内容和安全要求等。

建设工程定额随着生产社会化和科学技术的不断进步而发展起来。在我国宋代李诫于1103年编著的《营造法式》一书中最先出现工料定额。在西方,"科学管理"的创始人泰勒在20世纪初把定额用于科学管理,大大提高了劳动生产率,使定额逐步发展为一门科学,成为管理社会化大生产的工具,也成为建设工程的计价依据之一。我国于1957年由原国家建委颁发了第一部建筑安装工程定额《全国统一建筑工程预算定额》,定额随着生产率水平的提高和科学技术的进步而不断修改、补充而完善。2009年,住房和城乡建设部组织全国10

个省市的工程造价管理部门,编制并颁布了《建设工程劳动定额》,作为推荐性行业标准。最近几年,为了将定额工作纳入标准化管理的轨道,国家及地方建设行政主管部门相继编制了一系列与工程建设有关的定额。尤其是工程量清单计价规范和专业工程计算规范的颁布,使建筑产品的计价模式进一步适应市场经济体制,使定额成为生产、分配和管理的重要科学依据。

表3.1是《江苏省安装工程计价定额》中的《第十册 给排水、采暖、燃气工程》中 DN80 焊接法法兰阀门安装的定额实例,表中反映出完成该分项工程所需的人工、材料、机械台班的数量标准及其相应的费用。

表3.1 焊接法兰阀

工作内容:切管、焊接法兰、制垫、加垫、阀门安装、上螺栓、水压试验　　　　　　　　　计量单位:个

定额编号				10-437	
项　目	单位	单价		公称直径 80 mm 以内	
				数量	合　价
综合单价	元			221.73	
其中	人工费	元		52.54	
	材料费	元		122.31	
	机械费	元		19.21	
	管理费	元		20.49	
	利润	元		7.36	
	二类工	工日	74.0	0.71	52.54
材料	法兰阀门 DN80	个		(1)	
	平焊法兰 1.6 MPa DN80	片	44.68	2.0	89.36
	精制六角带帽螺栓	套	1.58	16.48	26.04
	石棉橡胶板	kg	6.50	0.26	1.69
	电焊条	kg	4.40	0.49	2.16
	氧气	m³	3.3	0.06	0.20
	乙炔气	kg	18	0.02	0.36
	厚漆	kg	10.0	0.12	1.20
	清油	kg	16.0	0.015	0.24
	棉纱头	kg	6.5	0.05	0.33
	砂纸	张	1.10	0.50	0.55
机械	直流弧焊机	台班	83.53	0.23	19.21

3.1.2 定额的水平概念

不同的产品有不同的质量要求,考察总体生产过程中的各生产要素,归结出社会平均必需的数量标准,才能形成定额。定额水平是规定在单位产品上消耗的劳动、机械和材料数量的多少,指按照一定施工程序和工艺条件下规定的施工生产中活劳动和物化劳动的消耗水平。定额水平与社会生产力水平、社会成员的劳动积极性有关。定额水平高指单位产

品产量提高、消耗降低,单位产品的造价低;定额水平低指单位产量降低,消耗提高,单位产品的造价高。在确定定额水平时,要考察社会平均先进水平和社会平均水平两个因素。社会平均先进水平是指在正常生产条件下,大多数人经过努力能够达到,少数人接近,个别人可以超过的水平。这种水平低于先进水平,略高于平均水平。一般而言,企业的施工定额应达到社会平均先进水平。预算定额则按生产过程中所消耗的社会必要劳动时间确定定额水平,其水平以施工定额水平为基础,是社会平均水平。

3.1.3　工程定额的作用

1) 在工程建设中,定额具有节约社会劳动和提高生产效率的作用

一方面,企业以定额为促进工人节约社会劳动(工作时间、原材料)和提高劳动效率、加快工作速度的手段,以增强市场竞争力,获取更多的利润;另一方面,作为工程造价计价依据的各类定额,又促进企业加强管理,把社会劳动的消耗控制在合理的限度内。再者,作为项目决策依据的定额指标,又在更高的层次上促进项目投资人合理而有效地利用和分配社会劳动。这都证明了定额在工程建设中节约社会劳动和优化资源配置的作用。

2) 定额有利于建筑市场公平竞争

定额中准确的信息为市场需求主体和供给主体的竞争,以及供给主体和供给主体之间的公平竞争,提供了有利条件。

3) 定额是对市场行为的规范

定额既是投资决策的依据,又是价格决策的依据。对于投资者来说,它可以利用定额权衡自己的财务状况和支付能力,预测资金投入和预期回报,还可以充分利用有关定额的大量信息,有效提高其项目决策的科学性,优化其投资行为。对于承包商来说,企业在投标报价时,要考虑定额的构成,做出正确的价格决策,形成市场竞争优势,才能获得更多的合同。可见,定额在上述两方面规范了市场的经济行为。

4) 建设工程定额有利于完善市场的信息系统

定额管理是对大量市场信息的加工,也是对市场大量信息的传递、反馈。信息是市场体系中不可或缺的要素,它的指导性、标准性和灵敏性是市场成熟和市场效率的标志。在我国,以定额的形式建立和完善市场信息系统,具有市场经济的特色。

5) 工程定额是建设工程计价、成本核算的依据

投标报价的过程是一个计价、分析、平衡的过程;成本核算是一个计价、对比、分析、查找原因、制定措施的过程。投标报价和进行成本核算的一项重要工作就是"计价",而计价的重要依据之一就是"定额",所以定额是企业进行投标报价和进行成本核算的基础。

3.1.4　定额的分类

建设工程定额是工程建设中各类定额的总称。建设工程定额可根据生产要素、编制程序和定额用途、专业及费用的性质、编制单位和管理权限不同进行分类。它们之间的关系如图3.1所示。其中,劳动定额、材料消耗定额和机械台班使用定额是制定各种使用定额的基础,因此也称为基本定额。

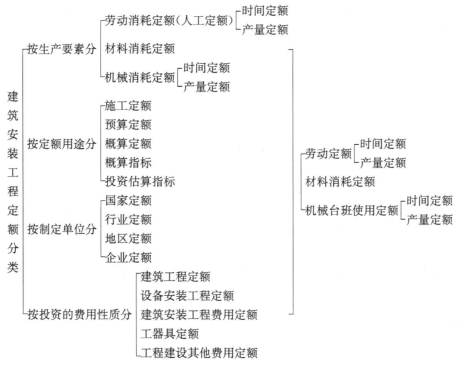

图 3.1　建设工程定额分类

1) 按生产要素分类

建设工程定额按生产要素分类,可分为劳动定额、材料消耗定额、机械台班使用定额。

(1) 劳动定额(亦称工时定额或人工定额)

劳动定额是在正常的施工技术条件下,为完成单位合格产品所必需的劳动消耗量的标准。劳动定额是人工的消耗定额,又称人工定额。劳动定额根据表达形式分为时间定额和产量定额两种。

时间定额是指在一定的生产技术和生产组织条件下,某工种、某种技术等级的工人小组或个人,完成单位合格产品所必需消耗的工作时间。定额工作时间包括工人的有效时间(准备与结束时间、基本工作时间、辅助工作时间)、必要的休息时间和不可避免的中断时间。由于劳动组织的不合理而停工、缺乏材料停工、工作地点未准备好而停工、机具设备不正常而停工、产品质量不符合标准而停工、偶然停工(停水、停电、暴风雨)、违反劳动纪律造成的工作时间损失、其他时间损失,都不属于劳动定额时间。

时间定额以"工日"表示,即单位产品的工日,如"工日/m""工日/m³""工日/t"。每个工日工作时间按现行制度规定为 8 h。其计算方法如下:

$$单位产品的时间定额 = \frac{工作时间(工日数)}{该时间内完成的产品数量} = \frac{1}{每工日产量}$$

产量定额是指在一定的生产技术和生产组织条件下,某工种、某种技术等级的工人小组或个人,在单位时间内(工日)所完成合格产品的数量。其计算方法如下:

$$产量定额 = \frac{产品数量}{消耗的总工日}$$

产量定额的计量单位是以产品的计量单位表示,即单位工日的产品数量,以"$m^3/$工日""$t/$工日""套/工日"等单位表示。

时间定额与产量定额互为倒数,即:

$$时间定额 \times 产量定额 = 1$$

或:

$$时间定额 = \frac{1}{产量定额} \qquad 产量定额 = \frac{1}{时间定额}$$

从上面两式可知:当时间定额减少时,产量定额就相应地增加;当时间定额增加时,产量定额就相应地减少。但它们增减的百分比并不相同。

时间定额和产量定额都表示同一人工定额项目,它们是同一人工定额项目的两种不同的表现形式。时间定额以工日为单位表示,综合计算方便,时间概念明确,便于计算工期和编制施工进度计划。产量定额则以产品数量为单位表示,具体、形象,劳动者的奋斗目标一目了然,便于签发施工任务单。

【例 3.1】 10 名工人挖一般土方,土壤类别为二类干土,工作 4 h,完成 29.0 m^3 土方量。试计算时间定额和产量定额。

【解】 产量定额:$\dfrac{29}{10 \times \dfrac{4}{8}} = 5.8(m^3 / 工日)$

则时间定额:$\dfrac{1}{5.8} = 0.173(工日/m^3)$

【例 3.2】 某基槽土方工程,土壤类别为二类,挖基槽的工程量为 450 m^3,每天安排 24 名工人施工,时间定额为 0.205 工日$/m^3$,试确定完成该分项工程的施工天数。

【解】 完成该分项工程所需总工日:

$$总工日 = 时间定额 \times 总工程量 = 0.205 \times 450 = 92.25(工日)$$
$$施工天数 = 总工日 \div 施工人数 = 92.25 \div 24 = 3.84(天)$$

不同用途的定额,其人工消耗量的确定方式不同。对安装工程工程量清单计价所使用的预算定额,人工消耗量的确定可以有两种方法。一种是以施工定额为基础确定;另一种是以现场观察测定资料为基础来计算。用第一种方法确定预算定额的人工消耗量,实际上是一个综合过程,它是在施工定额的基础上,将测定对象所包含的若干个工作过程所对应的施工定额按施工作业的逻辑关系进行综合,从而得到预算定额的人工消耗量标准。

预算定额中的人工消耗量是指在正常条件下,为完成单位合格产品所必需的生产工人的人工消耗。具体地说,它应该包括为完成分项工程施工任务而在施工现场开展的各种性质的工作所对应的人工消耗,包括基本性工作、辅助性工作、现场水平运输以及一些零星的很难单独计量的工作所对应的工时消耗。在把施工定额综合成预算定额的过程中,我们把上述几项工作所对应的人工消耗分别称为基本用工、辅助用工、超运距用工以及人工幅度差。即:

$$人工消耗量 = \sum(基本用工 + 辅助用工 + 超运距用工 + 人工幅度差)$$

基本用工:指完成单位合格分项工程所必须消耗的技术工种的用工。

辅助用工:指技术工种施工定额内不包括而在预算定额内又必须考虑的人工消耗。例如机械土方工程配合用工、材料加工等所需人工消耗。

超运距用工：超运距是指施工定额中已包括的材料、半成品场内水平搬运距离（施工定额一般只考虑工作面上的水平运输，运距较短）与预算定额所考虑的现场材料、半成品堆放地点到操作地点的水平运输距离（预算定额所考虑的材料水平运输距离一般为整个施工现场范围内的运距）之差。而发生在超运距上运输材料、半成品的人工消耗即为超运距用工。

人工幅度差：即预算定额与施工定额的差额，主要是指在施工定额中未包括而在正常施工条件下不可避免但又很难准确计量的各种零星的人工消耗和各种工时损失。如工序搭接及交叉作业互相配合所发生的停歇用工等。

$$人工幅度差＝（基本用工＋辅助用工＋超运距用工）×人工幅度差系数$$

人工幅度差系数一般为 $10\%\sim15\%$。在预算定额中，人工幅度差的用工量一般列入其他用工量中。

综上所述：

$$人工消耗量＝\sum（基本用工＋辅助用工＋超运距用工＋人工幅度差）$$
$$＝\sum（基本用工＋辅助用工＋超运距用工）×（1＋人工幅度差系数）$$

【例 3.3】 已知砌筑砖墙的基本用工为 2.77 工日$/\text{m}^3$，超运距用工为 0.136 工日$/\text{m}^3$，人工幅度差系数为 10%，试计算砌筑 $10\ \text{m}^3$ 砖墙的人工消耗量。

【解】

$$人工消耗量＝10×（基本用工＋辅助用工＋超运距用工）×（1＋人工幅度差系数）$$
$$＝10×（2.77＋0.136）×（1＋10\%）$$
$$＝31.97（工日）$$

（2）材料消耗定额

在节约和合理使用材料的条件下，生产单位合格产品所必须消耗的一定规格的原材料、半成品或构配件的数量标准，称为材料消耗定额。它是企业核算材料消耗、考核材料节约或浪费的指标。

在我国建设工程（特别是房屋建筑工程）的直接成本中，材料费占 65% 左右。材料消耗量的多少、消耗是否合理，关系到资源的有效利用，对建设工程的造价和成本控制有着决定性影响。制定合理的材料消耗定额，是合理利用资源，减少积压、浪费的必要前提。

工程施工中所消耗的材料，按其消耗的方式可以分成两种，一种是在施工中一次性消耗的、构成工程实体的材料，如管道安装工程中的管道等，我们一般把这种材料称为实体性材料；另一种是在施工中周转使用，其价值是分批分次地转移到工程实体中去的，这种材料一般不构成工程实体，而是在工程实体形成过程中发挥辅助作用，它是为有助于工程实体的形成而使用并发生消耗的材料，如安装工程中的脚手架、浇筑混凝土构件用的模板等，我们一般把这种材料称为周转性材料。

① 实体性材料消耗量定额

施工中材料的消耗，一般可分为必须消耗的材料和损失的材料两类。对于损失的材料，由于它是属于施工生产中不合理的耗费，可以通过加强管理来避免这种损失，所以在确定材料定额消耗量时一般不考虑损失材料的因素。

所谓必须消耗的材料，是指在合理用料的条件下，完成单位合格产品所必须消耗的材料,它包括直接用于工程(即直接构成工程实体或有助于工程形成)的材料、不可避免的施工废料和不可避免的材料损耗,其中直接用于工程的材料数量,称为材料净用量;不可避免的施工废料和材料损耗数量,称为材料合理损耗量。即:单位合格产品所必须消耗的材料数量,由两部分组成。

　　a. 净用量:就是直接用于合格产品上的材料实际数量。

　　b. 合理的损耗量:就是指材料从现场仓库领出到完成合格产品的过程中合理损耗数量。因此它包括场内搬运、加工制作和施工操作过程中不可避免的合理损耗等。用公式表示如下:

$$材料消耗量＝净用量＋合理的损耗量$$

材料合理损耗量是不可避免的损耗,某种材料的损耗量的多少,常用损耗率来表示:

$$损耗率＝\frac{损耗量}{净用量}\times100\%$$

则:

$$材料消耗量＝净用量\times(1＋损耗率)$$

需要注意的是材料损耗形成概括起来有三种,即运输损耗、保管损耗、施工损耗。前两种发生在施工过程之外,应列入材料采购保管费中;而施工损耗是由于在施工现场搬运及不可避免的残余材料损耗,才列入材料消耗定额中。

材料的损耗率通过观测和统计而确定。在定额编制过程中,一般可以使用观测法、试验法、统计法和理论计算法等四种方法来确定材料的定额消耗量。

② 周转性材料消耗量定额

周转性材料是指在施工过程中能多次周转使用,经过修理、补充而逐渐消耗尽的材料。如:模板、钢板桩、脚手架等,实际上它是作为一种施工工具和措施性的手段而被使用的。因此周转性材料在施工过程中不是一次消耗完,而是随着使用次数的增多逐渐消耗。

周转性材料的定额消耗量是指每使用一次摊销的数量,按周转性材料在其使用过程中发生消耗的规律,其摊销量由两部分组成:一部分是一次周转使用后的损失量,用一次使用量乘以相应的损耗率确定;另一部分是周转性材料按周转总次数的摊销量,其数量用最后一次周转使用后除去损耗部分的剩余数量(再考虑一些折价回收的因素)除以相应的周转次数确定。即:

$$摊销量＝一次使用量\times损耗率＋一次使用量\times\frac{(1－回收折价率)\times(1－损耗率)}{周转次数}$$

上述公式反映了摊销量与一次使用量、损耗率、周转次数及回收折价率的数量关系。一次使用量是指周转性材料一次使用的基本量,即一次投入量。周转性材料的一次使用量根据施工图计算,其用量与各分部分项工程部位、施工工艺和施工方法有关。

损耗率是周转性材料每使用一次后的损失率。为了下一次的正常使用,必须用相同数量的周转性材料对上次的损失进行补充,用来补充损失的周转性材料的数量称为周转性材料的"补损量"。按一次使用量的百分数计算,该百分数即为损耗率。周转性材料的损耗率应根据材料的不同材质、不同的施工方法及不同的现场管理水平通过统计工作来确定。

周转次数是指周转性材料从第一次使用起可重复使用的次数。它与不同的周转性材料、使用的工程部位、施工方法及操作技术有关。周转次数的确定要经现场调查、观测及统计分析,取平均合理的水平。正确规定周转次数,对准确计算用料,加强周转性材料管理和经济核算是十分必要的。

回收折价率是对退出周转的材料(周转回收量)作价收购的比率。其中周转回收量指周转性材料在周转使用后除去损耗部分的剩余数量,即尚可以回收的数量;而回收折价率则应根据不同的材料及不同的市场情况来加以确定。

现行体制下的计价定额中,材料部分分为未计价材料、已计价材料两部分。

未计价材料:即定额表中未注明单价的材料,也称"主材",定额基价材料费中不包括其材料费,应根据计价定额材料清单中"( )"内所列的材料消耗量,按投标报价时的单价确定。

已计价材料:即定额表中注明单价的材料,也称"辅助材料",定额基价材料费中已包括其材料费用。如表 3.1 所示,DN80 焊接法兰阀门安装定额综合单价 221.73 元,其中材料费为 122.13 元,材料费中已包括了 1 副法兰、螺栓螺母、石棉橡胶板、电焊条、氧气、乙炔气等的购置及安装费用,则上述法兰、螺栓螺母、石棉橡胶板、电焊条、氧气、乙炔气等皆为已计价材料;而 DN80 法兰阀门的购置费用则未包括在定额材料费中,为未计价材料,其消耗量用(1)表示。

(3) 机械台班使用定额

在正常施工条件下完成单位合格产品所必须消耗的机械台班数量的标准,称为机械台班消耗定额,也称为机械台班使用定额。

所谓台班,就是一台机械工作一个工作班(即 8 h)称为一个台班。如两台机械共同工作一个工作班,或者一台机械工作两个工作班,则称为两个台班。机械台班使用定额的表示形式有两种:机械台班时间定额和机械台班产量定额。

① 机械台班时间定额

机械台班时间定额就是在正常的施工条件下,使用某种机械,完成单位合格产品所必须消耗的台班数量,即:

$$机械台班时间定额 = \frac{1}{机械台班产量定额(台班)}$$

② 机械台班产量定额

机械台班产量定额就是在正常的施工条件下,某种机械在一个台班时间内完成的单位合格产品的数量,即:

$$机械台班产量定额 = \frac{1}{机械台班时间定额}$$

所以,机械台班时间定额与机械台班产量定额互为倒数。

2) 按定额编制程序和用途分类

建设工程定额按定额编制程序和用途可分为施工定额、预算定额、概算定额、概算指标、投资估算指标等五种。

(1) 施工定额

施工定额是指具有合理资源配置的专业生产班组在正常的施工条件下,以施工过程或基本工序为标定对象而规定的完成单位合格产品所必须消耗的人工、材料、机械台班的数量标准。施工定额是生产性定额,反映具有合理资源配置的专业生产班组在开展相应施工活动时必须达到的生产率水平,它是考核施工单位劳动生产率的标尺和确定工程施工成本的依据。

施工定额直接用于施工管理,属于企业定额的性质。为了适应组织生产和管理的需要,施工定额的项目划分很细,是工程定额中分项最细、定额子目最多的一种定额,也是工程定额中基础性定额。

施工定额是由劳动定额、材料消耗定额和机械消耗定额三个部分组成的。根据施工定额,可以计算不同工程项目的人工、材料和机械台班的需用量,因此施工定额是计量定额。

施工定额水平必须遵循"平均先进"的原则。通常这种水平低于先进水平,略高于平均水平。平均先进水平是一种鼓励先进、勉励中间、鞭策后进的定额水平。贯彻"平均先进"的原则,才能促进企业的科学管理和不断提高生产率,进而达到提高企业经济效益的目的。

施工定额是施工企业进行生产管理的基础,也是建设工程定额体系中最基础性的定额,它在施工企业生产管理工作过程中所发挥的主要作用如下:

① 施工定额是施工企业编制施工组织设计和施工作业计划的依据。各类施工组织设计的内容一般包括三个方面,即拟建工程的资源需要量、使用这些资源的最佳时间安排和施工现场平面规划。确定拟建工程的资源需要量,要依据施工定额,排列施工进度计划以确定不同时间上的资源配置也要依据施工定额。

② 施工定额是组织和指挥施工生产的有效工具。施工企业组织和指挥施工生产应按照施工作业计划下达施工任务书。施工任务书列明应完成的施工任务,也记录班组实际完成任务的情况,并且据以进行班组工人的工资结算。施工任务书上的工程计量单位、产量定额和计件单位,均需取自施工定额,工资结算也要根据施工定额的完成情况计算。

③ 施工定额是计算工人劳动报酬的根据。工人的劳动报酬是根据工人劳动的数量和质量来计量的,而施工定额是衡量工人劳动数量和质量的标准,它是计算工人计件工资的基础,也是计算奖励工资的依据。

④ 施工定额有利于推广先进技术。作业性定额水平中包含着某些已成熟的先进的施工技术和经验,工人要达到和超过定额,就必须掌握和运用这些先进技术,注意改进工具和改进技术操作方法,注意原材料的节约,避免浪费。当施工定额明确要求采用某些较先进的施工工具和施工方法时,贯彻作业性定额就意味着推广先进技术。

⑤ 施工定额是编制施工预算,加强成本管理和经济核算的基础。施工预算是施工企业用以确定单位工程人工、机械、材料和资金需要量的计划文件,它以施工定额为编制基础,既反映设计图纸的要求,也考虑在现实条件下可能采取的提高生产效率和降低施工成本的各项具体措施。严格执行施工定额不仅可以起到控制消耗、降低成本和费用的作用,同时为贯彻经济核算制度、加强班组核算和增加盈利创造了良好的条件。

由此可见,施工定额在施工企业生产管理的各个环节中都是不可缺少的,对施工定额的管理是有效开展施工管理的重要基础工作。

（2）预算定额

预算定额是指在合理的劳动组织和正常的施工条件下,以单位工程的基本构成要素——分项工程为对象而规定的完成单位合格产品所必需的人工、材料和机械台班消耗的数量及其费用标准。预算定额表现为量、价的有机结合的形式,如表3.1为焊接法兰阀门安装预算定额,是一种计价性定额,是确定工程造价的主要依据。

常见的计价定额主要有预算定额、概算定额或概算指标。在实行工程量清单计价方式后,江苏省现行的安装工程计价定额主要是《江苏省安装工程计价定额》。

从编制程序看,预算定额是在施工定额的基础上进行综合扩大编制而成的。预算定额中人工、材料和施工机械台班的消耗水平根据施工定额综合取定,定额子目的综合程度大于施工定额,从而可以简化施工图预算的编制工作。因此,施工定额是预算定额的编制基础,而预算定额则是概算定额(概算指标)的编制基础。

计价定额的水平以施工定额水平为基础。但是,计价定额绝不是简单地套用施工定额的水平。因为,在比施工定额的工作内容扩大了的计价定额中,包含了更多的可变因素,需要保留合理的幅度差。幅度差是预算定额与施工定额的重要区别,所谓幅度差,是指在正常施工条件下,定额未包括,而在施工过程中有可能发生而增加的附加额。例如人工幅度差、机械幅度差、材料的超运距、辅助用工及材料堆放、运输、操作损耗和子目由细到粗综合后的量差等,因此其定额水平应当遵循"平均合理"的原则,即计价定额的水平是平均水平,即在定额的适用范围内,在正常的施工生产条件下,大部分工人不需作出努力就能达到的水平。而施工定额是平均先进水平,两者相比,计价定额水平要相对低一些,但应限制在一定范围内。

预算定额主要作用有:

① 预算定额是确定施工图预算、工程结算、竣工决算、标底和投标报价的重要依据。预算定额中的人工、材料和机械台班消耗量指标,是确定各单位工程人工费、材料费和机械使用费的基础。工程造价具有单件性的特点,为有效地确定工程造价,根据我国现行工程造价计价办法的规定,每个工程均应根据其不同的工程特点并依据相应的预算定额单独进行工程造价的计价活动,从工程造价的计价程序看,无论是施工图设计阶段编制施工图预算、工程发包阶段编制标底或报价、工程施工阶段确定中间结算造价,还是工程竣工阶段编制竣工结算,都离不开预算定额。

② 预算定额是编制施工组织设计的依据。施工组织设计的任务之一,是确定施工中所需的劳动力、材料、设备和建筑机械需要量,并做出最佳安排。施工企业在缺乏本企业的施工定额的情况下,根据预算定额,也能够比较精确地计算出施工中各项资源的需要量,为有计划组织材料采购、劳动力和施工机械调配提供可靠的计算依据。

③ 预算定额是施工单位进行经济活动分析的依据。预算定额规定的人、材、机消耗指标,是施工单位在生产经营中允许消耗的最高指标。预算定额决定着施工单位的收入,施工单位必须以预算定额作为评价企业经济活动的重要标准,作为努力实现的目标。施工单位可根据预算定额对施工中的劳动力、材料、机械的消耗情况进行具体分析,以便找出差距,提高竞争力。只有在施工中尽量降低资源的消耗,提高劳动生产率,才能取得较好的经济效果。

④ 预算定额是编制概算定额的基础。概算定额是在预算定额的基础上综合扩大编制的,利用预算定额编制概算定额,不但可以节省编制工作的大量人力、物力和时间,收到事半功倍的效果,还可以使概算定额在水平上与预算定额保持一致。

加强预算定额的管理,对于控制和节约建设资金,降低建筑安装工程的劳动消耗,加强施工企业的计划管理和经济核算,都有重大的现实意义。

（3）概算定额

概算定额是在预算定额基础上,以扩大分项工程或扩大的结构构件为对象而规定的完成单位合格产品所必需的人工、材料和机械台班消耗的数量及其费用标准。概算定额又称扩大结构定额,是一种计价性定额。

概算定额是一种介于预算定额和概算指标之间的定额,它是以预算定额为基础,经过适当的综合扩大编制而成。因此概算定额较预算定额具有更大的综合性。概算定额的项目是由预算定额的几个子目合并而成的。因此,概算定额与预算定额的不同之处,就在于项目划分和综合扩大程度上的差异,概算定额项目划分比预算定额粗。

概算定额的作用有:

① 概算定额是编制设计概算依据。工程建设程序规定,采用两阶段设计时,其扩大初步设计阶段必须编制设计概算,采用三阶段设计时,其技术设计阶段必须编制修正概算。概算定额是扩大初步设计阶段编制设计概算和技术设计阶段编制修正概算的依据。

② 概算定额是选择设计方案,进行技术经济分析比较的依据。设计方案比较,目的是选出技术先进、经济合理的方案,在满足使用功能的条件下,降低造价和资源消耗。概算定额为设计方案的比较提供了便利。

③ 概算定额是编制概算指标和投资估算指标的依据。

④ 实行工程总承包时,概算定额也可作为投标报价的参考。

（4）概算指标

概算指标是在概算定额的基础上综合扩大而成,它是以单位工程为对象,以更为扩大的计量单位而规定的人工、材料和机械台班消耗的数量标准和造价指标。更为扩大的计量单位通常是建筑面积（m^2）、建筑体积（m^3）构筑物的"座"、成套设备装置的"台"或"套"。

概算定额以扩大分项工程或扩大的结构构件为对象,而概算指标则以单位工程为对象,因此概算指标比概算定额综合性更强。

概算指标的设定与初步设计的深度相适应,是初步设计阶段编制设计概算的依据,也可作为标志投资估算的参考;概算指标是选择设计方案,进行技术经济分析比较的依据。

（5）投资估算指标

投资估算指标通常是以单位工程、单项工程或完整的工程项目为对象编制的确定生产要素消耗的数量标准和造价指标,是根据已建工程或现有工程的价格资料,经分析、归纳和整理编制而成的。估算指标是编制项目建议书和可行性研究报告书投资估算的依据,是对建设项目全面的技术性与经济性论证的依据。

上述各种定额的相互联系参见表3.2所示。

3) 按专业及费用性质分类

建设工程定额按专业及费用性质可分为建筑工程定额、安装工程定额、建筑安装工程费用定额,其他工程费用定额等。

（1）建筑工程定额:是建筑工程的企业定额、消耗量定额、预算定额、概算定额和概算指标的统称。

表 3.2 各种定额间关系的比较

	施工定额	预算定额	概算定额	概算指标	投资估算指标
对 象	施工过程或基本工序	分项工程和结构构件	扩大的分项工程和扩大的结构构件	单位工程	建设项目 单项工程 单位工程
用 途	编制施工预算	编制施工图预算	编制扩大初步设计概算	编制初步设计概算	编制投资估算
项目划分	最细	细	较粗	粗	很粗
定额水平	平均先进	平均			
定额性质	生产性定额	计价性定额			

（2）设备安装工程定额：是设备安装工程的企业定额、预算定额、概算定额和概算指标的统称。设备安装工程是对需要安装的设备进行定位、组合、校正、调试等工作的工程。生产设备大多要安装后才能运转，设备安装工程占有重要的地位。在非生产性的建设项目中，设备安装工程量也在不断增加。所以设备安装工程定额是工程建设定额中的重要部分。

（3）建筑安装工程费用定额：是指规定计取各项费用的标准。

（4）工器具定额：是为新建或扩建项目投产运转首次配置的工具、器具数量标准。工具和器具，是指按照有关规定不够固定资产标准而起劳动手段作用的工具、器具和生产用家具。

（5）工程建设其他费用定额：是独立于建筑安装工程、设备和工器具购置之外的其他费用开支的标准。工程建设的其他费用的发生和整个项目的建设密切相关，其他费用定额是按各项费用的相关收费标准分别编制。

4）按定额的制定单位和适用范围分类

建设工程定额按定额的制定单位和适用范围可分为国家定额、行业定额、地区定额和企业定额。

（1）国家定额是指由国家建设行政主管部门，依据现行设计规范、施工及验收规范、技术和安全操作规程、质量评定标准等，综合全国施工企业技术装备水平和管理水平编制的在全国范围内施行的定额。目前我国的国家定额有土建工程基础定额、安装工程预算定额等。

（2）行业定额是指由行业建设行政主管部门，依据行业标准和规范，考虑行业工程建设特点、本行业施工企业技术装备、管理水平编制的在本行业范围内施行的定额。该定额具有较强的行业或专业特点，目前我国的各行业几乎都有自己的行业定额。

（3）地区定额是指由地区建设行政主管部门，在国家统一定额的基础上，结合本地区特点编制的在本地区范围内施行的定额。《江苏省安装工程计价表》即是地区定额。

（4）企业定额是指由施工企业根据本企业的人员素质、机械装备程度和企业管理水平，参照国家、部门或地区定额编制的，只在本企业内部使用的定额。实行工程量清单报价，企业定额是企业自主报价的主要依据之一。企业定额水平应高于国家、行业或地区定额，才能适应投标报价、增强投标报价的竞争能力。

3.2 施工资源的价格

施工资源是指在工程施工中所必须消耗的生产要素,按资源的性质一般可分为:劳动力资源、施工机械设备资源、实体性材料、周转性材料等。

施工资源的价格是指为了获取并使用该施工资源所必须发生的单位费用。施工资源的价格取决于获取该资源时的市场条件、取得的方式、使用该资源的方式以及一些政策性的因素。

为了做出合理的工程报价,必须仔细地考虑工程所需的劳动力、施工设备、材料等资源的需用量,并确定其最合适的来源和获取方式,以便正确地确定施工资源的价格。在此基础上,可以算出使用这些资源的费用、工程成本,最终编制出合理的报价。

3.2.1 日工资单价

按照住房和城乡建设部、财政部建标〔2013〕44 号文件的规定,人工费是指按工资总额构成规定,支付给从事建筑安装工程施工的生产工人和附属生产单位工人的各项费用。内容包括:

(1)计时工资或计件工资:是指按计时工资标准和工作时间或对已做工作按计件单价支付给个人的劳动报酬。

(2)奖金:是指对超额劳动和增收节支支付给个人的劳动报酬。如节约奖、劳动竞赛奖等。

(3)津贴补贴:是指为了补偿职工特殊或额外的劳动消耗和因其他特殊原因支付给个人的津贴,以及为了保证职工工资水平不受物价影响支付给个人的物价补贴。如流动施工津贴、特殊地区施工津贴、高温(寒)作业临时津贴、高空津贴等。

(4)加班加点工资:是指按规定支付的在法定节假日工作的加班工资和在法定日工作时间外延时工作的加点工资。

(5)特殊情况下支付的工资:是指根据国家法律、法规和政策规定,因病、工伤、产假、计划生育假、婚丧假、事假、探亲假、定期休假、停工学习、执行国家或社会义务等原因按计时工资标准或计时工资标准的一定比例支付的工资。

日工资单价是指施工企业平均技术熟练程度的生产工人在每工作日(国家法定工作时间内)按规定从事施工作业应得的日工资总额。

我国工资制度规定的是月工资标准,定额中的人工消耗以工日计,因此需将月工资化为日工资,即:

$$日工资单价 = \frac{月工资总收入}{年平均月法定工作日}$$

日工资单价

$$= \frac{生产工人平均月工资(计时、计件) + 平均月(奖金 + 津贴补贴 + 特殊情况下支付的工资)}{年平均每月法定工作日}$$

现行预算定额人工工日不分工种、技术等级,一律以综合工日表示,日工资单价采用综合工日单价。所谓综合工日单价是指在具体的资源配置条件下,某具体工程上不同工种、不同技术等级的工人的人工单价以及相应的工时比例加权平均所得到的人工单价。综合工日单价是进行工程估价的重要依据。其计算原理是将具体工程上配置的不同工种、不同技术等级的工人的人工单价进行加权平均。其步骤如下：

第一步：根据一定的人工单价的费用构成标准，在充分考虑单价影响因素的基础上，分别计算不同工种、不同技术等级工人的人工单价。

第二步：根据具体工程的资源配置方案，计算不同工种、不同技术等级的工人在该工程上的工时比例。

第三步：把不同工种、不同技术等级工人的人工单价按其相应的工时比例进行加权平均，即可得到该工程的综合人工单价。

工程计价定额不可只列一个综合工日单价，应根据工程项目技术要求和工种差别适当划分多种日人工单价，确保各分部工程人工费的合理构成。

《江苏省安装工程计价定额》中人工工日单价分为三类：一类工 77 元/工日、二类工 74 元/工日、三类工 69 元/工日。各企业根据本企业的情况选用，也可重新测定。实际使用时，应根据省级或行业主管部门的规定适时调整人工工日单价。

3.2.2　材料单价

材料费占整个工程造价比重较大，正确确定材料单价，有利于合理确定工程造价。

1) 材料单价

按照住房和城乡建设部、财政部建标〔2013〕44 号文件的规定，材料费由下列四种费用构成：

(1) 材料原价：是指材料、工程设备的出厂价格或商家供应价格。

(2) 运杂费：是指材料、工程设备自来源地运至工地仓库或指定堆放地点所发生的全部费用。

(3) 运输损耗费：是指材料在运输装卸过程中不可避免的损耗。

(4) 采购及保管费：是指为组织采购、供应和保管材料、工程设备的过程中所需要的各项费用。包括采购费、仓储费、工地保管费、仓储损耗。

工程设备是指构成或计划构成永久工程一部分的机电设备、金属结构设备、仪器装置及其他类似的设备和装置。

$$材料费 = \sum (材料消耗量 \times 材料单价)$$

$$工程设备费 = \sum (工程设备量 \times 工程设备单价)$$

材料单价又称"材料预算价格"，是指材料由来源（或交货地点）到达工地仓库（或施工现场内存放材料的地点）后的出库价格。

从材料费的构成可以看出，运输损耗费、仓储损耗费已包括在材料费中，但不包括施工现场内不可避免的材料损耗，施工现场内的材料损耗已计算在材料消耗定额中。

2) 材料单价的计算

(1) 材料原价

材料原价是指材料的销售价格。根据材料的来源不同，一般是指出厂价、批发价或市场零售价格。在确定材料原价时，由于同一种材料因来源地、供应单位、供货单价不同，应根据不同来源地的供应量比例，采用加权平均的方法计算原价。

$$加权平均原价 = \frac{\sum K_i C_i}{\sum K_i}$$

式中：K_i——不同供货渠道的供货量；

C_i——不同供货渠道的原价。

【例 3.4】 生石灰有两个来源地,甲地供应量为 70 t,供应价 330.0 元/t,乙地供应量为 30 t,供应价 350.0 元/t,试确定生石灰的加权平均原价。

【解】

$$加权平均原价 = \frac{70 \times 330.0 + 30 \times 350.0}{70 + 30} = 336.0(元/t)$$

（2）材料运杂费

材料运杂费应根据材料的来源地、运输里程、运输方法,并根据国家有关部门或地方政府交通运输管理部门规定计算。

运杂费一般有两种计算方法：

直接计算：按材料质(重)量和运输里程来计算。

间接计算：根据材料运杂费来测定一个运杂费率,采用材料原价乘以材料运杂费率的简化方式估算。即：

$$材料运杂费 = 材料原价 \times 材料运杂费率$$

（3）运输损耗费

$$运输损耗费 = (材料原价 + 材料运杂费) \times 运输损耗费率$$

（4）采购保管费

采购保管费一般按照材料到库价格以费率计算。

$$采购保管费 = (材料原价 + 材料运杂费 + 运输损耗费) \times 采购保管费率$$

综上所述：

材料单价 = 材料原价 + 材料运杂费 + 运输损耗费 + 采购保管费

= [(材料原价 + 运杂费) × (1 + 运输损耗费率)] × (1 + 采购保管费率)

工程设备单价 = (设备原价 + 运杂费) × (1 + 采购保管费率)

【例 3.5】 425# 水泥原价 415 元/t,运杂费率为 2.5%,运输损耗费率为 1.0%,采购保管费率为 2.0%。试确定该地区 425# 水泥的预算价格。

【解】 原价　　　　　　　415 元/t

材料运杂费　　　　415×2.5% = 10.38(元/t)

运输损耗费　　　　(415+10.38)×1.0% = 4.25(元/t)

采购保管费　　　　(415+10.38+4.25)×2.0% = 8.59(元/t)

水泥预算价格 = 415+10.38+4.25+8.59 = 438.22(元/t)

3.2.3 施工机械台班单价

按照住房和城乡建设部、财政部建标〔2013〕44 号文件的规定,施工机具使用费是指施工作业所发生的施工机械、仪器仪表使用费或其租赁费。即：

$$施工机具使用费＝施工机械使用费＋仪器仪表使用费$$

$$施工机械使用费＝\sum（施工机械台班消耗量×机械台班单价）$$

$$仪器仪表使用费＝工程使用的仪器仪表摊销费＋维修费$$

施工机械台班使用费是指建筑安装工程施工过程中使用施工机械而发生的费用,应根据施工中耗用的机械台班数量和机械台班单价确定。施工机械台班消耗量按有关定额计算;施工机械台班单价是指一台施工机械,在正常运转条件下一个工作班中所发生的全部费用,每台班按 8 小时工作制计算。施工机械台班使用费是构成工程预算价值的主要内容之一,正确制定施工机械台班单价是合理控制工程造价的一个重要方面。

1）施工机械台班单价的构成

一台施工机械工作 8 h 为一个台班,每个台班必须消耗的人工、物料和应分摊的费用即是一个机械台班单价。根据现行规定,施工机械台班单价应由下列七项费用组成：

（1）折旧费:指施工机械在规定的使用年限内,陆续收回其原值的费用。

（2）大修理费:指施工机械按规定的大修理间隔台班进行必要的大修理,以恢复其正常功能所需的费用。

（3）经常修理费:指施工机械除大修理以外的各级保养和临时故障排除所需的费用。包括为保障机械正常运转所需替换设备与随机配备工具附具的摊销和维护费用,机械运转中日常保养所需润滑与擦拭的材料费用及机械停滞期间的维护和保养费用等。

（4）安拆费及场外运费:安拆费指施工机械（大型机械除外）在现场进行安装与拆卸所需的人工、材料、机械和试运转费用以及机械辅助设施的折旧、搭设、拆除等费用;场外运费指施工机械整体或分体自停放地点运至施工现场或由一施工地点运至另一施工地点的运输、装卸、辅助材料及架线等费用。

该四项费用不因施工地点和施工条件不同而发生变化,属于分摊性质的费用。称为不变费用或第一类费用。这类费用由有关部门统一测算,按全年所需费用分摊到每一台班中计算。

（5）人工费:指机上司机（司炉）和其他操作人员的人工费。

（6）燃料动力费:指施工机械在运转作业中所消耗的各种燃料及水、电等。

（7）税费:指施工机械按照国家规定应缴纳的车船使用税、保险费及年检费等。

该三项费用常因机械运行、施工地点和条件不同而变化,其特点是只在机械运转时发生,属于支出性质的费用,称为可变费用或第二类费用。编制台班费时,应按各地区的工资标准、材料价格和交通部门的规定计算,以符合地区实际。

$$机械台班单价＝不变费用＋可变费用$$
$$＝第一类费用＋第二类费用$$

2）施工机械台班单价的计算

（1）折旧费

折旧费指机械在规定的使用期内,陆续收回其原始价值及所支付贷款利息的费用。

施工机械是企业的固定资产,在其使用过程中虽然表面上仍保持着原来的实物状态,但随着长年不断的运转会逐渐发生磨损,逐渐消失其使用价值,直至报废。为了保证固定资产的更新,必须按照折旧的办法,以台班摊销的形式,随着机械使用年限,逐渐地将其价值转移到工程成本中去,按照机械使用的台班,为补偿机械的损耗而提取的这部分费用称为台班折旧费(简称为折旧费)。计算公式如下:

$$台班折旧费 = \frac{机械预算价格 \times (1 - 残值率) \times 时间价值系数}{耐用总台班}$$

机械预算价格包括国产机械预算价格和进口机械预算价格两种情况。国产机械预算价格是指机械出厂价格加上从生产厂家(或销售单位)交货地点运至使用单位机械管理部门验收入库的全部费用,包括出厂价格、运杂费和采购保管费。进口机械预算价格是由进口机械到岸完税价格加上关税、增值税、外贸手续费、银行财务费以及由口岸运至使用单位机械管理部门验收入库的全部费用。

残值率指施工机械报废时其回收的残余价值占机械原值(即机械预算价格)的比率,净残值率一般按照固定资产原值的3%～5%确定。各类施工机械的残值率综合确定如下:

运输机械	2%
特、大型机械	3%
中、小型机械	4%
掘进机械	5%

时间价值系数是指购置施工机械的资金在施工生产过程中随着时间的推移而产生的增值,从而合理反映资金的时间价值,以大于1的时间价值系数,将时间价值(单利)分摊在台班折旧费中。

$$时间价值系数 = 1 + \frac{(n+1)}{2}i$$

式中:n——机械的折旧年限,指国家规定的各类固定资产计提折旧的年限;

i——年折现率,以定额编制当年的银行贷款年利率为准。

耐用总台班是指机械在正常施工作业条件下,从投入使用起到报废止,按规定应达到的使用总台班数。机械使用总台班的计算公式为:

$$耐用总台班 = 年工作台班 \times 折旧年限$$
$$= 大修周期 \times 大修理间隔台班$$

年工作台班是根据有关部门对各类机械最近三年的统计资料分析确定。

大修间隔台班是指机械自投入使用起至第一次大修止或自上一次大修后投入使用起至下一次大修止,应达到的使用台班数。

大修周期即使用周期,是指机械在正常的施工作业条件下,将其寿命期(即耐用总台班)按规定的大修理次数划分为若干个周期。计算公式为:

$$大修周期 = 寿命期大修理次数 + 1$$

(2)大修理费

大修理费指机械达到规定大修间隔期必须进行大修理以恢复机械正常的功能所需的费用。大修的特点是修理的范围广,需要的费用多,间隔时间长。

为保证大修理费的来源可靠和使工程成本负担均衡,不宜将为设备大修理而发生的费用一次计入工程成本。而是将这部分费用,采用与折旧相同的方式进行折旧提成,用台班摊销的方法,逐渐转入工程成本。

大修理费应包括机械大修时所必须更换的配件、消耗材料、其他材料费和大修工时费、运输费等内容。其计算公式:

$$台班大修理费 = \frac{一次大修理费 \times 大修理次数}{耐用台班}$$

一次大修理费是指机械设备按规定的大修理范围和修理工作内容,进行一次全面修理所需消耗的工时、配件、辅助材料、油燃料以及送修运输等全部费用。一次大修理费用应以《全国统一施工机械保养修理技术经济定额》为基础,结合编制期市场价格综合确定。

寿命期大修理次数是指机械设备为恢复原机功能按规定在使用期限内需要进行的大修理次数,应参照《全国统一施工机械保养修理技术经济定额》确定。

$$大修理次数 = \frac{耐用总台班}{大修间隔台班} - 1$$
$$= 大修周期 - 1$$

(3) 经常修理费

经常修理费指机械设备除大修理以外必须进行的各级保养(包括一、二、三级保养)以及临时故障排除和机械停置期间的维护保养等所需各项费用;为保障机械正常运转所需替换设备、随机工具附具的摊销及维护费用;机械运转及日常保养所需润滑、擦拭材料费用。机械寿命期内上述各项费用之和分摊到台班费中,即为台班经修费。其计算公式为:

$$台班经修费 = \frac{\sum(保养一次费用 \times 保养总次数)}{耐用总台班} + 临时故障排除费 +$$
$$替换设备和工具附具台班摊销费 + 例保辅料费$$

各级保养(一次)费用:分别指机械在各个使用周期内为保证机械处于完好状况,必须按规定的各级保养间隔周期、保养范围和内容进行的一、二、三级保养或定期保养所消耗的工时、配件、辅料、油燃料等费用,计算方法同一次大修费计算方法。

寿命期各级保养总次数:分别指一、二、三级保养或定期保养在寿命期内各个使用周期中保养次数的之和。

机械临时故障排除费用:指机械除规定的大修及各级保养以外,排除临时故障所需费用以及机械在工作日以外的保养维护所需润滑擦拭材料费。经调查和测算,按各级保养(不包括例保辅料费)费用之和的3%计算。

替换设备和工具附具台班摊销费:指轮胎、电缆、蓄电池、运输皮带、钢丝绳、胶皮管、履带板等消耗性设备和按规定随机配备的全套工具附具的台班摊销费用。

例保辅料费:即机械日常保养所需润滑擦拭材料的费用。应以《全国统一施工机械保养修理技术经济定额》为基础,结合编制期市场价格综合确定。

(4) 安拆费及场外运费

安拆费是指机械在施工现场进行安装、拆卸所需人工、材料、机械和试运转费用以及安装所需的机械辅助设施(例如基础、底座、固定锚桩、行走轨道、枕木等)的折旧、搭设、拆除等费用。

场外运费是指机械整体或分体自停置地点运至施工现场或一工地运至另外一工地的运输、装卸、辅助材料以及架线等费用。

定额台班基价内所列安拆费及场外运输费,均分别按不同机械、型号、重量、外形、体积,安拆和运输方法测算其工、料、机械的耗用量综合计算取定。除地下工程机械外,均按年平均4次运输、运距平均25 km以内考虑。

安拆费及场外运输费的计算式如下:

$$台班安拆费 = \frac{机械一次安拆费 \times 年平均安拆次数}{年工作台班} + 台班辅助设施摊销费$$

$$台班辅助实施摊销费 = \frac{辅助实施一次费用 \times (1 - 残值率)}{辅助实施使用台班}$$

$$台班场外运费 = \frac{(一次运输及装卸费 + 辅助材料一次摊销费 + 一次架线费) \times 年平均场外运输次数}{年工作台班}$$

在定额台班基价中未列此项费用的项目有:一是金属切削加工机械等,由于该类机械系安装在固定的车间房屋内,无需经常安拆运输;二是不需要拆卸安装自身能开行的机械,例如水平运输机械;三是不适于按台班摊销本项费用的机械,例如特、大型机械,其安拆费及场外运输费可按定额规定另行计算。

(5)燃料动力费

燃料动力费指机械设备在运转施工作业中所耗用的固体燃料(煤炭、木材)、液体燃料(汽油、柴油)、电力、水等费用。

$$台班燃料动力费 = 台班燃料动力消耗量 \times 相应单价$$

定额机械燃料动力消耗量,以实测的消耗量为主,以现行定额消耗量和调查的消耗量为辅的方法确定。计算公式如下:

$$台班燃料动力消耗量 = \frac{实测数 \times 4 + 定额平均值 + 调查平均值}{6}$$

(6)人工费

人工费指机上司机、司炉和其他操作人员的工作日以及上述人员在机械规定的年工作台班以外的人工费用。工作台班以外机上人员人工费用,以增加机上人员的工日数形式列入定额内,按下式计算:

$$台班人工费 = 定额机上人工工日 \times 日工资单价$$

$$定额机上人工工日 = 机上定员工日 \times (1 + 增加工日系数)$$

$$增加工日系数 = \frac{年度工日 - 年工作台班}{年工作台班}$$

(7)税费

税费包括按照国家规定应缴纳的车船使用税、保险费及年检费等,按各省、自治区、直辖市规定标准计算。

$$税费 = \frac{车船使用税 + 保险费 + 年检费}{年工作台班}$$

3.3 企业定额

工程量清单计价模式是一种与市场经济相适应的,由承包单位自主报价,通过市场竞争确定价格,与国际惯例接轨的计价模式。工程量清单计价法是由投资方业主根据设计要求,按统一的计量单位、统一的项目划分、统一的工程量计算规则,在招标文件中明确需要施工的建设项目分部分项工程的数量;参加投标的承包商根据招标文件的要求、施工项目的工程数量,按照本企业的施工水平、技术及机械装备力量、管理水平、设备材料的进货渠道和所掌握的价格情况及对利润追求的程度计算出总造价,对招标文件中的工程量清单进行报价。同一个建设项目,同样的工程数量,各投标单位以各企业内部定额为基础所报的价格不同,反映了企业之间个别成本的差异,形成企业之间整体实力的竞争。为了适应工程量清单报价的需要,各建筑施工企业内部定额的建立已势在必行。

企业定额是施工企业根据本企业的施工技术和管理水平,以及有关工程造价资料制定的,供本企业使用的人工、材料和机械台班消耗量的标准。企业定额作为企业内部生产管理的标准文件,是施工企业生产经营活动的基础;是编制施工组织设计和施工作业计划的依据;是项目成本核算和管理、经济指标考核的依据;也是企业工程量清单报价的主要依据。

3.3.1 编制企业定额应遵循的原则

(1) 企业定额的编制应根据现行的建筑安装工程施工验收规范、标准、安全技术操作规程、质量检验评定标准,按照合理的施工组织设计和正常的施工条件,反映本企业建筑施工的技术及管理水平。

(2) 为适应《建设工程工程量清单计价规范》,准确、快速编制投标报价,企业定额的工程量计算规则、项目名称、计量单位与《计价规范》一致;定额的子目设置应满足《计价规范》中"工作内容"的要求,可参照当地现行的预算定额来确定。

(3) 企业定额尽可能采用预算定额的形式,编制单价以方便投标报价。

(4) 确定企业定额的人工、材料、机械台班消耗量时,既坚持实事求是的原则,结合本企业的个体情况,体现本企业的施工管理水平;又要兼顾技术先进与经济合理,以促进企业施工管理水平的提高。企业定额水平应高于国家、行业或地区定额,以增强企业的竞争力。

(5) 量价分离、动态管理原则。对形成工程实体的项目,均实行量价合一的完全价格形式,并实行限定量、浮动价和竞争费的动态管理计价方式;对建筑安装工程施工的措施性项目(例如:脚手架、模板工程、垂直运输等)实行限定量、不计价的不完全价格形式,投标报价时可根据不同工程的特点、具体的施工组织措施,确定一次投入量和使用期限,从而确定该项目的措施项目费用,以适应建筑市场竞争的需要。

(6) 在编制和使用过程中,要将新技术、新材料、新工艺补充到定额中,以缩短工期、降低成本,提高企业的竞争力。

(7) 企业定额作为企业投标报价的核心资料,是企业的机密文件,要妥善保管,防止泄密。

3.3.2 企业定额的表现形式

实行工程量清单计价后,实体项目与措施项目相分离,彻底放开工、机、料价格和利润、管理费,企业自主报价,增加了企业的竞争空间,促进了建设市场的有序竞争。企业定额作为企业控制成本提高效益的措施之一,既要结合企业自身人员素质、技术力量,又要反映企业的科学管理水平,还要具备市场竞争力。因此,企业定额的价格表现形式应为:限定量、浮动价、竞争费的动态管理模式。企业定额应由工程实体性消耗定额、措施性消耗定额,费用定额构成。

3.3.3 企业定额的编制过程

编制企业定额,除了要有充分的资料积累外,还必须运用科学的手段和先进的管理思想作为指导。企业定额的形成和发展是要经历由不成熟到成熟,由实践到理论的多次反复、积累过程。在这个过程中,企业的生产技术、管理水平在不断提高,企业竞争力不断增强。企业内部定额的产生过程,也是一个互动的自我完善过程。一般包括下列步骤。

1）制定《企业定额编制计划书》

《企业定额编制计划书》一般包括以下内容:

（1）企业定额编制的目的。为了适应工程量清单报价的需要,改革以预算定额为计价依据的模式,企业根据企业定额确定合理的投标报价,提高企业报价的竞争力。

（2）定额水平。企业定额水平的确定,既坚持实事求是的原则,结合本企业的个体情况,体现本企业的施工管理水平;又要兼顾技术先进与经济合理,以促进企业施工管理水平的提高。定额水平过高,背离企业现有水平,使定额在实施工程中,企业内多数施工队、班组、工人通过努力仍然达不到定额水平,不仅不利于定额在本企业内推行,还会挫伤管理者和劳动者双方的积极性;定额水平过低,起不到鼓励先进和督促落后的作用,而且对项目成本核算和企业参与市场竞争不利。因此,在编制计划书中,必须对定额水平进行确定。

（3）编制方法和定额形式。定额的编制方法很多,对不同形式的定额,其编制方法也不相同。例如:劳动定额的编制方法有:技术测定法、统计分析法、类比推算法、经验估算法等;材料消耗定额的编制方法有观察法、试验法、统计法等。因此,定额编制究竟采取哪种方法应根据具体情况而定。对为企业投标报价服务的企业定额,通常采用的编制方法一般有两种:定额测算法和方案测算法。

定额测算法是最为常用的施工资源损耗量测算方法,尤其适合对人工和材料消耗量的测算。传统定额计价所使用的部颁预算定额、各省市估价表以及行业定额,都是在大量实践经验基础上经过科学的测算总结出来的人工、材料、机械台班的消耗量标准。相同工作内容的定额子目,不同定额中的资源消耗量是有差别的,通过对比、分析,找出产生差异的原因,结合本企业的施工管理水平,确定本企业的施工资源消耗量标准。这种方法简洁、快速,能够较好的解决实行工程量清单报价的初期,投标企业没有自己内部定额的困扰。

定额测算法是以各项资源都能得到充分利用为前提的。但是工程中经常出现某些资源不能得到充分利用的情况。例如安装工程中,某种施工机械可能只使用一次或两次,由于某种原因,施工企业无处租赁,只能专门购置,使用后闲置或低价转卖,此时该种机械就属于不能充分使用的资源,其消耗量就不能采用定额测算法,而必须根据施工方案进行测算。方案测算法是根据施工方案计算出某项资源总的投入金额,然后再分摊进相关项目或分部分项工程综合单价中去。方案测算法特别适用于施工机械以及周转性材料的消耗量。

【例3.6】 某工程现浇水磨石地面工程量为10 000 m²,需要使用的机械设备有:搅拌机、输送车、塔吊、振捣棒、磨石机等,这些机械需要购置或从当地租赁,投入量如表 3.3 所示。试测算水磨石地面的机械费。

【解】　水磨石工程施工方案机械使用量测算见表 3.3 所示:

表 3.3　水磨石工程施工方案机械使用量测算表

机械名称	投入量	摊 销 价 格(美元)			租 赁 价(美元)			使用比例(%)	投入金额(美元)	备　注
		购置价格	摊销率(%)	摊销价格	租赁单价(美元/月)	租赁期(月)	租赁价格			
搅拌机	3	5 012	80	12 029				20	2 406	与其他共用
输送车	6	3 445	80	16 536				20	3 307	与其他共用
塔吊	1				2 500	10	25 000	5	1 250	与其他共用
振捣棒	10	305	100	3 050				30	915	与其他共用
磨石机	10	705	100	7 050				100	7 050	专用
合　计									14 928	

则每平方米现浇水磨石的机械消耗为 14 928 美元/10 000 m² =1.49 美元/m²,另加上机上人工、动力费等即可计算出该工程机械摊销费。

(4)企业定额编制机构。企业定额的编制工作是一个系统性的工程,它需要一批高素质的专业人才,在一个高效率的组织机构统一指挥下协调工作,因此,在定额编制工作开始时,必须设置一个专门的机构,配置一批专业人员。

(5)应收集的数据和资料。定额在编制时要搜集大量的基础数据和各种法律、法规、标准、规程、规范、规定文件等,这些资料都是定额编制的依据。所以,在编制计划书中,要制定一份按门类划分的资料明细表。在明细表中,除一些必须采用的法律、法规、标准、规程、规范资料外,应根据企业自身的特点,选择一些能够代表本企业施工、管理水平的典型案例。

(6)编制进度。定额具有时效性,应确定一个合理的工期和进度计划,这样,既有利于编制工作的开展,又能保证编制工作的效率和效益。

2)搜集资料并调查、分析、测算和研究

搜集的资料包括:

(1)现行定额,包括基础定额和预算定额,以及与定额相适应的工程量计算规则。

(2)国家现行与工程建设有关的法律、法规、经济政策等各种文件。

(3)有关建筑安装工程的设计规范、施工及验收规范、工程质量检验评定标准和安全操作规程。

(4)全国通用建筑、安装工程标准设计图集。

(5)新技术、新材料、新施工工艺方法等资料。

(6)现行人工工资标准和材料预算价格。

(7)机械设备效率、寿命周期、购置价格;机械台班租赁价格行情。

（8）本企业近几年各工程项目的施工组织设计、施工方案，以及工程结算资料。

（9）本企业近几年习惯采用的施工方法。

（10）本企业目前拥有的机械设备状况和材料库存状况。

（11）本企业目前工人技术素质、构成比例、收入水平。

资料收集后，要对上述资料进行分类整理、分析、对比、研究和综合测算，提取可供使用的各种技术数据。内容包括：企业整体水平与定额水平的差异；现行法律、法规，以及规程规范对定额的影响；新材料、新技术对定额水平的影响等。

3）编制企业定额大纲、编制细则

根据编制计划书的要求，以及"企业定额的工程量计算规则、项目名称、计量单位与《计价规范》一致"的原则，制定大纲，明确编制内容，对篇、章、节进一步划分，制定统一规定，供编制人员共同遵守。具体内容包括：

（1）企业定额的内容、结构形式及专业划分。

（2）企业定额的篇、章、节的划分。

（3）子目的工作内容及步距划分原则。

4）企业定额初稿的编制是对大纲内容的细化

（1）确定企业定额的内容及其项目划分。为便于确定建筑安装工程造价，人们将一个建设项目划分为若干个单项工程、单位工程，每个单位工程又划分为若干个分部工程、分项工程。定额的内容及项目设置也是如此，每一个分项工程根据步距不同进一步划分为具体定额子目。同时要对分项工程的工作内容做简明扼要的说明。

（2）定额的计量单位。分项工程计量单位的确定一定要合理，设置时应根据分项工程的特点，本着准确、贴切、方便计量的原则设置。定额的计量单位尽可能采用自然计量单位，并与《计价规范》一致。

（3）企业定额消耗量指标。确定企业定额消耗量指标是企业定额编制的重点和难点，企业定额消耗量指标的确定，应根据"既坚持实事求是，结合本企业的具体情况，体现本企业的施工管理水平；又要兼顾技术先进与经济合理，以促进企业施工管理水平的提高"的原则。企业定额消耗量包括：人工消耗量、材料消耗量、机械台班消耗量等。

（4）确定施工资源价格。施工资源价格通过市场调查，按照国家有关规定，结合企业自身的特点来确定。其确定方法可参照本章第2节的相关内容。

（5）编制企业定额。企业定额尽可能采用预算定额的形式，编制单价以方便投标报价。

5）评审、修改及定稿

评审及修改主要是通过对比分析、专家论证等方法，对定额的水平、适用范围、结构及内容的合理性，以及存在的缺陷进行综合评估，并根据评审结果对定额进行修正，最后定稿。

4 工程量清单的编制

工程量清单计价是一种主要由市场定价的计价模式。为适应我国工程投资体制改革和建设管理体制改革的需要,加快我国建筑工程计价模式与国际接轨的步伐,自 2003 年起开始在全国范围内逐步推广工程量清单计价方法。《计价规范》规定:使用国有资金投资的建设工程发承包,必须采用工程量清单计价。非国有资金投资的建设工程,宜采用工程量清单计价。不采用工程量清单计价的建设工程,应执行《计价规范》中除工程量清单等专门性规定外的其他规定。

国有资金投资的工程建设项目包括使用国有资金和国家融资资金投资的工程建设项目。

1) 国有资金投资的工程建设项目

(1) 使用各级财政预算资金的项目。

(2) 使用纳入财政管理的各种政府性专项建设资金的项目。

(3) 使用国有企事业单位自有资金,并且国有资产投资者实际拥有控制权的项目。

2) 国家融资资金投资的工程建设项目

(1) 使用国家发行债券所筹资金的项目。

(2) 使用国家对外借款或者担保所筹资金的项目。

(3) 使用国家政策性贷款的项目。

(4) 国家授权投资主体融资的项目。

(5) 国家特许的融资项目。

4.1 概述

工程量清单是载明建设工程分部分项工程项目、措施项目和其他项目的名称和相应数量,以及规费和税金项目等内容的明细清单。其中由招标人根据计价规范、专业工程计算规范、招标文件、设计文件,以及施工现场实际情况编制的工程量清单称为招标工程量清单,而作为投标文件组成部分的已标明价格并经承包人确认的工程量清单称为已标价工程量清单。

4.1.1 工程量清单的作用

工程量清单是工程量清单计价的基础,贯穿于建设工程的招投标阶段和施工阶段,是编制招标控制价、投标报价、计算工程量、支付工程款、调整合同价款、办理竣工结算以及工程索赔等的依据。工程量清单的主要作用如下:

1) 工程量清单为投标人的投标竞争提供了一个平等和共同的基础

指标工程量清单是由招标人负责编制,将要求投标人完成的工程项目及其相应工程实体数量全部列出,为投标人提供拟建工程的基本内容、实体数量和质量要求等的基础信息。这样,在建设工程的招标投标中,投标人的竞争活动就有了一个共同基础,投标人机会均等,受到的待遇是公正和公平的。

2) 工程量清单是建设工程计价的依据

在招标投标过程中,招标人根据工程量清单编制招标工程的招标控制价;投标人按照工程量清单所表述的内容,依据企业定额计算投标价格,自主填报工程量清单所列项目的单价与合价。

3) 工程量清单是工程付款和结算的依据

在施工阶段,发包人根据承包人完成的工程量清单中规定的内容以及合同单价支付工程款。工程结算时,承发包双方对照工程量清单,按合同单价以及承包人完成合同工程应予计量的工程量和相关合同条款核算结算价款。

4) 工程量清单是调整工程价款、处理工程索赔的依据

在发生工程变更和工程索赔时,可以选用或者参照已标价工程量清单中的相应项目的单价来确定变更价款和索赔费用。

4.1.2 工程量清单的编制依据

招标工程量清单应由具有编制能力的招标人或受其委托、具有相应资质的工程造价咨询人编制。采用工程量清单方式招标,招标工程量清单必须作为招标文件的组成部分,其准确性和完整性由招标人负责。投标人依据工程量清单投标报价,对工程量清单不负有核实的义务,更不具有修改和调整的权力。

招标工程量清单应以单位(项)工程为单位编制,由分部分项工程项目清单、措施项目清单、其他项目清单、规费和税金项目清单组成。招标工程量清单编制的依据有:

(1)《建设工程工程量清单计价规范》(GB 50500—2013)和相关工程的国家计量规范。

(2)国家或省级、行业建设主管部门颁发的计价定额和办法。

(3)建设工程设计文件及相关材料。

(4)与建设工程有关的标准、规范、技术资料。

(5)拟定的招标文件。

(6)施工现场情况、地勘水文资料、工程特点及常规施工方案。

(7)其他相关资料。

4.1.3 工程量清单的编制程序

首先要参阅设计文件,了解工程专业类别,确定适用的专业工程计算规范,对照相关工程计算规范的附录内容确定分部分项工程项目清单的项目名称、项目编码、项目特征和计量单位,再按相关工程计算规范附录中规定的工程量计算规则,计算清单项目工程量。以上编制程序如图 4.1 所示。

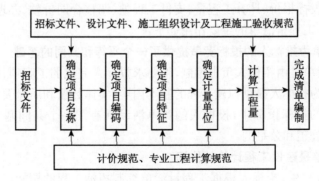

图 4.1　工程量清单编制程序

4.2 分部分项工程项目清单

分部分项工程是"分部工程"和"分项工程"的总称。分部工程是单位工程的组成部分,是按结构部位、路段长度及施工特点或施工任务将单位工程划分为若干分部的工程;分项工程是分部工程的组成部分,是按不同施工方法、材料、工序及路段长度等将分部工程划分为若干个分项或项目的工程。

分部分项工程项目清单必须根据相关工程现行国家计量规范规定的项目编码、项目名称、项目特征、计量单位和工程量计算规则进行编制。分部分项工程项目清单必须载明项目编码、项目名称、项目特征、计量单位和工程量。"项目编码"、"项目名称"、"项目特征"、"计量单位"和"工程量"构成了一个分部分项工程项目清单的"五个要件",这五个要件在分部分项工程项目清单中缺一不可。分部分项工程项目清单格式如表2.1所示,在分部分项工程项目清单的编制过程中,由招标人负责表中前六项内容填列。表4.1为《通用安装工程工程量计算规范》(GB 50856—2013)附录K给排水、采暖、燃气工程中"给排水、采暖、燃气管道"实例。

表 4.1　K.1 给排水、采暖、燃气管道(编码:031001)

项目编码	项目名称	项目特征	计量单位	工程量计算规则	工作内容
031001001	镀锌钢管	1. 安装部位 2. 介质 3. 规格、压力等级 4. 连接形式 5. 压力试验及吹、洗设计要求 6. 警示带形式	m	按设计图示管道中心线以长度计算	1. 管道安装 2. 管件制作、安装 3. 压力试验 4. 吹扫、冲洗 5. 警示带铺设
031001002	钢管				

相关工程现行的国家计量规范包括:《房屋建筑与装饰工程工程量计算规范》(GB 50854—2013)、《仿古建筑工程工程量计算规范》(GB 50855—2013)、《通用安装工程工程量计算规范》(GB 50856—2013)、《市政工程工程量计算规范》(GB 50857—2013)、《园林绿化工程工程量计算规范》(GB 50858—2013)、《矿山工程工程量计算规范》(GB 50859—2013)、《构筑物工程工程量计算规范》(GB 50860—2013)、《城市轨道交通工程工程量计算规范》(GB 50861—2013)、《爆破工程工程量计算规范》(GB 50862—2013)。

4.2.1 项目编码的设置

项目编码是分部分项工程和措施项目清单名称的阿拉伯数字标识。

工程量清单的项目编码,应采用十二位阿拉伯数字表示,一位至九位应按各专业工程计算规范附录的规定设置,十位至十二位应根据拟建工程的工程量清单项目名称和项目特征设置,同一招标工程的项目编码不得有重码。

各级编码代表的含义如下:第一级表示专业工程代码(分二位);第二级表示国家现行的相关工程计算规范附录分类顺序码(分二位);第三级表示分部工程顺序码(分二位);第四级表示分项工程项目名称顺序码(分三位);第五级表示具体清单项目名称顺序码(分三位)。

工程量清单的项目编码必须根据国家现行的相关工程计算规范规定的项目编码编制。

4.2.2 项目名称的确定

分部分项工程项目清单的项目名称应根据国家现行的相关工程计算规范附录的项目名称结合拟建工程的实际确定。国家现行的相关工程计算规范附录中规定的"项目名称"为分项工程项目名称,一般以工程实体命名。编制工程量清单时,应以附录中的项目名称为基础,考虑该项目的规格、型号、材质等特征要求,并结合拟建工程的实际情况,对其进行适当的调整或细化,使其能够反映影响工程造价的主要因素。

4.2.3 项目特征的描述

项目特征是构成分部分项工程项目、措施项目自身价值的本质特征。分部分项工程量清单项目特征应按《计算规范》附录中规定的项目特征,结合拟建工程项目的实际予以描述。发包人在招标工程量清单中对项目特征的描述,应是准确的和全面的,并且与实际施工要求相符合。

《通用安装工程工程量计算规范》(GB 50856—2013)规定:项目安装高度若超过基本高度时,应在"项目特征"中描述,以便于计算有关超高费,如表 4.2 所示。

表 4.2 分部分项工程和单价措施项目清单与计价表

工程名称:××给排水工程　　　　　　　标段:　　　　　　　第___页 共_页

序　号	项目编码	项目名称	项目特征	计量单位	工程数量	金额(元)		
						综合单价	合价	其中:暂估价
1	031003003001	焊接法兰阀门	1. 类型:闸阀 2. 材质:铸铁 3. 规格、压力等级:DN100、1.0 MPa 4. 连接形式:法兰 5. 焊接方法:电弧焊 6. 安装高度:4.0 m	个	3			

《通用安装工程工程量计算规范》各附录基本安装高度为:附录 A 机械设备安装工程 10 m;附录 D 电气设备安装工程 5 m;附录 E 建筑智能化工程 5 m;附录 G 通风空调工程 6 m;附录 J 消防工程 5 m;附录 K 给排水、采暖、燃气工程 3.6 m;附录 M 刷油、防腐蚀、绝热工程 6 m。

工程量清单的项目特征是确定一个清单项目综合单价的重要依据,在编制工程量清单时必须对其项目特征进行准确和全面的描述。工程量清单项目特征描述的重要意义在于:

(1)项目特征是区分清单项目的依据。工程量清单项目特征是用来表述分部分项清单项目的实质内容,用于区分计算规范中同一清单条目下各个具体的清单项目。没有项目特征的准确描述,对于相同或相似的清单项目名称,就无从区分。

(2)项目特征是确定综合单价的前提。由于工程量清单项目的特征决定了工程实体的实质内容,必然直接决定了工程实体的自身价值。因此,工程量清单项目特征描述得准确与否,直接关系到工程量清单项目综合单价的准确确定。

(3) 项目特征是履行合同义务的基础。实行工程量清单计价,工程量清单及其综合单价则构成施工合同的组成部分。如果工程量清单项目特征的描述不清甚至错误,在合同履行期间就会出现设计图纸与招标工程量清单任一项目的特征描述不符,甚至造成工程量清单缺项,就会引起施工过程中工程量清单的更改,从而产生合同价款的调整,影响合同的履行。

由此可见,清单项目特征的描述应根据现行计算规范附录中有关项目特征的要求,予以详细而准确的表述和说明。一旦离开了清单项目特征的准确描述,清单项目也将没有生命力。

在各专业工程计算规范附录中还有关于该清单项目"工作内容"的描述。工作内容是指完成清单项目可能发生的具体工作和操作程序,在编制分部分项工程项目清单时,工作内容通常无需描述。

4.2.4 计量单位

分部分项工程量清单的计量单位应按各专业工程计算规范附录中规定的计量单位确定。《通用安装工程工程量计算规范》附录中有两个或两个以上计量单位的,应结合拟建工程项目的实际情况,选择最适宜表述该项目特征并方便计量的一个为计量单位。同一工程项目的计量单位应一致。

计算规范中规定的计量单位通常为基本单位,除各专业另有特殊规定外,均按以下基本单位计量:

(1) 以重量计算的项目——吨或千克(t 或 kg)。
(2) 以体积计算的项目——立方米(m^3)。
(3) 以面积计算的项目——平方米(m^2)。
(4) 以长度计算的项目——米(m);
(5) 以自然计量单位计算的项目——个、套、件、组、台等。
(6) 没有具体数量的项目——项、系统。

4.2.5 工程量的计算

分部分项工程项目和单价措施项目清单中所列工程量应按各专业工程计算规范附录中规定的工程量计算规则计算。除计算规范另有说明外,清单项目工程量以实体工程量为准,并以完成后的净值来计算,并不包括施工过程中的各种损耗。施工过程中的各种损耗应在投标人投标报价的综合单价中考虑。

工程计量时每一项目汇总的有效位数应遵守下列规定:
(1) 以"t"为单位,应保留小数点后三位数字,第四位小数四舍五入。
(2) 以"m"、"m^2"、"m^3"、"kg"为单位,应保留小数点后两位数字,第三位小数四舍五入。
(3) 以"台"、"个"、"件"、"套"、"根"、"组"、"系统"等为单位,应取整数。

4.2.6 补充项目

编制工程量清单时如果出现计算规范附录中未包括的项目,编制人应做补充,并报省级或行业工程造价管理机构备案。在编制补充项目时主要规定有以下三点：

（1）补充项目的编码由对应计算规范的代码X(即01～09)与B和三位阿拉伯数字组成，并应从XB001起顺序编制，同一招标工程的项目不得重码。

（2）补充的工程量清单需附有补充项目的名称、项目特征、计量单位、工程量计算规则、工程内容。不能计量的措施项目，需附有补充项目的名称、工作内容及包含范围。

（3）将编制的补充项目报省级或行业工程造价管理机构备案。

补充项目实例如表4.3所示。

表4.3　M.11隔墙(编码:011211)

项目编码	项目名称	项目特征	计量单位	工程量计算规则	工作内容
01B001	成品 GRC 隔墙	1. 隔墙材料品种、规格 2. 隔墙厚度 3. 嵌缝、塞口材料品种	m²	按设计图示尺寸以面积计算，扣除门窗洞口及单个面积≥0.3 m²的孔洞所占面积	1. 骨架及边框安装 2. 隔板安装 3. 嵌缝、塞口

4.3 措施项目清单

措施项目清单是指为完成建设工程施工，发生于该工程施工前和施工过程中的技术、生活、安全、环境保护等方面的清单。《计价规范》规定:措施项目清单必须根据国家现行的相关工程计量规范的规定编制;措施项目清单应根据拟建工程的实际情况列项。

4.3.1 措施项目清单的编制依据

措施项目清单的编制依据主要有:

（1）专业工程计算规范。

（2）建设工程设计文件及相关资料。

（3）施工现场情况、地勘水文资料、工程特点。

（4）施工组织设计或常规施工方案。

（5）与建设工程有关的标准、规范、技术资料。

（6）拟定的招标文件。

4.3.2 措施项目清单的内容

措施项目清单的编制需考虑多种因素，除工程本身的因素外，还涉及水文、气象、环境、安全、施工工艺等因素。措施项目清单应根据拟建工程的实际情况列项。若出现计算规范中未列的项目，可根据工程实际情况补充。具体来说:

（1）首先要参考拟建工程的施工组织设计或施工技术方案，以确定现场安全文明施工、临时设施、材料的二次搬运等项目。

（2）其次参阅施工技术方案，以确定夜间施工、大型机械进出场及安拆、脚手架、组装平台、冬雨季施工增加等技术措施项目。

（3）参阅相关的施工规范与工程验收规范，确定施工技术方案没有表述的，但是为了实现施工及验收规范要求而必须发生的技术措施，如工程系统检验检测等。

（4）设计文件中不足以写进，但要通过一定的技术措施才能实现的措施项目，如设备、管道施工的安全、防冻和焊接保护，高层施工增加等。

（5）招标文件中提出的某些需要通过一定的技术措施才能实现的要求，如特殊地区施工增加，安装与生产同时进行施工增加，在有害身体健康环境中施工增加。

根据现行工程量清单计算规范，措施项目分为能计量的单价措施项目与不能计量的总价措施项目两类。对能计量的措施项目，同分部分项工程项目清单一样，编制措施项目清单时应列出项目编码、项目名称、项目特征、计量单位，并按现行计算规范规定的工程量计算规则计算其工程量。对不能计量的措施项目，措施项目清单仅列出了项目编码、项目名称，并按现行计算规范附录（措施项目）的规定执行。由于工程建设施工特点和承包人组织施工生产的施工装备水平、施工方案及其管理水平的差异，同一工程、不同承包人组织施工采用的施工措施有时并不完全一致，因此，《建设工程工程量清单计价规范》（GB 50500—2013）规定：措施项目清单应根据拟建工程的实际情况列项。

表4.4为现行《通用安装工程工程量计算规范》列出的单价措施项目，表4.5为《通用安装工程工程量计算规范》列出的总价措施项目。

表4.4　单价措施项目表

项目编码	项目名称	工作内容及包含范围
031301001	吊装加固	1. 行车梁加固 2. 桥式起重机加固及负荷试验 3. 整体吊装临时加固件，加固设施拆除、清理
031301002	金属抱杆安装、拆除、移位	1. 安装、拆除 2. 位移 3. 吊耳制作安装 4. 拖拉坑挖埋
031301003	平台铺设、拆除	1. 场地平整 2. 基础及支墩砌筑 3. 支架型钢搭设 4. 铺设 5. 拆除、清理
031301004	顶升、提升装置	安装、拆除
031301005	大型设备专用机具	
031301006	焊接工艺评定	焊接、试验及结果评价
031301007	胎（模）具制作、安装、拆除	制作、安装、拆除
031301008	防护棚制作安装拆除	防护棚制作、安装、拆除
031301009	特殊地区施工增加	1. 高原、高寒施工防护 2. 地震防护
031301010	安装与生产同时进行施工增加	1. 火灾防护 2. 噪声防护
031301011	在有害身体健康环境中施工增加	1. 有害化合物防护 2. 粉尘防护 3. 有害气体防护 4. 高浓度氧气防护
031301012	工程系统检测、检验	1. 起重机、锅炉、高压容器等特种设备安装质量监督检验检测 2. 由国家或地方检测部门进行的各类检测

续表

项目编码	项目名称	工作内容及包含范围
031301013	设备、管道施工的安全、防冻及焊接保护	保证工程施工正常进行的防冻和焊接保护
031301014	焦炉烘炉、热态工程	1. 烘炉安装、拆除、外运 2. 热态作业劳保消耗
031301015	管道安拆后的充气保护	充气管道安装、拆除
031301016	隧道内施工的通风、供水、供气、供电、照明及通信设施	通风、供水、供气、供电、照明及通信设施安装、拆除
031301017	脚手架搭拆	1. 场内、场外材料搬运 2. 搭、拆脚手架 3. 拆除脚手架后材料的堆放
031301018	其他措施	为保证工程施工正常进行所发生的费用
031302007	高层施工增加	1. 高层施工引起的人工工效降低以及由于人工工效降低引起的机械降效 2. 通信联络设备的使用

表 4.5 总价措施项目表

项目编码	项目名称	工作内容及包含范围	备注
031302001	安全文明施工	1. 环境保护:现场施工机械设备降低噪声、防扰民措施;水泥和其他易飞扬细颗粒建筑材料密闭存放或采取覆盖措施等;工程防扬尘洒水;土石方、建渣外运车辆保护措施等;现场污染源的控制、生活垃圾清理外运、场地排水排污措施;其他环境保护措施 2. 文明施工:"五牌一图";现场围挡的墙面美化(包括内外粉刷、刷白、标语等)、压顶装饰;现场厕所便槽刷白、贴面砖,水泥砂浆地面或地砖,建筑物内临时便溺设施;其他施工现场临时设施的装饰装修、美化措施;现场生活卫生设施;符合卫生要求的饮水设备、淋浴、消毒等设施;生活用洁净燃料;防煤气中毒、防蚊虫叮咬等措施;施工现场操作场地的硬化;现场绿化、治安综合治理;现场配备医药保健器材、物品费用和急救人员培训;用于现场工人的防暑降温、电风扇、空调等设备及用电;其他文明施工措施	
031302001	安全文明施工	3. 安全施工:安全资料、特殊作业专项方案的编制,安全施工标志的购置及安全宣传、"三宝"(安全帽、安全带、安全网)、"四口"(楼梯口、电梯井口、通道口、预留洞口)、"五临边"(阳台围边、楼板围边、屋面围边、槽坑围边、卸料平台两侧)、水平防护架、垂直防护架、外架封闭等防护措施;施工安全用电,包括配电箱三级配电、两级保护装置要求、外电防护措施;起重机、塔吊等起重设备(含井架、门架)及外用电梯的安全防护措施(含警示标志)及卸料平台的临边防护、层间安全门、防护棚等设施;建筑工地起重机械的检验检测;施工机具防护棚及其围栏的安全保护设施;施工安全防护通道;工人的安全防护用品、用具购置;消防设施与消防器材的配置;电气保护、安全照明设施;其他安全防护措施 4. 临时设施:施工现场采用彩色、定型钢板、砖、混凝土砌块等围挡的安砌、维修、拆除;施工现场临时建筑物、构筑物的搭设、维修、拆除,如临时宿舍、办公室、食堂、厨房、厕所、诊疗所、临时文化福利用房、临时仓库、加工场、搅拌台、临时简易水塔、水池等;施工现场临时设施的搭设、维修、拆除,如临时供水管道、临时供电管线、小型临时设施等;施工现场规定范围内临时简易道路铺设,临时排水沟、排水设施安砌、维修、拆除;其他临时设施的搭设、维修、拆除	
031302002	夜间施工增加	1. 夜间固定照明灯具和临时可移动照明灯具的设置、拆除 2. 夜间施工时,施工现场交通标志、安全标牌、警示灯等的设置、移动、拆除 3. 夜间照明设备及照明用电、施工人员夜班补助、夜间施工劳动效率降低等	

项目编码	项目名称	工作内容及包含范围	备注
031302003	非夜间施工增加	为保证工程施工正常进行,在地下(暗)室、设备及大口径管道内等特殊施工部位施工时所采用的照明设备的安拆、维护及照明用电、通风等;在地下(暗)室等施工引起的人工工效降低以及由于人工工效降低引起的机械降效	
031302004	二次搬运	由于施工场地条件限制而发生的材料、成品、半成品等一次运输不能到达堆放地点,必须进行二次或多次搬运	
031302005	冬雨季施工增加	1. 冬雨(风)季施工时增加的临时设施(防寒保温、防雨、防风设施)的搭设、拆除 2. 冬雨(风)季施工时,对砌体、混凝土等采用的特殊加温、保温和养护措施 3. 冬雨(风)季施工时,施工现场的防滑处理、对影响施工的雨雪的清除 4. 冬雨(风)季施工时增加的临时设施、施工人员的劳动保护用品、冬雨(风)季施工劳动效率降低等	
031302006	已完工程及设备保护	对已完工程及设备采取的覆盖、包裹、封闭、隔离等必要保护措施	
031302008	临时设施费	施工企业为进行工程施工所必需的生活和生产用的临时建筑物、构筑物和其他临时设施的搭设、使用、拆除等费用	省补充
031302009	赶工措施费	施工合同约定工期比定额工期提前,施工企业为缩短工期所发生的费用;如施工过程中,发包人要求实际工期比合同工期提前时,由发承包双方另行约定	省补充
031302010	工程按质论价	施工合同约定质量标准超过国家规定,施工企业完成工程质量达到经有权部门鉴定或评定为优质工程所必须增加的施工成本费	省补充
031302011	住宅工程分户验收	按《住宅工程质量分户验收规程》(DGJ 32/TJ103—2010)的要求对住宅工程安装项目进行专门验收发生的费用	省补充
	特殊条件下施工增加费	地下不明障碍物、铁路、航空、航运等交通干扰而发生的施工降效费用	省补充

表 4.5 中 1～6 项为计算规范附录中所列的措施项目,7～11 项为《江苏省建设工程费用定额》(2014 年)补充的安装工程措施项目。

4.4　其他项目清单

其他项目清单是指分部分项工程量清单、措施项目清单所包含的内容以外,因招标人的特殊要求而发生的与拟建工程有关的其他费用项目和相应数量的清单。工程建设标准的高低、复杂程度、工期长短、工程的组成内容、发包人对工程管理要求等都直接影响其他项目清单的具体内容。因此,其他项目清单应根据拟建工程的具体情况,参照《建设工程工程量清单计价规范》(GB 50500—2013)提供的下列内容列项:

(1) 暂列金额。

(2) 暂估价,包括材料暂估单价、工程设备暂估单价、专业工程暂估价。

(3) 计日工。

(4) 总承包服务费。

出现《建设工程工程量清单计价规范》(GB 50500—2013)未列的项目,可根据工程实际情况补充。

4.4.1　暂列金额

暂列金额是招标人在工程量清单中暂定并包括在合同价款中的一笔款项。用于工程合同签订时尚未确定或者不可预见的所需材料、工程设备、服务的采购,施工中可能发生的工程变更、合同约定调整因素出现时的合同价款调整以及发生的索赔、现场签证确认等的费用。

暂列金额应根据工程特点按有关计价规定估算,一般可按分部分项工程费和措施项目费的 10%～15% 计列。暂列金额表如表 4.6 所示。

表 4.6 暂列金额明细表

工程名称: 　　　　　　　　　　　　标段: 　　　　　　　　　第 页共 页

序 号	项目名称	计量单位	暂定金额(元)	备注
1				
2				
3				
合 计				—

注:此表由招标人填写,如不能详列,也可只列暂定金额总额,投标人应将上述暂列金额计入总价中。

4.4.2 暂估价

暂估价是招标人在工程量清单中提供的用于支付必然发生但暂时不能确定价格的材料、工程设备的单价以及专业工程的金额,包括材料暂估单价、工程设备暂估单价、专业工程暂估价。

“暂估价”是在招标阶段预见肯定要发生,只是因为标准不明或者需要由专业承包人完成,暂时又无法确定具体价格时采用的一种价格形式。

招标人编制其他项目清单时,暂估价中的材料、工程设备暂估单价应根据工程造价信息或参照市场价格估算,列出明细表;专业工程暂估价应分不同专业,按有关计价规定估算,列出明细表。暂估价表如表 4.7、表 4.8 所示。

表 4.7 材料(工程设备)暂估单价及调整表

工程名称: 　　　　　　　　　　　　标段: 　　　　　　　　　第 页共 页

序 号	材料(工程设备)名称、规格、型号	计量单位	数量		暂估(元)		确认(元)		差额±(元)		备注
			投标	确认	单价	合价	单价	合价	单价	合价	
合计											

注:此表由招标人填写“材料(工程设备)名称、规格、型号”、“计量单位”、“暂估单价”,并在备注栏说明暂估价的材料、工程设备拟用在哪些清单项目上,投标人应将上述材料、工程设备暂估单价计入工程量清单综合单价报价中,并填写“数量”中的“投标”和“暂估合价”列。

表 4.8 专业工程暂估价及结算价表

工程名称: 　　　　　　　　　　　　标段: 　　　　　　　　　第 页共 页

序号	工程名称	工程内容	暂估金额(元)	结算金额(元)	差额±(元)	备注
合 计						

注:此表“暂估金额”由招标人填写,投标人应将“暂估金额”计入投标总价中,结算时按合同约定结算金额填写。

4.4.3 计日工

在施工过程中,承包人完成发包人提出的工程合同范围以外的零星项目或工作,按合同中约定的单价计价的一种方式。

计日工是指对零星项目或工作采取的一种计价方式,包括完成该项作业的人工、材料、机械台班、企业管理费和利润。

招标人编制工程量清单时,计日工应由招标人根据工程的复杂程度、设计深度等因素,按照经验来估算一个比较贴近实际的数量,列出项目名称、计量单位和暂估数量写入计日工表中。计日工表如表 4.9 所示。

表 4.9 计日工表

工程名称:　　　　　　　　　　标段:　　　　　　　　第　页共　页

编　号	项目名称	单　位	暂定数量	综合单价(元)	合价(元)	
					暂定	实际
一	人　工					
1						
2						
人　工　小　计						
二	材　料					
1						
2						
材　料　小　计						
三	施工机械					
1						
2						
施工机械小计						
四、企业管理费和利润						
总　　计						

注:此表名称、单位、暂定数量由招标人填写。投标时,单价由投标人自主报价,按暂定数量计算合价计入投标总价中。结算时,按发承包双方确认的实际数量计算合价。

4.4.4 总承包服务费

总承包人为配合协调发包人进行的专业工程发包,对发包人自行采购的材料、工程设备等进行保管以及施工现场管理、竣工资料汇总整理等服务所需的费用。总承包服务费表如表 4.10 所示。

表 4.10 总承包服务费计价表

工程名称:　　　　　　　　　　标段:　　　　　　　　第　页共　页

序　号	项目名称	项目价值(元)	服务内容	计算基础	费率(%)	金额(元)
1	发包人发包专业工程					
2	发包人提供材料					

续表

序 号	项目名称	项目价值(元)	服务内容	计算基础	费率(%)	金额(元)
	合计	—	—		—	

注:此表项目名称、服务内容由招标人填写,投标报价时,费率和金额由投标人自主报价,计入投标总价中。

在暂列金额、暂估价、计日工和总承包服务费的基础上,汇总得到其他项目费,见表4.11所示。

表 4.11 其他项目清单与计价汇总表

工程名称: 标段: 第 页 共 页

序 号	项目名称	金额(元)	结算金额(元)	备注
1	暂列金额			明细详见表4.6
2	暂估价			
2.1	材料(工程设备)暂估价			明细详见表4.7
2.2	专业工程暂估价			明细详见表4.8
3	计日工			明细详见表4.9
4	总承包服务费			明细详见表4.10
	合 计			—

注:材料(工程设备)暂估价进入清单项目综合单价,此处不汇总。

4.5 规费、税金项目清单

规费是根据国家法律、法规规定,由省级政府或省级有关权力部门规定施工企业必须缴纳的,应计入建筑安装工程造价的费用。

《计价规范》规定,规费项目清单应按照下列内容列项:

① 社会保险费:包括养老保险费、失业保险费、医疗保险费、工伤保险费、生育保险费。

② 住房公积金。

③ 工程排污费。

出现《计价规范》中未列的项目,应根据省级政府或省级有关部门的规定列项。

税金是国家税法规定的应计入建筑安装工程造价内的增值税、城市维护建设税、教育费附加和地方教育附加。

《计价规范》规定:税金项目清单应包括下列内容:

① 增值税。

② 城市维护建设税。

③ 教育费附加。

④ 地方教育附加。

出现《计价规范》中未列的项目,应根据税务部门的规定列项。

5 投标报价与招标控制价

5.1 投标报价

投标价是投标人投标时响应招标文件要求所报出的对已标价工程量清单汇总后标明的总价。即在工程招标发包过程中,由投标人或受其委托具有相应资质的工程造价咨询人按照招标文件的要求以及有关计价规定,依据发包人提供的工程量清单、施工设计图纸,结合工程项目特点、施工现场情况及企业自身的施工技术、装备和管理水平等,自主确定的工程造价。

投标价是投标人希望达成工程承包交易的期望价格,但不能高于招标人设定的招标控制价。报价是投标的关键性工作,报价是否合理直接关系到投标工作的成败。

5.1.1 投标报价的编制依据

投标报价应根据下列依据编制:
(1)《计价规范》。
(2)国家或省级、行业建设主管部门颁发的计价办法。
(3)企业定额,国家或省级、行业建设主管部门颁发的计价定额和计价办法。
(4)招标文件、招标工程量清单及其补充通知、答疑纪要。
(5)建设工程设计文件及相关资料。
(6)施工现场情况、工程特点及投标时拟定的施工组织设计或施工方案。
(7)与建设项目相关的标准、规范等技术资料。
(8)市场价格信息或工程造价管理机构发布的工程造价信息。
(9)其他的相关资料。

5.1.2 投标报价的编制程序

投标报价的关键是确定分部分项工程项目清单和措施项目清单的综合单价,确定方法是采用定额组价。在提交投标报价文件的同时,须按招标文件的要求提交分部分项工程项目清单和单价措施项目清单的综合单价分析表。

投标报价的大致步骤包括:

1)收集资料、审阅投标报价的主要依据

收集的资料主要包括:计价规范、计算规范、企业定额,以及国家或省级、行业建设主管部门颁发的计价定额和计价办法;招标文件、招标工程量清单;设计文件;施工现场情况、投标时拟定的施工组织设计;与建设项目相关的标准、规范;市场价格信息或工程造价管理机构发布的工程造价信息。

审阅重点是计价办法、设计文件和工程量清单,看看是否存在工程量清单与设计文件不符或缺项的情况存在。

2)踏勘施工现场、参加招标质疑会

对招标文件、工程量清单表述或描述不清的问题向招标方质疑,请求解释,明确招标方的真实意图,力求计价精确。

3)确定工程量清单的工程内容并计算预算工程量

根据国家现行的相关工程计算规范、设计文件、施工组织设计、施工及验收规范等资料确定每一工程量清单的工程内容,并根据施工图以及预算工程量计算规则计算预算工程量。

4)确定工程量清单的综合单价

选套企业定额或政府主管部门颁布的计价定额,确定工程量清单的综合单价,并对综合单价进行合理性分析。

5)计算工程造价

结合招标工程量清单、招标文件先计算分部分项工程费、措施项目费和其他项目费,再按相关规定计算规费和税金。

6)审核和修改报价文件

5.1.3 投标价的编制原则

报价是投标的关键性工作,报价是否合理直接关系到投标工作的成败。工程量清单计价下编制投标报价的原则如下:

(1)投标报价由投标人自主确定,但必须执行《建设工程工程量清单计价规范》的有关强制性规定。投标价应由投标人或受其委托具有相应资质的工程造价咨询人编制。

投标报价编制的最基本特征是投标人根据有关报价依据自主报价,它是市场竞争形成价格的体现。

(2)投标人的投标报价不得低于工程成本。《中华人民共和国招标投标法》中规定:中标人的投标应当能够满足招标文件的实质性要求,并且经评审的投标价格最低;但是投标价格低于成本的除外。《评标委员会和评标方法暂行规定》中规定:在评标过程中,评标委员会发现投标人的报价明显低于其他投标报价或者在设有标底时明显低于标底的,使得其投标报价可能低于其个别成本的,应当要求该投标人做出书面说明并提供相关证明材料。投标人不能合理说明或者不能提供相关证明材料的,由评标委员会认定该投标人以低于成本报价竞标,其投标应作为废标处理。上述法律法规的规定,特别要求投标人的投标报价不得低于工程成本。

(3)投标人的投标报价不得高于招标控制价。《计价规范》规定"投标人的投标报价高于招标控制价的应予废标"。招标控制价是招标人根据国家或省级、行业建设主管部门颁发的有关计价依据和办法,以及拟定的招标文件和招标工程量清单,结合工程具体情况编制的招标工程的最高投标限价。招标控制价是招标人用于对招标工程发包规定的最高投标限价。《中华人民共和国招标投标法实施条例》规定,投标报价低于成本或者高于招标文件设定的最高投标限价,评标委员会应当否决其投标。

(4)投标人必须按招标工程量清单填报价格,填写的项目编码、项目名称、项目特征、计量单位、工程量必须与招标工程量清单一致。实行工程量清单招标,招标人在招标文件中提供工程量清单,其目的是使各投标人在投标报价中具有共同的竞争平台。因此,为避免出现差错,要求投标人必须按招标人提供的招标工程量清单填报投标价格。

(5)投标报价要以招标文件中规定的承发包双方责任划分,作为确定投标报价费用计算的基础。承发包双方的责任划分不同,会导致合同风险分摊不同,从而导致投标人报价不同;不同的工程承发包模式会直接影响工程项目投标报价的费用内容和计算深度。

(6) 投标报价必须结合企业的施工方案、材料设备价格资料、企业定额及报价策略。这也是投标报价由投标人自主确定的具体体现。企业定额反映企业技术和管理水平,是计算人工、材料和机械台班消耗量的主要依据;依据企业的价格水平、管理费费率、利润率等资料编制基础标价,结合企业的报价策略确定最终的投标报价。

5.1.4 投标报价的编制

投标报价的编制过程,应首先根据招标人提供的工程量清单,编制分部分项工程项目清单计价表、措施项目清单计价表、其他项目清单计价表、规费和税金清单项目计价表,计算完毕后汇总得到单位工程投标报价汇总表,再层层汇总,分别得出单项工程和工程项目投标总价汇总表。分部分项工程费、措施项目费、其他项目费、规费和税金的计算方法在第2章中已详细说明,现重点说明编制投标报价时要注意的问题。

1) 分部分项工程费

分部分项工程费根据工程量清单中的分部分项工程项目清单所提供的工程量,乘以投标人确定的综合单价,并累加得到分部分项工程费用的总和。即:

$$分部分项工程费 = \sum(分部分项工程项目清单工程量 \times 综合单价)$$

其中:综合单价=人工费+材料费+机械费+管理费+利润

确定综合单价通常采用定额组价的方法。在计算分部分项工程项目清单综合单价时要注意以下几点:

(1) 分部分项工程项目清单的综合单价是按分部分项工程项目清单项目的特征描述确定。在投标过程中,当招标文件中分部分项工程项目清单的项目特征与设计图纸不符时,投标人应以招标文件中分部分项工程项目清单的项目特征为准。在施工过程中施工图纸或设计变更与工程量清单项目特征描述不一致时,发、承包双方应按实际施工的项目特征,依据计价规范及合同约定重新确定综合单价。

(2) 综合单价中应考虑招标文件中要求投标人承担的风险费用。综合单价是完成一个规定清单项目所需的人工费、材料费、施工机械使用费和企业管理费与利润,以及一定范围内的风险费用。招标文件中要求投标人承担的风险费用,投标人应将其考虑进入综合单价中,通常以风险费率的形式计算。在施工过程中,当出现的风险内容及范围在招标文件规定的范围内时,综合单价不得变动,合同价款不作调整。

(3) 若招标文件中提供了暂估单价的材料、工程设备,则该材料、工程设备按暂估的单价计入综合单价。

2) 措施项目费

措施项目费包括单价措施项目费和总价措施项目费。由于各投标人拥有的施工装备、技术水平和采用的施工方法有所差异,招标文件中列出的措施项目清单是根据一般情况确定的,没有考虑不同投标人的"个性",因此,投标人投标报价时应根据投标时编制的施工组织设计(或施工方案)确定措施项目,并对招标人提供的措施项目进行调整或增补。

措施项目中的单价项目,应根据招标文件和招标工程量清单项目中的特征描述自主确定综合单价。措施项目中的总价项目金额应根据招标文件及投标时拟定的施工组织设计或施工方案自主确定,其中安全文明施工费是不可竞争性费用,应按照国家或省级主管部门的规定计算确定,投标人不得对该项费用进行优惠。

3)其他项目费

其他项目费包括暂列金额、暂估价、计日工和总承包服务费。投标报价时注意以下几点:

(1)暂列金额应按照招标工程量清单中列出的金额填写,不得变动。

(2)材料、工程设备暂估价应按招标工程量清单中列出的单价计入综合单价。

(3)专业工程暂估价应按招标工程量清单中列出的金额填写。

(4)计日工按招标工程量清单中列出的项目和数量,投标人自主确定综合单价并计算计日工费用。

(5)总承包服务费应根据招标工程量列出的专业工程暂估价内容和供应材料、设备情况,按照招标人提出协调、配合与服务要求和施工现场管理需要自主确定。

4)规费和税金

规费和税金的计取标准是按照有关法律法规和政策制定的,具有强制性,因此规费和税金必须按国家或省级、行业建设主管部门规定的标准计算,不得作为竞争性费用。

招标工程量清单与计价表中列明的所有需要填写单价和合价的项目,投标人均应填写且只允许有一个报价。未填写单价和合价的项目,可视为此项费用已包含在已标价工程量清单中其他项目的单价和合价之中。当竣工结算时,此项目不得重新组价予以调整。

投标总价应当与分部分项工程费、措施项目费、其他项目费和规费、税金的合计金额一致。即投标人在进行工程项目工程量清单招标的投标报价时,不能进行投标总价优惠(或降价、让利),投标人对投标报价的任何优惠(或降价、让利)均应反映在相应清单项目的综合单价中。

5.2 招标控制价

5.2.1 招标控制价的概念

招标控制价是招标人根据国家或省级、行业建设主管部门颁发的有关计价依据和办法,以及拟定的招标文件和招标工程量清单,结合工程具体情况编制的招标工程的最高投标限价,也可称其为拦标价、预算控制价或最高报价等。

编制招标控制价,应遵循以下规定:

(1)国有资金投资的建设工程招标,招标人必须编制招标控制价。根据《中华人民共和国招标投标法》的规定,国有资金投资的工程项目进行招标,招标人可以设标底。当招标人不设标底时,为有利于客观、合理地评审投标报价和避免哄抬标价,造成国有资产流失,招标人必须编制招标控制价,作为投标人的最高投标限价,招标人能够接受的最高交易价格。

(2)招标控制价应由具有编制能力的招标人或受其委托具有相应资质的工程造价咨询人编制和复核。工程造价咨询人不得同时接受招标人和投标人对同一工程的招标控制价和投标报价的编制。

(3)招标控制价超过批准的概算时,招标人应将其报原概算审批部门审核。因为我国对国有资金投资项目实行的是投资概算审批制度,国有资金投资的项目投资额原则上不能超过批准的投资概算。因此,在工程招标发包时,当编制的招标控制价超过批准的概算时,招标人应当将其报原概算审批部门重新审核。

(4) 投标人的投标报价高于招标控制价的,其投标应作为废标。国有资金投资的工程项目,招标人编制并公布的招标控制价相当于招标人的采购预算,同时要求其不能超过批准的概算,因此,招标控制价是招标人在工程招标时能接受投标人报价的最高限价,投标人的投标报价不能高于招标控制价,否则,其投标将被拒绝。

(5) 招标控制价应在发布招标文件时公布,不应上调或下浮,招标人应将招标控制价及有关资料报送工程所在地工程造价管理机构备查。招标控制价的作用决定了招标控制价不同于标底,无需保密。并且,作为最高投标限价,应事先告知投标人。为体现招标的公平、公正,防止招标人有意抬高或压低工程造价,招标人应在招标文件中如实公布招标控制价各组成部分的详细内容,不得对所编制的招标控制价进行上调或下浮。

5.2.2　招标控制价的编制依据

招标控制价的编制依据有:

(1)《建设工程工程量清单计价规范》。

(2) 国家或省级、行业建设主管部门颁发的计价定额和计价办法。

(3) 建设工程设计文件及相关资料。

(4) 拟定的招标文件及招标工程量清单。

(5) 与建设项目相关的标准、规范、技术资料。

(6) 施工现场情况、工程特点及常规施工方案。

(7) 工程造价管理机构发布的工程造价信息,当工程造价信息没有发布时,参照市场价。

(8) 其他的相关资料。

由此看出,编制招标控制价使用的计价标准应是计价规范、建设主管部门颁布的计价定额和计价办法,而不是企业定额;采用的价格信息应是工程造价管理机构发布的工程造价信息,当工程造价信息没有发布时,才参照市场价。注意与投标报价编制依据的区别。

5.2.3　招标控制价的编制

采用工程量清单计价时,招标控制价内容包括:分部分项工程费、措施项目费、其他项目费、规费和税金。有关费用的计算方法参见第2章。

1) 分部分项工程费

分部分项工程费采用综合单价的方法编制。采用的分部分项工程量应是招标文件中工程量清单提供的工程量,综合单价应根据招标文件中的分部分项工程项目清单的特征描述及行业建设主管部门颁发的计价定额和计价办法、工程造价管理机构发布的工程造价信息等依据进行编制。

为使招标控制价与投标报价所包含的内容一致,综合单价中应包括招标文件中招标人要求投标人承担的风险内容范围及其费用。

招标文件提供了暂估单价的材料、工程设备,应按暂估单价计入综合单价。

2) 措施项目费

措施项目费应依据招标文件中提供的措施项目清单和拟建工程项目常规施工方案确定。可以计算工程量的措施项目,应采用综合单价计价;其余的措施项目可以"项"为单位的总价方式计价,应包括除规费、税金外的全部费用。措施项目费中的安全文明施工费应当按照国家或地方行业建设主管部门的规定标准计价,不得作为竞争性费用。

3) 其他项目费

(1) 暂列金额应按照招标工程量清单中列出的金额填写,不得变动。

(2) 材料、工程设备暂估价应按招标工程量清单中列出的单价计入综合单价。

(3) 专业工程暂估价应按招标工程量清单中列出的金额填写。

(4) 计日工:编制招标控制价时,计日工中的人工单价和施工机械台班单价应按省级、行业建设主管部门或其授权的工程造价管理机构公布的单价计算;材料应按工程造价管理机构发布的工程造价信息中的材料单价计算,工程造价信息未发布材料单价的材料,其价格应按市场调查确定的单价计算。注意与投标报价编制依据的区别。

(5) 总承包服务费:编制招标控制价时,总承包服务费应按照省级或行业建设主管部门的规定,并根据招标文件列出的内容和要求估算。

6 给排水、采暖、燃气工程

《通用安装工程工程量计算规范》附录 K 给排水、采暖、燃气工程适用于采用工程量清单计价的新建、扩建项目中的生活用给排水、采暖、燃气工程。主要内容包括：生活用给排水、采暖、燃气管道安装，附件、配件安装，支架制作安装，暖、卫、燃气器具安装和小型容器制作安装，采暖工程系统调整等。

《江苏省安装工程计价定额》(2014 版)(以下简称《安装工程计价定额》)是完成安装工程规定计量单位分部分项工程所需的人工、材料、施工机械台班的消耗量标准，是编制设计概算、施工图预算、招标控制价、投标报价的依据。《安装工程计价定额》中的《第十册　给排水、采暖、燃气工程》适用于采用工程量清单计价的新建、扩建的生活用给排水、燃气、采暖热源管道及附件配件安装、小型容器制作安装工程等。主要内容如表 6.1 所示。

表 6.1 《给排水、采暖、燃气工程》中的分部分项工程名称表

序号	分部工程	分项工程名称
1	管道安装	室内外给排水、采暖、燃气管道；管道消毒、冲洗；管道压力试验
2	支架及其他	管道、设备支架；套管；排水沟阻火圈；弹簧减震器
3	管道附件	阀门安装；减压器、疏水器组成安装；伸缩器制作安装；法兰安装；水表组成安装；浮标液面计、水塔及水池浮漂水位标尺制作安装
4	卫生器具	各种卫生器具安装；冲洗水箱安装；水龙头安装；排水栓安装；地漏安装；地面扫除口安装；毛发集散器安装；浴盆、洗脸盆、蹲便器预留；容积式热交换器安装；蒸汽－水加热器；冷热水混合器安装；隔油器安装
5	供暖器具	铸铁散热器组成安装；光排管散热器制作安装；钢制闭式散热器安装；钢制板式散热器安装；钢制壁板式散热器安装；钢制柱式散热器安装；暖风机安装；热空气幕安装
6	采暖、给排水设备	太阳能热水器安装；开水炉安装；电热水器、开水炉安装；消毒锅、消毒器、饮水器安装；矩形、圆形钢板水箱制作安装
7	燃气器具及其他	燃气加热设备安装；燃气表；民用灶具、公用炊事灶具；单、双气嘴安装；附件安装
8	其他零星工程	配管砖墙刨沟、混凝土刨沟；砖墙打孔；混凝土墙、楼板打孔

未列入《通用安装工程工程量计算规范》附录 K 的项目，编制清单时按相关专业工程的计算规范的规定设置，计价时套用相应计价定额的有关项目，具体来说：

(1) 工业管道、生产生活共用管道、锅炉和泵类配管、高层建筑加压泵间管道安装，应按《通用安装工程工程量计算规范》附录 H 工业管道工程相关项目编码列项，计价时执行《安装工程计价定额》中的《第八册　工业管道工程》有关子目。

(2) 刷油、防腐蚀、绝热工程按《通用安装工程工程量计算规范》附录 M 刷油、防腐蚀、绝热工程相关项目编码列项，计价时执行《安装工程计价定额》中的《第十一册　刷油、防腐蚀、绝热工程》有关子目。

(3) 埋地管道的土石方及砌筑工程按《房屋建筑与装饰工程工程量计算规范》附录 A 土石方工程、附录 D 砌筑工程相关项目编码列项，计价时执行《江苏省建筑工程计价定额》

有关子目。

（4）各类泵、风机等传动设备安装按《通用安装工程工程量计算规范》附录 A 机械设备安装工程相关项目编码列项,计价时套用《安装工程计价定额》中的《第一册 机械设备安装工程》的有关项目。

（5）锅炉安装按《通用安装工程工程量计算规范》附录 B 热力设备安装工程相关项目编码列项,计价时套用《安装工程计价定额》中的《第二册 热力设备安装工程》的有关项目。

（6）压力表、温度计安装按《通用安装工程工程量计算规范》附录 F 自动化控制仪表安装工程相关项目编码列项,计价时执行《安装工程计价定额》中的《第六册 自动化控制仪表安装工程》有关子目。

（7）分气筒制作安装按《通用安装工程工程量计算规范》附录 H 工业管道工程相关项目编码列项,计价时执行《安装工程计价定额》中的《第八册 工业管道工程》有关子目。

6.1 给排水、采暖、燃气管道

6.1.1 工程量清单项目

管道工程量清单项目设置、项目特征、计量单位及工程量计算规则,应按照《通用安装工程工程量计算规范》附录 K.1 的规定执行,见表 6.2 所示。

表 6.2 K.1 给排水、采暖、燃气管道（编码:031001）

项目编码	项目名称	项目特征	计量单位	工程量计算规则	工作内容
031001001	镀锌钢管	1. 安装部位 2. 介质 3. 规格、压力等级 4. 连接形式 5. 压力试验及吹、洗设计要求 6. 警示带形式			1. 管道安装 2. 管件制作、安装 3. 压力试验 4. 吹扫、冲洗 5. 警示带铺设
031001002	钢管				
031001003	不锈钢管				
031001004	铜管				
031001005	铸铁管	1. 安装部位 2. 介质 3. 材质、规格 4. 连接形式 5. 接口材料 6. 压力试验及吹、洗设计要求 7. 警示带形式	m	按设计图示管道中心线以长度计算	1. 管道安装 2. 管件安装 3. 压力试验 4. 吹扫、冲洗 5. 警示带铺设
031001006	塑料管	1. 安装部位 2. 介质 3. 材质、规格 4. 连接形式 5. 阻火圈设计要求 6. 压力试验及吹、洗设计要求 7. 警示带形式			1. 管道安装 2. 管件安装 3. 塑料卡固定 4. 阻火圈安装 5. 压力试验 6. 吹扫、冲洗 7. 警示带铺设
031001007	复合管	1. 安装部位 2. 介质 3. 材质、规格 4. 连接形式 5. 压力试验及吹、洗设计要求 6. 警示带形式			1. 管道安装 2. 管件安装 3. 塑料卡固定 4. 压力试验 5. 吹扫、冲洗 6. 警示带铺设

续表

项目编码	项目名称	项目特征	计量单位	工程量计算规则	工作内容
031001008	直埋式预制保温管	1. 埋设深度 2. 介质 3. 管道材质、规格 4. 连接形式 5. 接口保温材料 6. 压力试验及吹、洗设计要求 7. 警示带形式	m	按设计图示管道中心线以长度计算	1. 管道安装 2. 管件安装 3. 接口保温 4. 压力试验 5. 吹扫、冲洗 6. 警示带铺设
031001009	承插陶瓷缸瓦管	1. 埋设深度 2. 规格 3. 接口方式及材料 4. 压力试验及吹、洗设计要求 5. 警示带形式	m	按设计图示管道中心线以长度计算	1. 管道安装 2. 管件安装 3. 压力试验 4. 吹扫、冲洗 5. 警示带铺设
031001010	承插水泥				
031001011	室外管道碰头	1. 介质 2. 碰头形式 3. 材质、规格 4. 连接形式 5. 防腐、绝热设计要求	处	按设计图示以处计算	1. 挖填工作坑或暖气沟拆除及修复 2. 碰头 3. 接口处防腐 4. 接口处绝热及保护层

注：1. 安装部位，指管道安装在室内、室外。
　　2. 输送介质包括给水、排水、中水、雨水、热媒体、燃气、空调水等。
　　3. 方形补偿器制作安装应含在管道安装综合单价中。
　　4. 铸铁管安装适用于承插铸铁管、球墨铸铁管、柔性抗震铸铁管等。
　　5. 塑料管安装适用于 UPVC、PVC、PP-C、PP-R、PE、PB 管等塑料管材。
　　6. 复合管安装适用于钢塑复合管、铝塑复合管、钢骨架复合管等复合型管道安装。
　　7. 直埋保温管包括直埋保温管件安装及接口保温。
　　8. 排水管道安装包括立管检查口、透气帽。
　　9. 室外管道碰头：
　　　　(1) 适用于新建或扩建工程热源、水源、气源管道与原(旧)有管道碰头；
　　　　(2) 室外管道碰头包括挖工作坑、土方回填或暖气沟局部拆除及修复；
　　　　(3) 带介质管道碰头包括开关闸、临时放水管线铺设等费用；
　　　　(4) 热源管道碰头每处包括供、回水两个接口；
　　　　(5) 碰头形式指带介质碰头、不带介质碰头。
　　10. 管道工程量计算不扣除阀门、管件(包括减压器、疏水器、水表、伸缩器等组成安装)及附属构筑物所占长度；方形补偿器以其所占长度列入管道安装工程量。
　　11. 压力试验按设计要求描述试验方法，如水压试验、气压试验、泄漏性试验、闭水试验、通球试验、真空试验等。
　　12. 吹、洗按设计要求描述吹扫、冲洗方法，如水冲洗、消毒冲洗、空气吹扫等。

　　直埋式预制保温管道适用于预制式成品保温管道。

　　室外管道碰头是指新建或扩建工程热源、水源、气源管道与原(旧)管道碰头。

6.1.1.1 项目特征

　　项目特征反映了清单项目自身的本质特征，它直接影响实体自身价值，必须描述清楚。

1) 管道安装部位

　　管道安装部位指管道安装在室内、室外。

　　(1) 管道室内外界限的划分

　　① 给水管道：以建筑外墙皮 1.5 m 处为分界点，入口处设有阀门的以阀门为分界点。

　　② 排水管道：以排水管出户后第一个检查井为界，检查井与检查井之间的连接管道为室外排水管道。

　　③ 采暖管道：以建筑外墙皮 1.5 m 处为界，入口处设阀门的以阀门为界。

　　④ 燃气管道：地下引入室内的管道以室内第一个阀门为界，地上引入室内的管道以墙

外三通为界。

（2）与市政工程管道或工业管道的界限划分

① 给水管道：以计量表为界，无计量表的以与市政管道碰头点为界。

② 排水管道：以与市政管道碰头的检查井为界。

③ 采暖管道：与工业管道以锅炉房或泵站外墙皮 1.5 m 处为界；工厂车间采暖管道以采暖系统与工业管道碰头点为界；设在高层建筑内的加压泵间管道与《安装工程计价定额》中的《第十册　给排水、采暖、燃气工程》项目的界限，以两者的碰头点为界。

建筑物内生产与生活共用管道、锅炉和泵类配管、高层建筑加压泵间管道均属"工业管道"，按照《通用安装工程工程量计算规范》附录 H 工业管道工程相关项目编码列项。

2）输送介质

输送介质是指给水、排水、中水、雨水、热媒体、燃气、空调水等。

3）规格、压力等级

规格是指管道直径（公称直径 DN 或管道外径等）及壁厚，压力等级是指管道公称压力 PN。

公称直径：为保证管道、管件、阀门等之间的互换性，而规定的一种用毫米表示的通径，符号为 DN。公称直径来源于过去习惯使用的英制单位的换算，一般 DN 只是近似值，近似于管道的内径。

公称压力：管内介质温度 20℃时，管道或附件所能承受的以耐压强度（MPa）表示的压力，用 PN 表示。同一公称直径（或管道外径）的管道，因为压力等级不同，管材壁厚不同，管道的单价也不一样。

通常镀锌钢管、焊接钢管、铸铁管按公称直径 DN 表示；无缝钢管、碳素钢板卷管、合金钢管、不锈钢管、铝管、铜管、塑料管应以外径表示。用外径表示的应标出管材的壁厚，如 φ108×4 等；混凝土管、钢筋混凝土管以管道内径 d 表示。

4）材质

铸铁管包括承插铸铁管、球墨铸铁管、柔性抗震铸铁管等；塑料管包括 UPVC、PVC、PP-C、PP-R、PE、PB 管等塑料管材；复合管包括钢塑复合管、铝塑复合管、钢骨架复合管等复合型管道。

5）连接方式

连接方式包括螺纹连接、焊接（电弧焊、氧乙炔焊）、承插、卡接、热熔、粘接等。

6）压力试验要求

按设计要求描述试验方法，如水压试验、气压试验、泄漏性试验、闭水试验、通球试验、真空试验等。

7）吹、洗设计要求

按设计要求描述吹扫、冲洗方法，如水冲洗、消毒冲洗、空气吹扫等。

8）碰头形式

碰头形式指带介质碰头、不带介质碰头。

6.1.1.2　工程量计算规则

（1）各种管道：按设计图示管道中心线以长度计算，不扣除阀门、管件（包括减压器、疏水器、水表、伸缩器等组成安装）及各种井类所占的长度；方形补偿器以其所占长度列入管道安装工程量。

（2）室外管道碰头：按设计图示以"处"计算。

需要注意的是：室外埋地管道工程量不扣除检查井所占长度。室外排水管道长度应按上一个井中心至下一个井中心长度计算，但管道中设备的长度应扣除。

在《通用安装工程工程量计算规范》附录 K 中不设管沟土方工程的清单，如涉及管沟土方的开挖、运输和回填，应按《房屋建筑与装饰工程工程量计算规范》附录 A　土石方工程相关项目编码列项，管沟土方工程量清单设置见表 6.3 所示。

表 6.3　A.1 土方工程（编码：010101）

项目编码	项目名称	项目特征	计量单位	工程量计算规则	工程内容
010101007	管沟土方	1. 土壤类别 2. 管外径 3. 挖沟深度 4. 回填要求	1. m 2. m³	1. 按设计图示以管道中心线长度计算 2. 按设计图示管底垫层面积乘以挖土深度计算；无管底垫层，按管外径的水平投影面积乘以挖土深度计算。不扣除各类井的长度，井的土方并入	1. 排地表水 2. 土方开挖 3. 围护（挡土板）、支撑 4. 运输 5. 回填

6.1.2　综合单价确定

1）管道安装预算工程量

各种管道，均以施工图所示管道中心线长度以"m"为计量单位，不扣除阀门、管件、成套器件（包括减压器、疏水器、水表、伸缩器等组成安装）及各种井所占的长度。供暖管道应扣除暖气片所占的长度。计算管道长度时，水平安装的管道长度可按比例由平面图量取，也可按轴线尺寸推算，垂直安装的管道长度通常由系统图上的高程推算。

按介质、管道材质、连接方式、接口材料、公称直径不同，套用《安装工程计价定额》中的《第十册　给排水、采暖、燃气工程》相应定额子目。

管道安装定额包括以下的工作内容：

（1）管道安装、管件连接。

（2）水压试验或灌水试验；燃气管道的气压试验。

（3）铸铁排水管、雨水管及塑料排水管均包括管卡、托吊架、通风帽、雨水斗的制作安装。

（4）室内 DN32 以内钢管包括管卡及托钩制作安装。

（5）钢管包括弯管制作与安装（伸缩器除外），无论是现场煨制或成品弯管均不得换算。

2）直埋式预制保温管道

直埋式预制保温管道按施工图所示管道中心线长度以"延长米"计算，需扣除管件所占长度，按管芯的公称直径大小套用相应的定额。直埋式预制保温管管件安装以"个"为计量单位，按照芯管的公称直径套用相应定额。

直埋式预制保温管安装由管道安装、外套管碳钢哈夫连接、管件安装三部分组成。直埋式预制保温管管件主要指弯头、补偿器、疏水器等。

3）给水管道消毒、冲洗及水压试验

给水管道消毒、冲洗及水压试验均以施工图所示管道中心线长度以"m"为计量单位，不扣除阀门、管件、成套器件及各种井所占的长度。按管道公称直径不同，套用《安装工程计价定额》中的《第十册　给排水、采暖、燃气工程》第一章相应定额子目。

需要注意的是：管道消毒、冲洗定额子目适用于设计和施工及验收规范中有要求的管

道工程,并非所有管道都需消毒、冲洗;正常情况下,管道安装预算定额基价内已包括压力试验或灌水试验的费用,由于非施工方原因需要再次进行管道压力试验时才可执行管道压力试验定额,不要重复计算。

计价时需要注意的问题:

(1) 管道安装工程量应扣除暖气片所占的长度,直埋式预制保温管道需扣除管件所占长度。

(2) 室外、室内塑料给水管(粘接连接、热熔连接)定额已含零件安装费用,但不含接头零件材料费用,接头零件材料费用的确定方式(数量及单价)需在招标文件或合同中明确。

(3) 燃气管道中的承插煤气铸铁管(柔性机械接口)安装定额中未列出接头零件,其本身价值应按设计用量另行计算。

(4) 铜管、不锈钢管焊接套用《安装工程计价定额》中的《第八册 工业管道工程》相应项目。

(5) 铸铁排水管、雨水管、塑料排水管安装,均包含管卡、托吊支架、臭气帽、雨水漏斗的制作安装,但未包括雨水漏斗本身价格,雨水漏斗及雨水管件按设计计量另计主材费。

(6) 管道安装定额基价内已包括压力试验、灌水试验或气压试验的费用,由于非施工方原因需要再次进行管道压力试验时才可执行管道压力试验定额,不要重复计算。

(7) 对直埋式预制保温管道:定额套用时,只按芯管管径大小套用相应的定额,外套管的实际管径无论大小均不做调整;定额编制时,芯管为氩电联焊,外套管为电弧焊,实际施工时,焊接方式不同定额不做调整;管道安装定额的工作内容中不含芯管的水压试验、芯管连接部位的焊缝探伤、防腐及保温材料的填充,发生时,套用《安装工程计价定额》中的《第八册 工业管道工程》及《第十一册 刷油、防腐蚀、绝热工程》的相应定额;外套管碳钢哈夫连接定额的工作内容中不含焊缝探伤、焊缝防腐,发生时,套用《安装工程计价定额》中的《第八册 工业管道工程》及《第十一册 刷油、防腐蚀、绝热工程》的相应定额;管件安装中若涉及焊缝探伤、保温材料的填充、焊缝防腐等工作内容,另套《安装工程计价定额》中的《第八册 工业管道工程》及《第十一册 刷油、防腐蚀、绝热工程》的相应定额。

(8) 室外管道碰头,套用《江苏省市政工程计价定额》相应子目。

(9) 定额已综合考虑了配合土建施工的留洞留槽的材料和人工,列在其他材料费内。

【例 6.1】 某 12 层住宅楼给排水管道安装工程,确定表 6.4 中分部分项工程项目清单的综合单价。

表 6.4 分部分项工程和单价措施项目清单与计价表

工程名称: 标段: 第___ 共___ 页

序号	项目编码	项目名称	项目特征描述	计量单位	工程数量	金额(元)		
						综合单价	合价	其中:暂估价
1	031001001001	镀锌钢管	1. 安装部位:室内 2. 介质:给水 3. 规格:DN25 4. 连接形式:螺纹连接 5. 压力试验及吹、洗设计要求:水压试验、消毒冲洗	m	120			
2	031001006001	塑料管	1. 安装部位:室内 2. 介质:排水 3. 材质、规格:UPVCΦ110 4. 连接形式:粘接 5. 压力试验及吹、洗设计要求:灌水试验	m	100			

【解】 12层住宅楼,根据《江苏省建设工程费用定额》的规定,该安装工程的类别为二类,管理费率为44%,利润率为14%。计算过程见表6.5和表6.6所示。

表6.5 分部分项工程项目清单综合单价计算表

工程名称:××给排水工程 　　　　　　　　　　　　　　　　　　　计量单位:m
项目编码:031001001001 　　　　　　　　　　　　　　　　　　　工程数量:120
项目名称:镀锌钢管 　　　　　　　　　　　　　　　　　　　　　　综合单价:42.91 元

序号	定额编号	工程内容	单位	数量	综合单价组成					小计
					人工费	材料费	机械费	管理费	利润	
1	10-161	DN25 镀锌钢管(螺纹)	10 m	12	2 042.40	475.20	9.96	898.66	285.94	3 712.16
2		材料:DN25 镀锌钢管	m	122.40		1 340.28				1 340.28
3	10-371	消毒、冲洗	100 m	1.20	43.51	27.79		19.15	6.09	96.54
		合计			2 085.91	1 843.27	9.96	917.81	292.03	5 148.98

为便于对照计价定额数据,本书例题的人工按计价定额数据执行,不做调整,材料、机械费按计价定额除税价格执行,特此说明。

表中:DN25 镀锌钢管消耗量=12×10.20=122.40(m)

DN25 镀锌钢管的综合单价为 $\dfrac{5\ 148.98}{120}=42.91(元/m)$

表6.6 分部分项工程项目清单综合单价计算表

工程名称:××给排水工程 　　　　　　　　　　　　　　　　　　　计量单位:m
项目编码:031001006001 　　　　　　　　　　　　　　　　　　　工程数量:100
项目名称:塑料管 　　　　　　　　　　　　　　　　　　　　　　　综合单价:55.77 元

序号	定额编号	工程内容	单位	数量	综合单价组成					小计
					人工费	材料费	机械费	管理费	利润	
1	10-311	PVCϕ110 塑料管	10 m	10.00	1 628.00	346.70	11.10	716.32	227.92	2 930.04
2		材料:塑料管	m	85.20		1 469.70				1 469.70
3		材料:塑料管件	个	113.80		1 177.24				1 177.24
		合计			1 628.00	2 993.64	11.10	716.32	227.92	5 576.98

表中:PVCϕ110 管消耗量=10×0.852=85.20(m)

PVCϕ110 管件消耗量=10×11.38=113.8(个)

塑料排水管管件为未计价材料

UPVCϕ110 管的综合单价为 $\dfrac{5\ 576.98}{100}=55.77(元/m)$

建筑给排水工程的管沟埋深较浅,埋深1.5 m以内时,不放坡而可以采用矩形断面。

管沟挖、填土方预算工程量:

$$V = B \times h \times L$$

式中:h —— 沟深,m;

B —— 沟底宽,m;

L —— 沟长,m。

管沟底宽、挖深和沟长按设计文件要求取值;管沟底宽设计文件无规定时可参照表 6.7 取定。

表 6.7　管沟底宽取值表

管径 DN(mm)	铸铁管、钢管(m)	混凝土、钢筋混凝土管(m)	附注
50～75	0.60	0.80	① 本表按埋深 1.5 m 内考虑;
100～200	0.70	0.90	② 计算土方时可不考虑放坡
250～350	0.80	1.00	
400～450	1.00	1.30	

组价时套用《江苏省建筑工程计价定额》相应子目。

6.2　支架及其他

6.2.1　工程量清单项目

支架及其他工程量清单项目设置、项目特征、计量单位及工程量计算规则,应按照《通用安装工程工程量计算规范》附录 K.2 的规定执行,见表 6.8 所示。

表 6.8　K.2 支架及其他(编码:031002)

项目编码	项目名称	项目特征	计量单位	工程量计算规则	工作内容
031002001	管道支架	1. 材质 2. 管架形式	1. kg 2. 套	1. 以千克计量,按设计图示质量计算 2. 以套计量,按设计图示数量计算	1. 制作 2. 安装
031002002	设备支架	1. 材质 2. 形式			1. 制作 2. 安装
031002003	套管	1. 名称、类型 2. 材质 3. 规格 4. 填料材质	个	按设计图示数量计算	1. 制作 2. 安装 3. 除锈、刷油

注:1. 单件支架质量 100 kg 以上的管道支吊架执行设备支吊架制作安装。
　　2. 成品支架安装执行相应管道支架或设备支架项目,不再计取制作费,支架本身价值含在综合单价中。
　　3. 套管制作安装,适用于穿基础、墙、楼板等部位的防水套管、填料套管、无填料套管及防火套管等,应分别列项。

管道支架的结构形式,按不同设计要求分很多种,根据支架对管道的制约不同,可分为滑动支架和固定支架。滑动支架既直接承受管道重量,又允许管道热胀冷缩时在其上面沿轴线方向伸缩滑动;固定支架就是管道在它上面不能有任何方向位移的支架,固定支架一般不仅能够承受管道的重量,而且还可以承受管道热伸长时施加给它的推力。根据支架的结构形式可分为托架和吊架。

常用套管形式包括一般穿墙(楼板)套管、刚性防水套管、柔性防水套管等。套管的规格根据套管内穿过的介质管道直径确定,通常比套管内穿过的介质管道直径大 1～2 号规格。套管内填料常用的有油麻、石棉绒等。管道支架适用于单件支架质量 100 kg 以内的管道支吊架,单件支架质量 100 kg 以上的管道支吊架执行设备支吊架制作安装项目。

管道、设备支架按设计图示质量,以“千克”为计量单位计算。若以《安装工程计价定额》中的《第十册　给排水、采暖、燃气工程》作为支架制作安装计价依据,计算工程量时需注意以下两点:

（1）室内 DN32 以内钢管安装定额已包括管卡及托钩制作安装，其支架不得另行计算。公称直径 32 mm 以上的可另行计算。

（2）铸铁排水管、雨水管及塑料排水管安装定额均已包括管卡及托钩制作安装，其支架不得另行计算。

套管按设计图示数量，以"个"为计量单位计算。本章"套管"项目适用于一般工业及民用建筑中的套管制作安装；工业管道、构筑物等所用的套管，应执行《通用安装工程工程量计算规范》附录 H.17 的相应项目。

6.2.2 综合单价确定

（1）管道支架制作安装，按支架图示几何尺寸以"kg"为计量单位计算，不扣除切肢开孔重量，不包括电焊条和螺栓、螺母、垫片的重量。若使用标准图集，可按图集所列支架钢材明细表计算。套用《安装工程计价定额》第十册第二章的相应子目。

管道支吊架的间距应按设计文件的规定确定，设计文件无规定时，支架间距应符合《建筑给水排水及采暖工程施工质量验收规范》规定要求，管道支架的最大间距见表 6.9 和表 6.10 所示。

表 6.9　钢管管道支架的最大间距

公称直径(mm)		15	20	25	32	40	50	70	80	100	125	150	200	250	300
间距 (m)	保温	2	2.5	2.5	2.5	3	3	4	4	4.5	6	7	7	8	8.5
	不保温	2.5	3.0	3.5	4	4.5	5	6	6	6.5	7	8	9.5	11	12

表 6.10　塑料管及复合管管道支架的最大间距

直径(mm)			12	14	16	18	20	25	32	40	50	63	75	90	110
间距 (m)	立管		0.5	0.6	0.7	0.8	0.9	1.0	1.1	1.3	1.6	1.8	2.0	2.2	2.4
	水平管	冷水管	0.4	0.4	0.5	0.5	0.6	0.7	0.8	0.9	1.0	1.1	1.2	1.35	1.55
		热水管	0.2	0.2	0.25	0.3	0.3	0.35	0.4	0.5	0.6	0.7	0.8	—	—

（2）套管制作安装按照设计图示及施工验收相关规范，以"个"为计量单位。在套用定额时，套管的规格应按实际套管的直径选用（一般应比被保护的介质管道大两号）。若为工业管道、构筑物等所用的套管，执行《第八册　工业管道工程》的相应定额子目。

【例 6.2】　某综合楼给排水管道工程，有固定支架 10 个，采用∟ 50×5 角钢制作。每个支架角钢用料 1.00 m，并有一个螺卡包箍 ϕ8 圆钢长 0.50 m，配六角螺母 2 个，编制支架制作安装工程量清单，并确定其综合单价。工程类别三类。

【解】　∟ 50×5 角钢总长：　　　10×1.00＝10.00（m）
　　　　查得其理论重量为 3.77 kg/m，则
　　　　角钢总重为　　　10.00×3.77＝37.70（kg）
　　　　ϕ8 圆钢总长：　　　0.50×10＝5.00（m）
　　　　查得其理论重量为 0.395 kg/m，则
　　　　圆钢总重为　　　5.00×0.395＝1.98（kg）
　　　　包箍螺母　　　共 2×10＝20（颗）
　　　　查得其理论重量每 1 000 颗重 5.674 kg，则

包箍螺母总重 $\qquad 20 \times \dfrac{5.674}{1\ 000} = 0.11(\text{kg})$

支架总重为： $\qquad 37.70 + 1.98 + 0.11 = 39.79(\text{kg})$

工程量清单见表 6.11 所示,综合单价 13.28 元/kg,计算见表 6.12 所示。

表 6.11 分部分项工程和单价措施项目清单与计价表

工程名称:××给排水工程　　　　　　　　　标段:　　　　　　　　　　　　　第＿＿＿页 共＿＿＿页

序号	项目编码	项目名称	项目特征描述	计量单位	工程数量	金额(元)		
						综合单价	合价	其中:暂估价
1	031002001001	管道支架	1. 材质:∟50×5 角钢 2. 管架形式:固定支架	kg	39.79			

表 6.12 分部分项工程项目清单综合单价计算表

工程名称:××给排水工程　　　　　　　　　　　　　　　　　　　　　计量单位:kg
项目编码:031002001001　　　　　　　　　　　　　　　　　　　　　工程数量:39.79
项目名称:管道支架　　　　　　　　　　　　　　　　　　　　　　　　综合单价:13.28 元

序号	定额编号	工程内容	单位	数量	综合单价组成					小计
					人工费	材料费	机械费	管理费	利润	
1	10-382	支架制作	100 kg	0.40	70.39	25.09	69.90	28.16	9.85	203.39
2		材料:角钢	kg	42.19		145.48				145.48
3	10-383	支架安装	100 kg	0.40	97.19	8.90	20.84	38.88	13.61	179.42
		合计			167.58	179.47	90.74	67.04	23.46	528.29

6.3　管道附件

6.3.1　工程量清单项目

管道附件工程量清单项目设置、项目特征、计量单位及工程量计算规则,应按照《通用安装工程工程量计算规范》附录 K.3 的规定执行,见表 6.13 所示。

表 6.13 K.3 管道附件(编码:031003)

项目编码	项目名称	项目特征	计量单位	工程量计算规则	工作内容
031003001	螺纹阀门	1. 类型 2. 材质 3. 规格、压力等级 4. 连接形式 5. 焊接方法	个	按设计图示数量计算	1. 安装 2. 电气接线 3. 调试
031003002	螺纹法兰阀门				
031003003	焊接法兰阀门				
031003004	带短管甲乙阀门	1. 材质 2. 规格、压力等级 3. 连接形式 4. 接口方式及材质			
031003005	塑料阀门	1. 规格 2. 连接形式			1. 安装 2. 调试
031003006	减压器	1. 材质 2. 规格、压力等级 3. 连接形式 4. 附件配置	组		组装
031003007	疏水器				

续表

项目编码	项目名称	项目特征	计量单位	工程量计算规则	工作内容
031003008	除污器（过滤器）	1. 材质 2. 规格、压力等级 3. 连接形式	组	按设计图示数量计算	安装
031003009	补偿器	1. 类型 2. 材质 3. 规格、压力等级 4. 连接形式	个		
031003010	软接头（软管）	1. 材质 2. 规格 3. 连接形式	个 （组）		
031003011	法兰	1. 材质 2. 规格、压力等级 3. 连接形式	副 （片）		
031003012	倒流防止器	1. 材质 2. 型号、规格 3. 连接形式	套		
031003013	水表	1. 安装部位（室内外） 2. 型号、规格 3. 连接形式 4. 附件配置	组 （个）		组装
031003014	热量表	1. 类型 2. 型号、规格 3. 连接形式	块		
031003015	塑料排水管消声器	1. 规格 2. 连接形式	个		安装
031003016	浮标液面计		组		
031003017	浮漂水位标尺	1. 用途 2. 规格	套		

注：1. 法兰阀门安装包括法兰连接，不得另计。阀门安装如仅为一侧法兰连接时，应在项目特征中描述。
　　2. 塑料阀门连接形式需注明热熔连接、粘接、热风焊接等方式。
　　3. 减压器规格按高压侧管道规格描述。
　　4. 减压器、疏水器、倒流防止器等项目包括组成与安装工作内容，项目特征应根据设计要求描述附件配置情况，或根据××图集或××施工图做法描述。

　　给排水管道常用的阀门种类繁多，阀门类型、型号、规格、连接方式等通常用字符表示，表示方式如下：

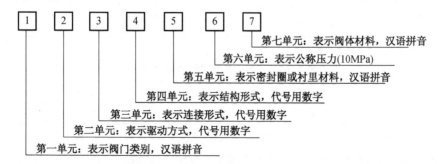

第七单元：表示阀体材料，汉语拼音
第六单元：表示公称压力(10MPa)
第五单元：表示密封圈或衬里材料，汉语拼音
第四单元：表示结构形式，代号用数字
第三单元：表示连接形式，代号用数字
第二单元：表示驱动方式，代号用数字
第一单元：表示阀门类别，汉语拼音

阀门代号见表 6.14 所示。

表 6.14.1 第一单元"阀门类别"代号

类别	闸阀	截止阀	节流阀	隔膜阀	球阀	旋塞	止回阀	蝶阀	疏水阀	安全阀	减压阀
代号	Z	J	L	G	Q	X	H	D	S	A	Y

表 6.14.2 第二单元"驱动方式"代号

方式	电磁动	电磁-液动	电-液动	涡轮	正齿轮	伞齿轮	气动	液动	气-液动	电动
代号	0	1	2	3	4	5	6	7	8	9

注:对于直接驱动的阀门或自动阀门则省略本代号。

表 6.14.3 第三单元"连接形式"代号

连接形式	内螺纹	外螺纹	法兰	法兰	法兰	焊接	对夹	卡箍	卡套
代号	1	2	3	4	5	6	7	8	9

注:① 法兰连接代号 3 仅用于双弹簧安全阀;② 法兰连接代号 5 仅用于杠杆式安全阀。

表 6.14.4 第四单元"结构形式"代号

	1	2	3	4	5	6	7	8	0
闸阀	明杆楔式单闸板	明杆楔式双闸板	明杆平行式单闸板	明杆平行式双闸板	暗杆楔式单闸板	暗杆楔式双闸板	暗杆平行式单闸板	暗杆平行式双闸板	
截止阀节流阀	直通式			角式	直流式	平衡直通式	平衡角式		
蝶阀	垂直板式		斜板式						杠杆式
隔膜阀	直通式		截止式				闸板式		
旋塞阀	直通式	调节式	填料直通式	填料三通式	填料四通式		油封式	油封三通式	
止回阀	升降直通式	升降立式		旋启单瓣式	旋启多瓣式	旋启双瓣式			
弹簧安全阀	封闭、微启式	封闭、全启式	封闭带扳手微启式	封闭带扳手全启式			带扳手微启式	带扳手全启式	
杠杆式安全阀	单杠杆微启式	单杠杆全启式	双杠杆微启式	双杠杆全启式					
减压阀	外弹簧薄膜式	内弹簧薄膜式	活塞式	波纹管式	杠杆弹簧式	气垫薄膜式			

表 6.14.5 第五单元"密封圈或衬里材料"代号

材料	铜	橡胶	合金钢	渗碳钢	巴氏合金	硬质合金	铝合金	衬铅	搪瓷	尼龙	衬胶	氟塑料	渗硼钢	阀体直接加工
代号	T	X	H	D	B	Y	L	Q	C	N	J	F	P	W

表 6.14.6 第七单元"阀体材料"代号

材料	灰铸铁	可锻铸铁	球墨铸铁	铜合金	碳钢	铬钼合金钢	铬镍钛钢	铝合金	铅合金
代号	Z	K	Q	T	C	I	P	L	B

例如:阀门代号为 J41T-16K,其含义为:截止阀、手轮直接驱动(省略)、法兰连接、直通式、密封圈为铜质,公称压力为 1.6MPa、阀体材料为可锻铸铁。

法兰阀门安装包括法兰连接,法兰不得另计。阀门安装如仅为一侧法兰连接时,应在项目特征中描述。

减压器、疏水器、水表组成安装以"组"为计量单位,其项目包括组成与安装工作内容,项目特征应根据设计文件要求描述附件配置情况或根据××图集或××施工图做法描述。附件配置情况包括组成该节点的旁通管、阀门和止回阀的规格及数量,阀门、止回阀和法兰不得另列清单计算。若单独安装法兰水表,则以"个"为计量单位。

减压器规格按高压侧的直径确定。

管道附件工程量计算规则:按设计图示数量以"组""个""副"等为计量单位计算。

6.3.2　综合单价确定

1) 阀门

阀门安装工程量,均以"个"为计量单位,按连接方式(螺纹、法兰)、公称直径和类别不同套用《安装工程计价定额》第十册相应定额。未计价材料:阀门。

《安装工程计价定额》第十册中凡用法兰连接的阀门、暖、卫、燃气器具均已包括法兰、螺栓的安装,且法兰、螺栓为已计价材料,如图 6.1 所示,法兰安装不再单独编制工程量清单及计价。

图 6.1　法兰阀门安装组成

法兰阀门安装,如仅为一侧法兰连接时,定额中所列法兰、带帽螺栓及垫圈数量减半,其余不变。

自动排气阀安装均以"个"为计量单位,已包括了支架制作安装,不得另行计算。

浮球阀安装均以"个"为计量单位,已包括联杆及浮球的安装,不得另行计算。遥控浮球阀安装已包含了电气检查接线、电器单体测试、电气调试等工作内容。

安全阀安装,按阀门安装相应定额项目乘以系数 2.0 计算。

塑料阀门套用《第八册　工业管道安装》相应定额。

2) 法兰

法兰安装分铸铁螺纹法兰和钢制焊接法兰,工程量按图示以"副"为计量单位计算。计价定额中已包括了垫片制作的人工和材料,垫片的材料是按石棉板考虑的,若采用其他材料,不作调整。铸铁法兰(螺纹连接)定额已包括了带帽螺栓的安装人工,螺栓材料费另计。碳钢法兰(焊接)定额基价中已包括螺栓、螺帽的材料费,不得另行计算。

各种法兰连接用垫片均按石棉橡胶板计算。若用其他材料,不做调整。

3) 水表

水表组成安装,以"组"为计量单位,按不同连接方式(螺纹、焊接)、公称直径,套用《安装工程计价定额》第十册相应定额。未计价材料:水表。

《安装工程计价定额》第十册中水表节点组成安装是按原《给水排水标准图集》S145 编制的,水表节点组成如图 6.2、图 6.3 所示。螺纹水表组成安装定额基价中已包括 1 个阀门的安装及材料费用,因此,在计价时,阀门不再另列清单及计价;法兰水表组成安装包含旁通管、法兰、闸阀及止回阀等的安装人工费,法兰、闸阀及止回阀不得另列清单及计价。

若单独安装法兰水表,则以"个"为计量单位,套用"低压法兰式水表安装"定额,其中法兰、带帽螺栓均为已计价材料,但不包括阀门安装。

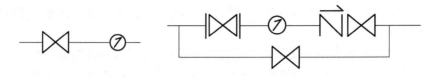

图 6.2　螺纹水表组成　　　　　图 6.3　法兰水表组成

住宅嵌墙水表箱按水表箱半周长尺寸,以"个"为计量单位。

4) 减压器、疏水器

减压器、疏水器组成安装,以"组"为计量单位,按不同连接方式(螺纹、焊接)、公称直径,套用《安装工程计价定额》中第十册相应定额。其中减压器安装规格按高压侧的直径计算。

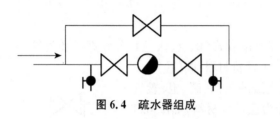

图 6.4　疏水器组成

《安装工程计价定额》第十册中减压器组成安装、疏水器组成安装是按原《采暖通风国家标准图集》N108 编制的,疏水器组成如图 6.4 所示。减压器、疏水器组成安装基价中已包括法兰、阀门、压力表及旁通管的安装人工及材料费用,在计价时,法兰、阀门不再单独编制清单及计价;若设计组成与定额不同时,阀门和压力表数量可按设计用量进行调整,其余不变。

若减压器、疏水器单体安装,可执行相应规格阀门安装子目。

5) 伸缩器

各种伸缩器制作安装,均以"个"为计量单位,方形伸缩器的两臂按臂长的 2 倍合并在管道长度内计算。

6) 倒流防止器

倒流防止器以"套"为计量单位,根据安装方式套用相应同规格的阀门定额,人工乘以系数 1.3。

7) 其他

(1) 热量表根据安装方式套用相应规格的水表定额,人工乘以系数 1.3。

(2) 浮标液面计、水位标尺是按国标编制的,若设计与国标不符,可做调整。

(3) 塑料排水管消声器,其安装费已包含在相应的管道和管件安装定额中,相应的管道按延长米计算。

【**例 6.3**】　某住宅楼给排水工程,由设计图示确定的 DN25 Z15W-10T 阀门 28 个,编制工程量清单,并确定其综合单价。

【**解**】　工程量清单见表 6.15 所示,综合单价 59.69 元/个,计算见表 6.16 所示。

表 6.15　分部分项工程和单价措施项目清单与计价表

工程名称:××给排水工程　　　　　　　　　　标段:　　　　　　　　第＿＿页　共＿＿页

序号	项目编码	项目名称	项目特征描述	计量单位	工程数量	金额(元)		
						综合单价	合价	其中:暂估价
1	031003001001	螺纹阀门	1. 类型:Z15W-10T 闸阀 2. 材质:铜 3. 规格、压力等级:DN25、1.0MPa 4. 连接形式:螺纹	个	28			

表 6.16　分部分项工程项目清单综合单价计算表

工程名称：××给排水工程　　　　　　　　　　　　　　　　计量单位：个

项目编码：031003001001　　　　　　　　　　　　　　　　工程数量：28

项目名称：螺纹阀门　　　　　　　　　　　　　　　　综合单价：　59.69 元

序号	定额编号	工程内容	单位	数量	综合单价组成					小计
					人工费	材料费	机械费	管理费	利润	
1	10-420	螺纹阀门	个	28.00	227.92	223.16		91.17	31.91	574.16
2		材料阀门	个	28.28		1 097.07				1 097.07
		合计			227.92	1 320.23		91.17	31.91	1 671.23

6.4　卫生器具

6.4.1　工程量清单项目

卫生器具工程量清单项目设置、项目特征描述的内容、计量单位及工程量计算规则，应按照《通用安装工程工程量计算规范》附录 K.4 的规定执行，见表 6.17 所示。

表 6.17　K.4 卫生器具(编码:031004)

项目编码	项目名称	项目特征	计量单位	工程量计算规则	工作内容
031004001	浴缸	1. 材质 2. 规格、类型 3. 组装形式 4. 附件名称、数量	组	按设计图示数量计算	1. 器具安装 2. 附件安装
031004002	净身盆				
031004003	洗脸盆				
031004004	洗涤盆				
031004005	化验盆				
031004006	大便器				
031004007	小便器				
031004008	其他成品卫生器具				
031004009	烘手器	1. 材质 2. 型号、规格	个		安装
031004010	淋浴器	1. 材质、规格 2. 组装形式 3. 附件名称、数量			1. 器具安装 2. 附件安装
031004011	淋浴间				
031004012	桑拿浴房				
031004013	大、小便槽自动冲洗水箱	1. 材质、类型 2. 规格 3. 水箱配件 4. 支架形式及做法 5. 器具及支架除锈、刷油设计要求	套		1. 制作 2. 安装 3. 支架制作、安装 4. 除锈、刷油
031004014	给、排水附(配)件	1. 材质 2. 型号、规格 3. 安装方式	个(组)		安装

项目编码	项目名称	项目特征	计量单位	工程量计算规则	工作内容
031004015	小便槽冲洗管	1. 材质 2. 规格	m	按设计图示长度计算	1. 制作 2. 安装
031004016	蒸汽-水加热器	1. 类型 2. 型号、规格 3. 安装方式	套	按设计图示数量计算	安装
031004017	冷热水混合器				
031004018	饮水器				
031004019	隔油器	1. 类型 2. 型号、规格 3. 安装部位			

注:1. 成品卫生器具项目中的附件安装,主要指给水附件包括水嘴、阀门、喷头等,排水配件包括存水弯、排水栓、下水口等以及配备的连接管。
2. 浴缸支座和浴缸周边的砌砖、瓷砖粘贴,应按现行国家标准《房屋建筑与装饰工程工程量计算规范》(GB 50854)相关项目编码列项;功能性浴缸不含电机接线和调试,应按本规范附录D电气设备安装工程相关项目编码列项。
3. 洗脸盆适用于洗涤盆、洗发盆、洗手盆安装。
4. 器具安装中若采用混凝土或砖基础,应按现行国家标准《房屋建筑与装饰工程工程量计算规范》(GB 50854)相关项目编码列项。
5. 给、排水附(配)件是指独立安装的水嘴、地漏、地面扫除口等。

编制清单应注意以下几方面:

(1) 成品卫生器具项目中的附件安装,包括给水附件和排水附件安装。给水附件包括水嘴、阀门、喷头等,排水配件包括存水弯、排水栓、下水口等以及配备的连接管。

(2) 成品卫生器具安装工程应按材质、型号规格、组装形式、附件名称数量等不同特征编制清单。即使同一名称的卫生器具,因为规格、型号不同,也要分别编制工程量清单,以便投标人报价。具体来说:

① 对浴盆要说明:浴盆的材质(搪瓷、铸铁、玻璃钢、塑料)、规格(1400、1650、1800)、组装形式(冷水、冷热水、冷热水带喷头)等。

② 对洗脸盆要说明:洗脸盆的型号(立式、台式、普通)、规格、组装形式(冷水、冷热水)、开关种类(肘式、脚踏式)等。

③ 对淋浴器要说明:淋浴器的材质、组装形式(钢管组成、铜管成品)。

④ 对淋浴间、桑拿浴房要说明材质、规格类型、组装方式等。

⑤ 对大便器要说明:大便器规格类型(蹲式、坐式、低水箱、高水箱)、组装形式(虹吸低水箱冲洗、普通冲洗阀冲洗、手压阀冲洗、脚踏冲洗、自闭式冲洗)等。

⑥ 对小便器要说明:小便器规格、类型(挂斗式、立式)、组装形式(普通、自动)等。

(3) 洗脸盆适用于洗涤盆、洗发盆、洗手盆安装。

(4) 给、排水附(配)件是指独立安装的水嘴、地漏、地面扫除口等。

(5) 浴缸支座和浴缸周边的砌砖、瓷砖粘贴,应按现行国家标准《房屋建筑与装饰工程工程量计算规范》(GB 50854)相关项目编码列项;功能性浴缸不含电机接线和调试,应按《通用安装工程工程量计算规范》附录D电气设备安装工程相关项目编码列项。

(6) 小便槽冲洗管制作安装不包括冲洗管控制阀门的安装,控制阀门要单独编码列项。

(7) 蒸汽-水加热器的安装工程内容中不包括阀门、疏水器的安装,因此,阀门、疏水器的安装要单独编码列项。

（8）容积式热交换器的安装工程内容不包括安全阀的安装,安全阀的安装要单独编码列项。

（9）饮水器安装仅指本体安装,阀门和脚踏开关的安装另外编码列项。

（10）卫生器具的安装均包括了卫生器具与给水、排水管道连接的相关费用,在编制卫生器具安装清单和给排水管道安装清单时,要正确划分给排水管道与卫生器具配管的分界点。

（11）器具安装中若采用混凝土或砖基础,应按现行国家标准《房屋建筑与装饰工程工程量计算规范》(GB 50854)相关项目编码列项。

卫生器具工程量计算规则:按设计图示数量以"组""个""套"等为计量单位计算。

6.4.2　综合单价确定

（1）卫生器具组成安装以"组"为计量单位,已按标准图综合了卫生器具与给水管、排水管连接的人工与材料用量,不得另行计算。

（2）浴盆安装适用于各种型号的浴盆,浴盆安装不包括支座和四周侧面的砌砖及瓷砖粘贴。按摩浴盆安装包含了相应的水嘴安装。

（3）淋浴房组成、安装以"套"为计量单位,包含了相应的水嘴安装。

（4）台式洗脸盆安装,不包括台面安装,发生时套用相应的定额。已含支撑台面所需的金属支架制作安装,若设计用量超过定额含量的可另行增加金属支架的制作安装。

（5）洗脸盆肘式开关安装,不分单双把,均执行同一项目。

（6）脚踏开关安装,已包括了弯管与喷头的安装,不得另行计算。

（7）不锈钢洗槽为单槽,若为双槽,按单槽定额的人工乘以系数 1.20 计算。本子目也适用于瓷洗槽。

（8）蹲式大便器安装,已包括了固定大便器的垫砖,但不包括大便器蹲台砌筑;带感应器的大便器安装,已包含了电气检查接线、电气测试等工作内容。

（9）大便槽、小便槽自动冲洗水箱安装以"套"为计量单位,已包括了水箱托架的制作安装,不得另行计算。

（10）小便槽冲洗管制作与安装以"m"为计量单位,但不包括阀门安装,其工程量可按相应定额另行计算。

（11）小便器带感应器定额适用于挂式、立式等各种安装形式。带感应器的小便器安装,已包含了电气检查接线、电气测试等工作内容。

（12）淋浴器安装,以"组"计量。淋浴器铜制品安装适用于各种成品淋浴器安装。

（13）水龙头安装按不同公称直径,以"个"计算。冷热水带喷头淋浴水龙头适用于仅单独安装淋浴龙头;感应龙头不分规格,均套用感应龙头安装定额。感应龙头安装已包含了电气检查接线、电气测试等工作内容。

（14）地漏、清扫口安装工程量,按不同公称直径,以"个"计算。

（15）冷热水混合器安装以"套"为计量单位,不包括支架制作安装及阀门安装,其工程量可按相应定额另行计算。

（16）蒸汽-水加热器安装以"台"为计量单位,包括莲蓬头安装,不包括支架制作安装及阀门、疏水器安装,其工程量可按相应定额另行计算。

（17）容积式水加热器安装以"台"为计量单位，不包括安全阀门安装、保温与基础砌筑，可按相应定额另行计算。

（18）烘手器安装套用《安装工程计价定额》中的《第四册　电气设备安装工程》相应定额。

要准确计算给排水管道工程量，必须分清给排水管道与卫生器具配管的分界点。

浴盆安装范围分界点：给水（冷、热）水平管与支管交接处及排水管存水弯处，如图 6.5 中点画线所示范围。图中水平管安装高度 750 mm，若水平管设计标高超过 750 mm，冷热水水嘴需增加引下管，则该引下管计入到管道安装中。

浴盆未计价材料包括：浴盆、冷热水嘴或冷热水嘴带喷头、排水配件、喷头卡架和喷头挂钩等。

妇女净身盆安装范围分界点：给水（冷、热）水平管与支管交接处及排水管在存水弯处，见图 6.6 中点画线。水平管安装高度 250 mm，若超高而产生引下管，处理同浴盆。

未计价材料包括：净身盆、水嘴、冲洗喷头铜活件、排水配件等。

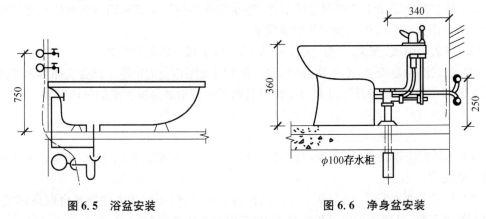

图 6.5　浴盆安装　　　　　　　　　　图 6.6　净身盆安装

洗脸盆安装范围分界点：如图 6.7 所示，划分方法同浴盆。未计价材料包括：洗脸盆、水嘴、角阀及排水配件。

洗涤盆安装范围分界点：如图 6.8 所示，划分方法同洗脸盆。未计价材料包括：洗涤盆、水嘴及排水配件。

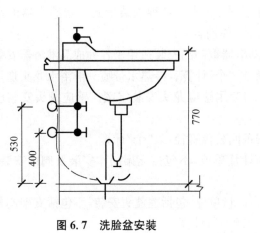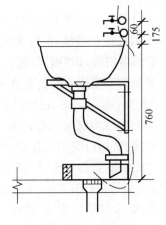

图 6.7　洗脸盆安装　　　　　　　　　图 6.8　洗涤盆安装

蹲式普通冲洗阀大便器安装,如图6.9所示安装范围。给水以水平管与支管交接处,排水管以存水弯交接处为安装范围划分点。未计价材料:大便器、冲洗阀。

手押阀冲洗和延时自闭式冲洗阀蹲式大便器安装,安装范围划分点同普通冲洗阀蹲式大便器。未计价材料包括:大便器、DN25手押阀或DN25延时自闭式冲洗阀。

高水箱蹲式大便器安装:安装范围划分如图6.10所示。未计价材料:水箱及冲洗配件、大便器、角阀。

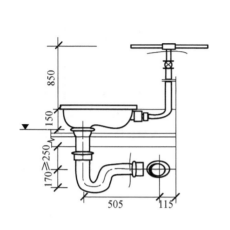

图6.9 蹲式大便器安装

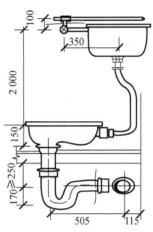

图6.10 高水箱蹲式大便器

坐式低水箱大便器安装,安装范围划分如图6.11所示。未计价材料包括:坐式大便器、瓷质低水箱(或高水箱)、角阀、金属软管、冲洗配件。

普通挂式小便安装范围划分点:水平管与支管交接处,如图6.12所示。未计价材料:小便斗、角阀、金属软管。

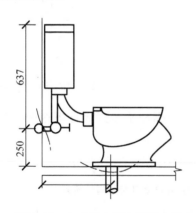

图6.11 坐式低水箱大便器安装

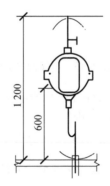

图6.12 挂式小便器安装

挂斗式自动冲洗水箱安装范围仍是水平管与支管交接处,如图6.13所示,未计价材料包括:小便斗、瓷质高水箱、全套控制配件、角阀、金属软管。

立式及自动冲洗小便器安装,如图6.14所示。未计价材包括:小便器、全套自动控制配件、角阀、金属软管、排水栓。

小便槽冲洗管制作安装,不包括控制阀门,如图6.15所示。

淋浴器安装,如图6.16所示,安装范围划分点为支管与水平管交接处。钢管组成淋浴器的未计价材料:莲蓬头,两个调节阀为已计价材料;铜管制品冷热水淋浴器未计价材料包括:全套成品淋浴器。

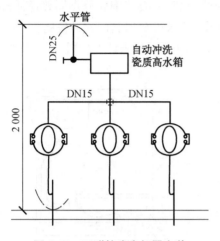

图 6.13　三联挂式小便器安装

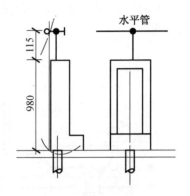

图 6.14　立式小便器安装

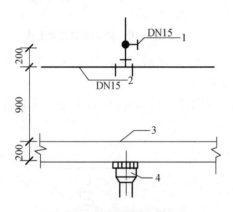

图 6.15　小便槽冲洗管安装

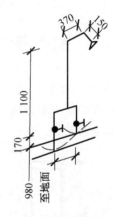

图 6.16　淋浴器安装

【例 6.4】　某综合楼给排水工程,自闭式冲洗阀冲洗蹲式大便器 8 个,编制工程量清单,并确定其综合单价。

【解】　工程量清单及其综合单价确定见表 6.18 和表 6.19 所示。

表 6.18　分部分项工程和单价措施项目清单与计价表

工程名称:××给排水工程　　　　　　　　　　标段:　　　　　　　　　　第___页　共___页

序号	项目编码	项目名称	项目特征描述	计量单位	工程数量	金额(元)		
						综合单价	合价	其中:暂估价
1	031004006001	大便器	1.材质:陶瓷 2.规格、类型:蹲便器 3.组装形式:DN25 延时自闭式冲洗阀	组	8			

表 6.19 分部分项工程项目清单综合单价计算表

工程名称:××给排水工程
项目编码:031004006001
项目名称:大便器

计量单位:个
工程数量:8
综合单价: 458.87 元

序号	定额编号	工程内容	单位	数量	综合单价组成					小计
					人工费	材料费	机械费	管理费	利润	
1	10-700	蹲式大便器	10 套	0.80	362.90	256.27		145.16	50.80	815.13
2		材料:陶瓷蹲便器	套	8.08		2 020.00				2 020.00
		材料:自闭式冲洗阀	套	8.08		835.86				835.86
		合计			362.90	3 112.13		145.16	50.80	3 670.99

6.5 供暖器具

6.5.1 工程量清单项目

供暖器具工程量清单项目设置、项目特征描述的内容、计量单位及工程量计算规则,应按照《通用安装工程工程量计算规范》中的附录 K.5 的规定执行,见表 6.20 所示。

表 6.20 K.5 供暖器具(编码:031005)

项目编码	项目名称	项目特征	计量单位	工程量计算规则	工作内容
031005001	铸铁散热器	1. 型号、规格 2. 安装方式 3. 托架形式 4. 器具、托架除锈、刷油设计要求	片(组)		1. 组对、安装 2. 水压试验 3. 托架制作、安装 4. 除锈、刷油
031005002	钢制散热器	1. 结构形式 2. 型号、规格 3. 安装方式 4. 托架刷油设计要求	组(片)	按设计图示数量计算	1. 安装 2. 托架安装 3. 托架刷油
031005003	其他成品散热器	1. 材质、类型 2. 型号、规格 3. 托架刷油设计要求			
031005004	光排管散热器	1. 材质、类型 2. 型号、规格 3. 托架形式及做法 4. 器具、托架除锈、刷油设计要求	m	按设计图示排管长度计算	1. 制作、安装 2. 水压试验 3. 除锈、刷油
031005005	暖风机	1. 质量 2. 型号、规格 3. 安装方式	台	按设计图示数量计算	安装
031005006	地板辐射采暖	1. 保温层材质、厚度 2. 钢丝网设计要求 3. 管道材质、规格 4. 压力试验及吹扫设计要求	1. m² 2. m	1. 以平方米计量,按设计图示采暖房间净面积计算 2. 以米计量,按设计图示管道长度计算	1. 保温层及钢丝网铺设 2. 管道排布、绑扎、固定 3. 与分集水器连接 4. 水压试验、冲洗 5. 配合地面浇注

续表

项目编码	项目名称	项目特征	计量单位	工程量计算规则	工作内容
031005007	热媒集配装置	1. 材质 2. 规格 3. 附件名称、规格、数量	台	按设计图示数量计算	1. 制作 2. 安装 3. 附件安装
031005008	集气罐	1. 材质 2. 规格	个		1. 制作 2. 安装

注:1. 铸铁散热器,包括拉条制作安装。
2. 钢制散热器结构形式,包括钢制闭式、板式、壁板式、扁管式及柱式散热器等,应分别列项计算。
3. 光排管散热器,包括联管制作安装。
4. 地板辐射采暖,包括与分集水器连接和配合地面浇注用工。

铸铁散热器的类型包括翼型、M132 和柱型,如图 6.17 所示,翼型散热器分长翼型和圆翼型两种。

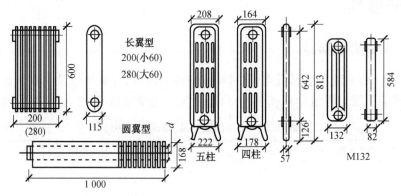

图 6.17 铸铁散热器型号规格

钢制散热器结构形式,包括钢制闭式、板式、壁板式、扁管式及柱式散热器等,如图 6.18 所示,钢制闭式、板式散热器的型号规格为散热器的尺寸(高度×长度),钢制柱式散热器的型号规格为散热器的片数。

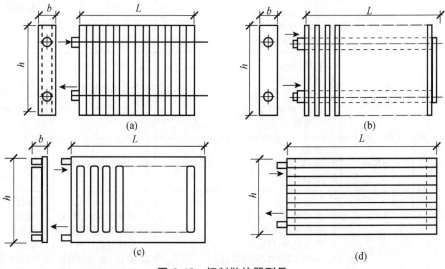

图 6.18 钢制散热器型号

(a) 闭式钢串片散热器;(b) 钢串片式;(c)钢制板式;(d)扁管单板式

光排管散热器是用普通钢管制作的,按结构连接和输送介质的不同,类型分为 A 型和 B 型,如图 6.19 所示,规格为排管的直径及长度。

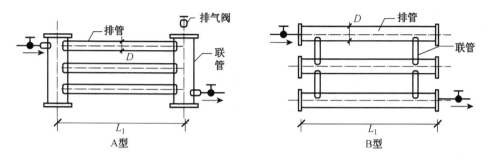

图 6.19 光排管散热器型号

长翼、柱型铸铁散热器按设计图示数量以"片"为计量单位计算,圆翼型铸铁散热器按设计图示数量以"组"为计量单位计算。

钢制闭式散热器按设计图示数量以"片"为计量单位计算,钢制壁、板式、柱式散热器按设计图示数量以"组"为计量单位计算。

光排管散热器按设计图示排管长度以"m"为计量单位计算,不包括每组光排管之间的联管长度。排管长 $L = nL_1$,n 为排管根数,L_1 如图 6.19 所示。

暖风机、空气幕按设计图示数量以"台"为计量单位计算。

编制供暖器具工程量清单时,需注意以下两点:

(1) 所有散热器安装的工程内容都不包括两端阀门的安装,阀门安装应按本章相关内容单独编码列项。

(2) 暖风机、空气幕安装的工程内容不包括与暖风机、空气幕相连的钢管、阀门、疏水器及支架的制作安装,管道、阀门、疏水器及支架应按本章相关内容单独编码列项。

6.5.2 综合单价确定

长翼、柱型铸铁散热器组成安装以"片"为计量单位,其汽包垫不得换算;圆翼型铸铁散热器组成安装以"节"为计量单位。柱型和 M132 型铸铁散热器安装用拉条时,拉条另行计算。柱型散热器为挂装时可执行 M132 项目。

钢制闭式散热器以"片"为单位计算工程量,并按不同型号套用相应定额。定额中散热型号标注是高度乘以长度,对于宽度尺寸未做要求。钢制壁、板式散热器以"组"为单位计算工程量并套用定额。钢制板式、壁板式散热器,已计算了托钩的安装人工和材料费用,钢制闭式散热器,若主材料不包括托钩,托钩价格另行计算。

光排管散热器制作安装,应区别不同的公称直径以"m"为单位计算并套用相应定额。定额单位每 10 m 是指光排管的长度,联管作为材料已列入定额,不得重复计算。

本章散热器安装定额系参照 1993 年《全国通用暖通空调标准图集》T9N112 中的"采暖系统散热器安装"编制的,各类型散热器不分明装或暗装,均按类型分别编制,定额中列出的接口密封材料,除圆翼汽包垫采用橡胶石棉板外,其余均采用成品汽包垫,若采用其他材料,不做换算。

热空气幕安装以"台"为计量单位,其支架制作安装另行计算。

散热器除锈、刷油工程量,按设计图示表面积尺寸以面积计算,按除锈方式、油漆遍数套用《安装工程计价定额》中的《第十一册 刷油、防腐蚀、绝热工程》相关子目。

【例 6.5】 某综合楼采暖工程,铸铁 813 柱形散热器安装,设计文件要求除锈,刷一遍防锈漆、两遍银粉漆,编制工程量清单,并确定其综合单价。

【解】 工程量清单及其综合单价确定见表 6.21 和表 6.22 所示。

表 6.21 分部分项工程和单价措施项目清单与计价表

工程名称:××给排水工程　　　　　　　　　　标段:　　　　　　　　　　第 ___ 页 共 __ 页

序号	项目编码	项目名称	项目特征描述	计量单位	工程数量	金额(元)		
						综合单价	合价	其中:暂估价
1	031005001001	铸铁散热器	1. 型号规格:813 柱形 2. 除锈、刷油设计要求:除轻锈、刷防锈漆一遍、银粉漆两遍。	片	5 385			

表 6.22 分部分项工程项目清单综合单价计算表

工程名称:××给排水工程　　　　　　　　　　　　　　　　　　计量单位:片
项目编码:031005001001　　　　　　　　　　　　　　　　　　工程数量:5 385
项目名称:铸铁散热器　　　　　　　　　　　　　　　　　　　综合单价: 31.49 元

序号	定额编号	工程内容	单位	数量	综合单价组成					小计
					人工费	材料费	机械费	管理费	利润	
1	10-786	柱形散热器安装	10 片	538.50	13 947.15	40 920.62		5 578.86	1 952.60	62 399.23
2		材料:散热器	片	3 721.04		80 194.72				80 194.72
3	11-4	手工除轻锈	10 m²	150.80	3 459.35	422.24		1 383.74	484.31	5 749.64
4	11-198	刷防锈漆	10 m²	150.80	3 124.58	563.99		1 249.83	437.44	5 375.84
5		材料:防锈漆	kg	158.34		1 365.00				1 365.00
6	11-200	刷银粉漆第一遍	10 m²	150.80	3 236.17	1 423.55		1 294.47	453.06	6 407.25
7		材料:银粉漆	kg	67.86		1 053.00				1 053.00
8	11-201	刷银粉漆第二遍	10 m²	150.80	3 124.58	1 251.64		1 249.83	437.44	6 063.49
9		材料:银粉漆	kg	61.83		959.40				959.40
		合计			26 891.83	128 154.16		10 756.73	3 764.85	169 567.57

6.6 采暖、给排水设备

6.6.1 工程量清单项目

采暖、给排水设备工程量清单项目设置、项目特征描述的内容、计量单位及工程量计算规则,应按照《通用安装工程工程量计算规范》中的附录 K.6 的规定执行,见表 6.23 所示。

变频给水设备、稳压给水设备、无负压给水设备安装包括压力容器、水泵、管道与管道附件三部分,具体来说:

(1)压力容器包括:气压罐、稳压罐、无负压罐。

(2)水泵包括:主泵及备用泵,应注明数量。

表 6.23　K.6 采暖、给排水设备(编码:031006)

项目编码	项目名称	项目特征	计量单位	工程量计算规则	工作内容
031006001	变频给水设备	1. 设备名称 2. 型号、规格 3. 水泵主要技术参数 4. 附件名称、规格、数量 5. 减震装置形式	套	按设计图示数量计算	1. 设备安装 2. 附件安装 3. 调试 4. 减震装置制作、安装
031006002	稳压给水设备				
031006003	无负压给水设备				
031006004	气压罐	1. 型号、规格 2. 安装方式	台		1. 安装 2. 调试
031006005	太阳能集热装置	1. 型号、规格 2. 安装方式 3. 附件名称、规格、数量	套		1. 安装 2. 附件安装
031006006	地源(水源、气源)热泵机组	1. 型号、规格 2. 安装方式 3. 减震装置形式	组		1. 安装 2. 减震装置制作、安装
031006007	除砂器	1. 型号、规格 2. 安装方式	台		安装
031006008	水处理器	1. 类型 2. 型号、规格			1. 安装 2. 附件安装
031006009	超声波灭藻设备				
031006010	水质净化器				
031006011	紫外线杀菌设备	1. 名称 2. 规格			安装
031006012	热水器、开水炉	1. 能源种类 2. 型号、容积 3. 安装方式			
031006013	消毒器、消毒锅	1. 类型 2. 型号、规格			
031006014	直饮水设备	1. 名称 2. 规格	套		安装
031006015	水箱	1. 材质、类型 2. 型号、规格	台		1. 制作 2. 安装

(3) 附件包括:给水装置中配备的阀门、仪表、软接头,应注明数量,含设备、附件之间管路连接。

泵组底座减震装置制作、安装,不包括基础砌(浇)筑,应按现行国家标准《房屋建筑与装饰工程工程量计算规范》(GB 50854)相关项目编码列项;控制柜安装及电气接线、调试应按《通用安装工程工程量计算规范》附录 D 电气设备安装工程相关项目编码列项。

电热水器、电开水炉安装,仅指本体安装,不包括连接管、连接附件(阀门等)安装,连接管道、阀门等可按本章相应项目另编码列项。

各类水箱安装,仅指本体安装,不包括连接管、连接附件(阀门等)、支架制作安装,连接管道、阀门等可按本章相应项目编码列项;如为型钢支架,可按本章第 2 节支架及其他项目编码列项;若为混凝土或砖支座,可按《房屋建筑与装饰工程工程量计算规范》相应项目编码列项。

地源热泵机组,接管以及接管上的阀门、软接头、减震装置和基础另行计算,应按相关项目编码列项。

各式采暖、给排水设备工程量按设计图示数量以"套""台""组"为计量单位计算。

6.6.2 综合单价确定

太阳能热水器安装以"台"为计量单位,定额已综合考虑了吊装费用和支架制作安装费用。若支架的设计用量超过定额含量,可另行增加金属支架的制作安装费用,但吊装费用不得调整。

电热水器、开水炉安装以"台"为计量单位,定额只考虑本体安装,连接管、连接件等工程量可按相应定额另行计算。

钢板水箱制作,按施工图所示尺寸,不扣除人孔、手孔重量,以"kg"为计量单位,法兰和水位计可按相应定额另行计算。钢板水箱安装,以"个"为计量单位,按水箱总容积大小不同,套相应定额。

各种水箱连接管、阀门,均未包括在定额基价内,应按室内管道、阀门安装的相应项目编码列项及计价;各类水箱均未包括支架制作安装,如为型钢支架,套用本章第二节设备支架项目编码列项及计价;水箱制作不包括除锈与油漆,如有发生,必须另按第十一章刷油、防腐蚀、绝热工程相关项目编码列项及计价。

6.7 燃气器具及其他

6.7.1 工程量清单项目

燃气器具及其他工程量清单项目设置、项目特征描述的内容、计量单位及工程量计算规则,应按照《通用安装工程工程量计算规范》中的附录 K.7 的规定执行,见表 6.24 所示。

沸水器、消毒器适用于容积式沸水器、自动沸水器、燃气消毒器等。

燃气热水器类型包括:直排式、平衡式和烟道式。

表 6.24 K.7 燃气器具及其他(编码:031007)

项目编码	项目名称	项目特征	计量单位	工程量计算规则	工作内容
031007001	燃气开水炉	1. 型号、容量 2. 安装方式 3. 附件型号、规格	台	按设计图示数量计算	1. 安装 2. 附件安装
031007002	燃气采暖炉				
031007003	燃气沸水器、消毒器	1. 类型 2. 型号、容量 3. 安装方式 4. 附件型号、规格			
031007004	燃气热水器				
031007005	燃气表	1. 类型 2. 型号、规格 3. 连接方式 4. 托架设计要求	块 (台)		1. 安装 2. 托架制作、安装
031007006	燃气灶具	1. 用途 2. 类型 3. 型号、规格 4. 安装方式 5. 附件型号、规格	台		1. 安装 2. 附件安装

项目编码	项目名称	项目特征	计量单位	工程量计算规则	工作内容
031007007	气嘴	1. 单嘴、双嘴 2. 材质 3. 型号、规格 4. 连接形式	个	按设计图示数量计算	安装
031007008	调压器	1. 类型 2. 型号、规格 3. 安装方式	台		
031007009	燃气 抽水缸	1. 材质 2. 规格 3. 连接形式	个		
031007010	燃气管道 调长器	1. 规格 2. 压力等级 3. 连接形式			
031007011	调压箱、 调压装置	1. 类型 2. 型号、规格 3. 安装部位	台		
031007012	引入口 砌筑	1. 砌筑形式、材质 2. 保温、保护材料设 计要求	处		1. 保温（保护）台 砌筑 2. 填充保温（保护） 材料

注：1. 沸水器、消毒器适用于容积式沸水器、自动沸水器、燃气消毒器等。
2. 燃气灶具适用于人工煤气灶具、液化石油气灶具、天然气燃气灶具等，用途应描述民用或公用，类型应描述所采用气源。
3. 调压箱、调压装置安装部位应区分室内、室外。
4. 引入口砌筑形式，应注明地上、地下。

燃气表类型包括：民用、公商用、工业用罗茨表。规格为其计量的流量。

燃气灶具用途分为民用和公用。类型为所采用的气源，包括人工煤气、液化石油气和天然气。

调压箱、调压装置安装部位分为室内和室外。

引入口砌筑形式分为地上和地下。

燃气器具及其他工程量按设计图示数量以"台""个""处"为计量单位计算。

6.7.2 综合单价确定

燃气表安装按不同规格、型号分别以"块"为计量单位，定额不包括表托、支架、表底垫基础的费用，其工程量可根据设计要求另行计算。

燃气加热设备按不同类型，灶具按不同类型、用途和型号，分别以"台"为计量单位。燃气加热器具定额只包括器具与燃气管终端阀门连接费用，其他内容执行相应定额另计。

气嘴安装按规格型号连接方式，分别以"个"为计量单位。

调长器及调长器与阀门连接，按规格以"个"为计量单位。定额包括一副法兰安装，螺栓规格和数量以压力 0.6 MPa 的法兰装配，如压力不同可按设计要求的数量、规格进行调整，其他不变。

引入口砌筑套用《江苏省建筑与装饰工程计价定额》相应子目。

6.8 采暖、空调水工程系统调试

6.8.1 工程量清单项目

采暖、空调水工程系统调试工程量清单项目设置、项目特征描述的内容、计量单位及工程量计算规则,应按照《通用安装工程工程量计算规范》中的附录 K.9 的规定执行,见表6.25 所示。

表 6.25　K.9 采暖、空调水工程系统调试(编码:031009)

项目编码	项目名称	项目特征	计量单位	工程量计算规则	工作内容
031009001	采暖工程系统调试	1. 系统形式 2. 采暖(空调水)管道工程量	系统	按采暖工程系统计算	系统调试
031009002	空调水工程系统调试			按空调水工程系统计算	

注:1. 由采暖管道、阀门及供暖器具组成采暖工程系统。
　　2. 由空调水管道、阀门及冷水机组组成空调水工程系统。
　　3. 当采暖工程系统、空调水工程系统中管道工程量发生变化时,系统调试费用应作相应调整。

采暖工程系统调试包括在室外温度和热源进口温度按设计规定条件下,将室内温度调整到设计要求的温度的全部工作。

采暖、空调水工程系统调试不构成工程实体,也不属于措施项目,但在工程实施过程中,按施工验收规范或操作规程的要求,是必须进行的。因此,在工程量清单计价中,采暖、空调水工程系统调试费应单独编制工程量清单并计价。

采暖、空调水工程系统调试按采暖、空调水工程系统以"系统"为计量单位计算。

6.8.2 综合单价确定

采暖工程系统调试按采暖工程(不包括锅炉房管道及外部供热管网工程)人工费的15%计算,其中人工工资占20%,在人工费的基础上再计算管理费和利润。

空调水工程系统调试按空调水系统(扣除空调冷凝水系统)人工费的13%计算,其中人工工资占25%,在人工费的基础上再计算管理费和利润。

结算时,当采暖工程系统、空调水工程系统中管道工程量发生变化时,系统调试费用应作相应调整。

6.9 计取有关费用的规定

《安装工程计价定额》中的《第十册　给排水、采暖、燃气工程》中将一些不便单列定额子目进行计算的费用,通过定额设定的计算方法来计算,这些费用包括下列内容。

(1) 设置于管道间、管廊内的管道、阀门、法兰、支架的安装,其人工费乘以系数1.3。

"管道间"是指高(多)层建筑内专为安装各种管线的竖向通道,也称"管道井";"管廊"是指宾馆或饭店内封闭的天棚。

（2）主体结构为现场浇筑采用钢模施工的工程，内、外浇筑的定额人工费乘以系数1.05，内浇外砌的定额人工费乘以系数1.03。这里钢模指的是大块钢模。

（3）操作物高度超高增加费（超高费）。《通用安装工程工程量计算规范》（GB 50856—2013）规定：项目安装高度若超过基本高度时，应在"项目特征"中描述，以便于计算有关超高费。超高费应计入相应的分部分项工程项目清单的综合单价中。

在编制《安装工程计价定额》时，施工操作对象的高度即操作物高度，有具体的规定。当操作物高度超过规定值时，应计取超高费。

操作物高度：有楼层的按楼地面至操作物的距离，无楼层的按操作地点（或设计正负零）至操作物的距离。

《安装工程计价定额》各册规定的操作物高度不同，如《第十册 给排水、采暖、燃气工程》规定为3.6 m，《第九册 消防工程》规定为5 m，《第四册 电气设备安装工程》规定为5 m。操作物高度各册说明中有明确规定。

《第十册 给排水、采暖、燃气工程》定额中操作物操作高度均以3.6 m为界限，操作物高度如超过3.6 m时，其超过部分工程量（指由3.6 m至操作物高度）的定额人工费乘以超高系数。即：

$$超高增加费 = 超高部分定额人工费 \times 超高系数$$

超高系数见表6.26所示。

表6.26 （第十册）超高系数表

标高(m)	3.6～8	3.6～12	3.6～16	3.6～20
超高系数	1.10	1.15	1.20	1.25

【例6.6】 某综合楼给排水工程，分部分项工程项目清单见表6.27所示，试确定该清单项目综合单价。

【解】 该阀门超高，需计算超高费，超高系数为1.10。

$$人工费 = 65.12 \times 1.10 \times 3 = 214.90（元）$$

综合单价计算见表6.28所示。

表6.27 分部分项工程和单价措施项目清单与计价表

工程名称：××给排水工程　　　　　　　标段：　　　　　　　　第 ___ 页共 __ 页

序号	项目编码	项目名称	项目特征描述	计量单位	工程数量	金额(元)		
						综合单价	合价	其中:暂估价
1	031003003001	焊接法兰阀门	1. 类型：Z41T-10K闸阀 2. 材质：铸铁 3. 规格、压力等级：DN100、1.0 MPa 4. 连接形式：法兰 5. 焊接方法：电弧焊 6. 安装高度：4.0 m	个	3			

表 6.28　分部分项工程项目清单综合单位计算表

工程名称:××给排水工程　　　　　　　　　　　　　　　　　　　　　　计量单位:个

项目编码:031003003001　　　　　　　　　　　　　　　　　　　　　　工程数量:3

项目名称:焊接法兰阀门　　　　　　　　　　　　　　　　　　　　　综合单价:　717.75 元

序号	定额编号	工程内容	单位	数量	综合单价组成					小计
					人工费	材料费	机械费	管理费	利润	
1	10-438 换	DN100 法兰阀(超高)	个	3	214.90	341.07	58.83	85.96	30.09	730.85
2		材料:阀门	个	3		1 422.41				1 422.41
		合计			214.90	1 763.48	58.83	85.96	30.09	2 153.26

6.10　措施项目

措施项目费是指为完成建设工程施工,发生于该工程施工前和施工过程中的技术、生活、安全、环境保护等方面的费用。《计价规范》规定:措施项目清单必须根据国家现行的相关工程计量规范的规定编制;措施项目清单应根据拟建工程的实际情况列项。措施项目清单的内容详见本书第 4 章。

根据现行《通用安装工程工程量计算规范》,措施项目分为能计量的单价措施项目与不能计量的总价措施项目两类。措施项目费的计算方法详见本书第 2 章。这里简要介绍给排水、采暖、燃气工程中常用的措施项目。

6.10.1　单价措施项目费

1)脚手架搭拆费

脚手架搭拆费属竞争性费用。现行的《安装工程计价定额》规定:以单位工程人工费为取费基础,采用脚手架搭拆系数来计算。

脚手架搭拆费以单位工程人工费作为取费基础,其计算分为三步:

① 单位工程人工费×脚手架搭拆费费率

《安装工程计价定额》中《第十册　给排水、采暖、燃气工程》规定的脚手架搭拆费费率为 5%。

② 费用拆分:该费用拆分为人工费和材料费。其中人工工资占 25%,材料占 75%。

③ 在人工费的基础上计算管理费和利润。即:

$$脚手架搭拆费 ＝ 人工费 ＋ 材料费 ＋ 管理费 ＋ 利润$$

各册定额在测算脚手架搭拆费系数时,均已考虑各专业工程交叉作业、互相利用脚手架、简易架等因素。因此,不论工程实际是否搭拆或搭拆数量多少,均按定额规定系数计算脚手架搭拆费用,由企业包干使用。

【例 6.7】 某建筑给排水工程,分部分项工程费中的人工费为 165 800 元,按现行规定确定该工程的脚手架搭拆费用。已知工程类别为三类。

【解】　165 800×5%＝8 290(元)

其中:人工费＝8 290×25%＝2 072.50(元)

　　　材料费＝8 290×75%＝6 217.50(元)

机械费:0元

则:管理费 $=2\ 072.50\times40\%=829.00$ (元)

利润 $=2\ 072.50\times14\%=290.15$ (元)

脚手架搭拆费为: $2\ 072.50+6\ 217.50+0+829.00+290.15=9\ 409.15$ (元)

2) 高层建筑增加费(高层施工增加费)

高层建筑是指层数在 6 层以上或高度在 20 m 以上(不含 6 层、20 m)的工业与民用建筑。高层建筑增加费是指高层建筑施工应增加的费用。

高层建筑的高度或层数以室外设计正负零至檐口(不包括屋顶水箱间、电梯间、屋顶平台出入口等)高度计算,不包括地下室的高度和层数,半地下室也不计算层数。

高层建筑增加费的计取范围有:给排水、采暖、燃气、电气、消防工程、通风空调、建筑智能化等工程。

现行的《安装工程计价定额》规定:以单位工程人工费为取费基础,采用高层建筑增加费费率来计算此费用。

高层建筑增加费以人工费为计算基础,其计算分为三步:

① 人工费×高层建筑增加费费率

《第十册　给排水、采暖、燃气工程》规定的高层建筑增加费费率见表 6.29 所示。

表 6.29　(第十册)高层建筑增加费费率表

层　数		9 层以下(30 m)	12 层以下(40 m)	15 层以下(50 m)	18 层以下(60 m)	21 层以下(70 m)	24 层以下(80 m)	27 层以下(90 m)	30 层以下(100 m)	33 层以下(110 m)
按人工费的%		12	17	22	27	31	35	40	44	48
其中	人工费占%	17	18	18	22	26	29	33	36	40
	机械费占%	83	82	82	78	74	71	67	64	60
层　数		36 层以下(120 m)	40 层以下(130 m)	42 层以下(140 m)	45 层以下(150 m)	48 层以下(160 m)	51 层以下(170 m)	54 层以下(180 m)	57 层以下(190 m)	60 层以下(200 m)
按人工费的%		53	58	61	65	68	70	72	73	75
其中	人工费占%	42	43	46	48	50	52	56	59	61
	机械费占%	58	57	54	52	50	48	44	41	39

② 费用拆分:该费用拆分为人工费和机械费。

③ 在人工费的基础上计算管理费和利润。即:

$$高层建筑增加费 = 人工费 + 机械费 + 管理费 + 利润$$

在计算高层建筑增加费时,应注意下列几点:

① 计算基数包括 6 层或 20 m 以下的全部人工费,并且包括各章、节中所规定的应按系数调整的子目中人工调整部分的费用。

② 同一建筑物有部分高度不同时,可分别不同高度计算高层建筑增加费。

③ 在高层建筑施工中,同时又符合超高施工条件的,可同时计算高层建筑增加费和超

高增加费。

3) 安装与生产同时进行施工增加费

安装与生产同时进行增加的费用,是指改扩建工程在生产车间或装置内施工,因生产操作或生产条件限制(如不准动火)干扰了安装工作正常进行而增加的降效费用,不包括为保证安全生产和施工所采取的措施费用。若安装工作不受干扰的,不应计取此项费用。

现行的《安装工程计价定额》规定:以单位工程人工费为取费基础,按人工费的10%计取,其中人工费占100%,在该人工费的基础上再计算管理费和利润。

4) 在有害身体健康环境中施工增加费

在有害身体健康的环境中施工增加的费用,是指在《中华人民共和国民法通则》有关规定允许的前提下,改扩建工程由于车间、装置范围内有害气体或高分贝的噪音超过国家标准以致影响身体健康而增加的降效费用,不包括劳保条例规定应享受的工种保健费。

现行的《安装工程计价定额》规定:以单位工程人工费为取费基础,按人工费的10%计取,其中人工费占100%,在该人工费的基础上再计算管理费和利润。

6.10.2 总价措施项目费

通用安装工程中总价措施项目包括:安全文明施工、夜间施工增加、非夜间施工照明、二次搬运、冬雨季施工增加、已完工程及设备保护。此外,《江苏省建设工程费用定额(2014年)》又补充了5项总价措施项目:临时设施费、赶工措施费、工程按质论价、特殊条件下施工增加费、住宅工程分户验收。

1) 安全文明施工费

安全文明施工费是在合同履行过程中,承包人按照国家法律、法规、标准等规定,为保证安全施工、文明施工,保护现场内外环境和搭拆临时设施等所采用的措施而发生的费用。

《计价规范》规定:措施项目中的安全文明施工费必须按国家或省级、行业建设主管部门的规定计算,不得作为竞争性费用。

《江苏省建设工程费用定额(2014年)》规定,安全文明施工费计算基数为:

$$分部分项工程费-除税工程设备费+单价措施项目费$$

即: 安全文明施工费 =(分部分项工程费-除税工程设备费+单价措施项目费)×安全文明施工费费率(%)

2) 其他总价措施项目费

《江苏省建设工程费用定额(2014年)》规定,其他总价措施项目费计算基数为:

$$分部分项工程费-除税工程设备费+单价措施项目费$$

即: 总价措施项目费=(分部分项工程费-除税工程设备费+单价措施项目费)×相应费率(%)

其他总价措施项目费费率参见《江苏省建设工程费用定额(2014年)》。

6.11　给排水工程实例

　　某二层建筑,建筑物层高 3.3 m。卫生间给排水工程如图 6.20 至图 6.25 所示,图中标高均以 m 计,其他尺寸标注均以 mm 计。给水管道采用 PP-R 管,热熔连接;排水管道采用 UPVC 管,承插胶水粘接。管道穿越基础、屋面时设刚性防水套管,给水管穿越楼板时设钢套管。给排水管道安装完毕且在隐蔽前,给水管道需做水压试验并消毒冲洗,排水管道做通球、灌水试验。根据现行国家标准《建设工程工程量清单计价规范》(GB 50500—2013)、《通用安装工程工程量计算规范》(GB 50856—2013),计算工程量、编制该给排水工程工程量清单,并按照现行规定计算工程造价。

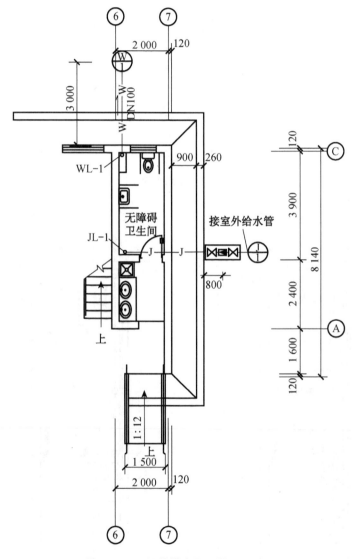

图 6.20　一层给排水平面图(1∶100)

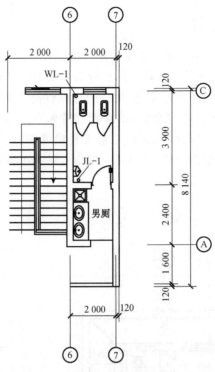

图 6.21　二层给排水平面图（1∶100）

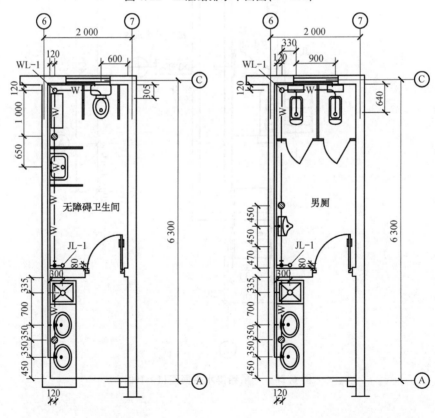

图 6.22　一层卫生间大样图（1∶50）　　　图 6.23　二层卫生间大样图（1∶50）

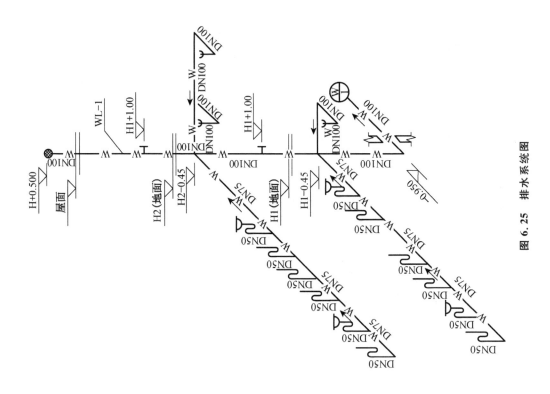

图 6.25　排水系统图

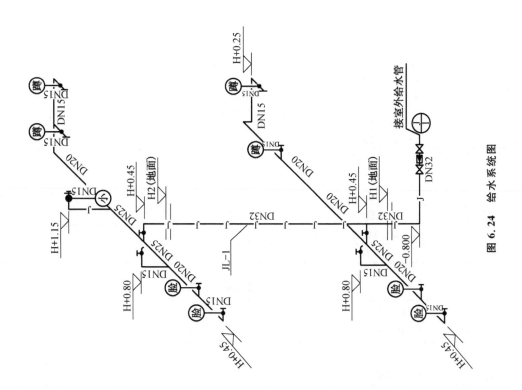

图 6.24　给水系统图

工程量计算书见表 6.30 所示,表中↑表示垂直敷设的立管。工程量汇总表见表 6.31 所示。

表 6.30 工程量计算书

序号	计算部位	项目名称	计算式	计量单位	工程量
1	J-1	PP-R DN32	0.80+0.26+0.90+0.12+2.00-0.12-0.30+(0.80+3.30+0.45)↑+0.30×2=8.81	m	8.81
2		PP-R DN25	一层:0.08+0.24+0.335=0.655 二层:(0.08+0.24+0.335)+(0.47+0.45-0.08)=1.495	m	2.15
3		PP-R DN20	一层:[3.90-(0.08+0.12)-(0.12+0.12+1.00+0.65)]+0.70=2.51 二层:[3.90-(0.08+0.12)-(0.47+0.45-0.08)-0.12+0.12+0.33]+0.70=3.89	m	6.40
4		PP-R DN15	一层:0.35+0.35+(0.8-0.45)↑+0.65+1.0+0.12+(2.0-0.24-0.60)+(0.45-0.25)↑=4.18 二层:0.35+0.35+(0.8-0.45)↑+0.90=1.95	m	6.13
5		DN32 螺纹表	1	组	1
6		DN32 螺纹阀	1+1+1=3	个	3
7		DN50 钢套管	1	个	1
8		DN50 刚性防水套管	1	个	1
9	W-1	UPVC DN100	干管:3.00+0.24+0.12+(0.50+3.3×2+0.95)=11.41 一层:(2.00-0.24-0.60-0.12)+(0.305-0.12)+0.45↑=1.68 二层:0.33+0.90+(0.64-0.12)×2=2.27	m	15.36
10		UPVC DN75	一层:6.30-0.24-0.45-0.12=5.49 二层:5.49	m	10.98
11		UPVC DN50	一层:0.45×6=2.7 二层:0.45×6=2.7	m	5.40
12		DN150 刚性防水套管	排水管穿越基础、屋面各 1 个	个	2
13		坐式大便器	1	个	1
14		蹲式大便器	2	个	2
15		挂式小便器	1	个	1
16		台式洗脸盆	4	个	4
17		挂式洗脸盆	1	个	1
18		DN50 地漏	2+2=4	个	4
19		污水盆	1+1=2	个	2

表 6.31 工程量汇总表

序号	项目名称	计算式	计量单位	工程量
1	PP-R DN32		m	8.81
2	PP-R DN25		m	2.15
3	PP-R DN20		m	6.40

序号	项目名称	计算式	计量单位	工程量
4	PP-R DN15		m	6.13
5	UPVC DN100		m	15.36
6	UPVC DN75		m	10.98
7	UPVC DN50		m	5.40
8	DN32 螺纹表		组	1
9	DN32 螺纹阀		个	3
10	DN50 钢套管		个	1
11	DN50 刚性防水套管		个	1
12	DN150 刚性防水套管		个	2
13	坐式大便器		个	1
14	蹲式大便器		个	2
15	挂式小便器		个	1
16	台式洗脸盆		个	4
17	挂式洗脸盆		个	1
18	DN50 地漏		个	4
19	污水盆		个	2

投 标 总 价

招 标 人：＿＿＿＿＿＿＿＿＿＿＿＿＿＿＿＿＿＿＿＿

工 程 名 称：＿＿综合楼给排水工程＿＿＿＿＿＿＿＿＿＿＿

投标总价(小写)：＿10795.28＿＿＿＿＿＿＿＿＿＿＿＿＿

　　　　　　（大写）：＿壹万零柒佰玖拾伍元贰角捌分＿＿＿＿＿

投 标 人：＿＿＿＿＿＿＿＿＿＿＿＿＿＿＿＿＿＿＿＿
　　　　　　（单位盖章）

法定代表人

或其授权人：＿＿＿＿＿＿＿＿＿＿＿＿＿＿＿＿＿＿＿
　　　　　　（签字或盖章）

编 制 人：＿＿＿＿＿＿＿＿＿＿＿＿＿＿＿＿＿＿＿
　　　　　　（造价人员签字盖专用章）

时 间： 年 月 日

总　说　明

工程名称:综合楼给排水工程　　　　　　　　　　　　　　　　　第1页　共1页

1. 工程概况:二层综合楼,层高3.3 m,内设无障碍卫生间、男厕所各一,详见施工图。
2. 投标报价范围:综合楼范围内的给排水工程,不包括管沟土方。
3. 投标报价编制依据:
(1)《建设工程工程量清单计价规范》(GB 50500—2013)。
(2)《通用安装工程工程量计算规范》(GB 50856—2013)。
(3) 江苏省建设工程费用定额(2014年)。
(4) 江苏省安装工程计价定额(2014版)。
(5) 招标文件、招标工程量清单及其补充通知、答疑纪要。
(6) 建设工程设计文件及相关资料。
(7) 施工现场情况、工程特点及拟定的投标施工组织设计。
(8) 与建设项目相关的标准、规范等技术资料。
(9) 市场价格信息或××市工程造价管理机构发布的2015年12月工程造价信息。
(10) 其他的相关资料。
4. 增值税计税采用一般计税方法。

单位工程投标报价汇总表

工程名称:综合楼给排水工程　　　　　　　　标段:　　　　　　　　第1页　共1页

序号	汇总内容	金额(元)	其中:暂估价(元)
1	分部分项工程	9 087.89	
1.1	人工费	1 522.96	
1.2	材料费	6 730.12	
1.3	施工机具使用费	12.30	
1.4	企业管理费	609.18	
1.5	利润	213.20	
2	措施项目	361.66	—
2.1	单价措施项目费	86.44	—
2.2	总价措施项目费	275.22	
2.2.1	其中:安全文明施工措施费	137.61	
3	其他项目		—
3.1	其中:暂列金额		—
3.2	其中:专业工程暂估价		—
3.3	其中:计日工		—
3.4	其中:总承包服务费		—
4	规费	275.93	
4.1	社会保险费	226.79	—
4.2	住房公积金	39.69	—
4.3	工程排污费	9.45	—
5	税金	972.55	—
	投标报价合计=1+2+3+4+5	10 698.03	

分部分项工程和单价措施项目清单与计价表

工程名称：综合楼给排水工程　　　　　　　　标段：　　　　　　　　　第 页 共 页

序号	项目编码	项目名称	项目特征描述	计量单位	工程量	金 额(元)		
						综合单价	合价	其中暂估价
1	031001006001	塑料管	1. 安装部位：室内 2. 介质：给水 3. 材质、规格： PP-R DN32 4. 连接形式：热熔 5. 压力试验及吹、洗设计 要求：水压试验、消毒 冲洗	m	8.81	35.06	308.88	
2	031001006002	塑料管	1. 安装部位：室内 2. 材质、规格： PP-R DN25 3. 连接形式：热熔 4. 压力试验及吹、洗设计 要求：水压试验、消毒 冲洗	m	2.15	28.87	62.07	
3	031001006003	塑料管	1. 安装部位：室内 2. 介质：给水 3. 材质、规格： PP-R DN20 4. 连接形式：热熔 5. 压力试验及吹、洗设计 要求：水压试验、消毒 冲洗	m	6.40	23.08	147.71	
4	031001006004	塑料管	1. 安装部位：室内 2. 介质：给水 3. 材质、规格： PP-R DN15 4. 连接形式：热熔 5. 压力试验及吹、洗设计 要求：水压试验、消毒 冲洗	m	6.13	20.98	128.61	
5	031001006005	塑料管	1. 安装部位：室内 2. 介质：排水 3. 材质、规格： UPVCφ110 4. 连接形式：粘接 5. 压力试验及吹、洗设计 要求：灌水、通球试验	m	15.36	54.24	833.13	
6	031001006006	塑料管	1. 安装部位：室内 2. 介质：排水 3. 材质、规格：UPVCφ75 4. 连接形式：粘接 5. 压力试验及吹、洗设计 要求：灌水、通球试验	m	10.98	39.40	432.61	
7	031001006007	塑料管	1. 安装部位：室内 2. 介质：排水 3. 材质、规格：UPVCφ50 4. 连接形式：粘接 5. 压力试验及吹、洗设计 要求：灌水、通球试验	m	5.40	25.95	140.13	

序号	项目编码	项目名称	项目特征描述	计量单位	工程量	金 额（元）		
						综合单价	合价	其中暂估价
8	031003013001	水表	1. 安装部位：室外 2. 型号、规格：DN32 3. 连接形式：螺纹连接 4. 附件配置：截止阀J11W-16T DN32 一个	组	1	160.82	160.82	
9	031003001001	螺纹阀门	1. 类型：截止阀 J11W-16T 2. 材质：铜 3. 规格、压力等级：DN32 4. 连接形式：螺纹	个	3	64.98	194.94	
10	031002003001	套管	1. 名称、类型：穿楼板套管 2. 材质：钢 3. 规格：DN50 4. 填料材质：油麻	个	1	28.06	28.06	
11	031002003002	套管	1. 名称、类型：刚性防水套管 2. 材质：碳钢 3. 规格：DN50 4. 填料材质：油麻	个	1	48.73	48.73	
12	031002003003	套管	1. 名称、类型：刚性防水套管 2. 材质：碳钢 3. 规格：DN150 4. 填料材质：油麻	个	2	86.67	173.34	
13	031004006001	大便器	1. 材质：陶瓷 2. 规格、类型：坐式 3. 组装形式：连体水箱冲洗 4. 附件名称、数量：角阀1个	组	1	688.66	688.66	
14	031004006002	大便器	1. 材质：陶瓷 2. 规格、类型：蹲式 3. 组装形式：低水箱冲洗 4. 附件名称、数量：角阀1个	组	2	534.35	1 068.70	
15	031004007001	小便器	1. 材质：陶瓷 2. 规格、类型：挂式 3. 组装形式：DN15 自闭式冲洗阀冲洗	组	1	491.53	491.53	
16	031004003001	洗脸盆	1. 材质：陶瓷 2. 规格、类型：台式 3. 组装形式：冷水 4. 附件名称、数量：铜镀铬水嘴、角阀各1个	组	4	736.93	2 947.72	
17	031004003002	洗脸盆	1. 材质：陶瓷 2. 规格、类型：挂式 3. 组装形式：冷水 4. 附件名称、数量：铜镀铬水嘴、角阀各1个	组	1	640.35	640.35	

续表

序号	项目编码	项目名称	项目特征描述	计量单位	工程量	金额（元）		
						综合单价	合价	其中暂估价
18	031004008001	其他成品卫生器具：污水盆	1. 材质：陶瓷 2. 规格、类型：2# 3. 附件名称、数量：水嘴1个	组	2	179.59	359.18	
19	031004014001	给、排水附（配）件：地漏	1. 材质：铸钢 2. 型号、规格：DN50	个	4	58.18	232.72	
		分部分项合计					9 087.89	
20	031301017001	脚手架搭拆		项	1	86.44	86.44	
		单价措施合计					86.44	

综合单价分析表

工程名称：综合楼给排水工程　　　　　　　　　　　　　　　　第1页　共20页

项目编码	031001006001	项目名称	塑料管	计量单位	m	工程量	8.81

清单综合单价组成明细

定额编号	定额项目名称	定额单位	数量	单价					合价				
				人工费	材料费	机械费	管理费	利润	人工费	材料费	机械费	管理费	利润
10-236	室内给水塑料管（热熔、电熔连接）32/40	10 m	0.1	87.32	14.26	0.94	34.93	12.22	8.73	1.43	0.09	3.49	1.22
10-371	管道消毒冲洗 DN50	100 m	0.01	36.21	23.16		14.53	5.11	0.36	0.23		0.15	0.05
综合人工工日		小　计							9.09	1.66	0.09	3.64	1.27
0.1229 工日		未计价材料费							19.30				
清单项目综合单价									35.06				

	主要材料名称、规格、型号	单位	数量	单价（元）	合价（元）	暂估单价（元）	暂估合价（元）
材料费明细	PP-R 给水管　DN32	m	1.02	12.86	13.12		
	PP-R 管件　DN32	个	0.803	7.70	6.18		
	其他材料费			—	1.66	—	
	材料费小计			—	20.96	—	

综合单价分析表

工程名称：综合楼给排水工程　　　　　　　　　　　　　　　　　　第2页 共20页

项目编码	031001006002	项目名称			塑料管				计量单位	m	工程量	2.15

清单综合单价组成明细

定额编号	定额项目名称	定额单位	数量	单价					合价				
				人工费	材料费	机械费	管理费	利润	人工费	材料费	机械费	管理费	利润
10-235	室内给水塑料管（热熔、电熔连接）25/32	10 m	0.1	87.30	13.35	0.56	34.93	12.23	8.73	1.34	0.06	3.49	1.22
10-371	管道消毒冲洗 DN50	100 m	0.01	36.28	23.26		14.42	5.12	0.36	0.23		0.14	0.05
综合人工工日		小　计							9.09	1.57	0.06	3.63	1.27
0.1228 工日		未计价材料费							13.25				
清单项目综合单价									28.87				

材料费明细	主要材料名称、规格、型号	单位	数量	单价（元）	合价（元）	暂估单价（元）	暂估合价（元）
	PP-R 给水管　DN25	m	1.02	8.58	8.75		
	PP-R 管件　DN25	个	0.978	4.60	4.50		
	其他材料费			—	1.57	—	
	材料费小计			—	14.82	—	

综合单价分析表

工程名称：综合楼给排水工程　　　　　　　　　　　　　　　　　　第3页 共20页

项目编码	031001006003	项目名称			塑料管				计量单位	m	工程量	6.40

清单综合单价组成明细

定额编号	定额项目名称	定额单位	数量	单价					合价				
				人工费	材料费	机械费	管理费	利润	人工费	材料费	机械费	管理费	利润
10-234	室内给水塑料管（热熔、电熔连接）20/25	10 m	0.1	76.95	14.17	0.55	30.78	10.77	7.70	1.42	0.06	3.08	1.08
10-371	管道消毒冲洗 DN50	100 m	0.01	36.25	23.13		14.53	5.16	0.36	0.23		0.15	0.05
综合人工工日		小　计							8.06	1.65	0.06	3.23	1.13
0.1089 工日		未计价材料费							8.96				
清单项目综合单价									23.08				

材料费明细	主要材料名称、规格、型号	单位	数量	单价（元）	合价（元）	暂估单价（元）	暂估合价（元）
	PP-R 给水管　DN20	m	1.02	5.40	5.51		
	PP-R 管件　DN20	个	1.152	3.00	3.46		
	其他材料费			—	1.65	—	
	材料费小计			—	10.61	—	

综合单价分析表

工程名称：综合楼给排水工程　　　　　　　　　　　　　　　　第4页　共20页

项目编码	031001006004		项目名称		塑料管			计量单位	m	工程量	6.13

清单综合单价组成明细											

定额编号	定额项目名称	定额单位	数量	单价					合价				
				人工费	材料费	机械费	管理费	利润	人工费	材料费	机械费	管理费	利润
10-233	室内给水塑料管（热熔、电熔连接)15/20	10 m	0.1	76.97	14.18	0.54	30.78	10.77	7.70	1.42	0.05	3.08	1.08
10-371	管道消毒冲洗DN50	100 m	0.01	36.22	23.16		14.52	5.06	0.36	0.23		0.15	0.05
综合人工工日		小　计							8.06	1.65	0.05	3.23	1.13
0.109 工日		未计价材料费							6.86				
清单项目综合单价									20.98				

材料费明细	主要材料名称、规格、型号	单位	数量	单价（元）	合价（元）	暂估单价（元）	暂估合价（元）
	PP-R 给水管　DN15	m	1.02	3.52	3.59		
	PP-R 管件　DN15	个	1.637	2.00	3.27		
	其他材料费			—	1.65	—	
	材料费小计			—	8.51	—	

综合单价分析表

工程名称：综合楼给排水工程　　　　　　　　　　　　　　　　第5页　共20页

项目编码	031001006005		项目名称		塑料管			计量单位	m	工程量	15.36

清单综合单价组成明细											

定额编号	定额项目名称	定额单位	数量	单价					合价				
				人工费	材料费	机械费	管理费	利润	人工费	材料费	机械费	管理费	利润
10-311	室内承插塑料排水管（零件粘接）DN110	10 m	0.1	162.80	34.67	1.11	65.12	22.79	16.28	3.47	0.11	6.51	2.28
综合人工工日		小　计							16.28	3.47	0.11	6.51	2.28
0.22 工日		未计价材料费							25.59				
清单项目综合单价									54.24				

材料费明细	主要材料名称、规格、型号	单位	数量	单价（元）	合价（元）	暂估单价（元）	暂估合价（元）
	承插塑料排水管 DN100	m	0.852	18.01	15.34		
	承插塑料排水管件 DN100	个	1.138	9.00	10.24		
	其他材料费			—	3.47	—	
	材料费小计			—	29.06	—	

综合单价分析表

工程名称:综合楼给排水工程

| 项目编码 | 031001006006 | | 项目名称 | | | 塑料管 | | | | 计量单位 | | m | 工程量 | | 10.98 |

清单综合单价组成明细

定额编号	定额项目名称	定额单位	数量	单价					合价				
				人工费	材料费	机械费	管理费	利润	人工费	材料费	机械费	管理费	利润
10-310	室内承插塑料排水管(零件粘接)DN75	10 m	0.1	146.52	25.65	1.11	58.61	20.51	14.65	2.57	0.11	5.86	2.05
综合人工工日			小 计						14.65	2.57	0.11	5.86	2.05
0.198 工日			未计价材料费						14.16				
清单项目综合单价									39.40				

材料费明细	主要材料名称、规格、型号	单位	数量	单价(元)	合价(元)	暂估单价(元)	暂估合价(元)
	承插塑料排水管 DN75	m	0.963	9.43	9.08		
	承插塑料排水管件 DN75	个	1.076	4.72	5.08		
	其他材料费			—	2.57	—	
	材料费小计			—	16.73	—	

综合单价分析表

工程名称:综合楼给排水工程

| 项目编码 | 031001006007 | | 项目名称 | | | 塑料管 | | | | 计量单位 | | m | 工程量 | | 5.40 |

清单综合单价组成明细

定额编号	定额项目名称	定额单位	数量	单价					合价				
				人工费	材料费	机械费	管理费	利润	人工费	材料费	机械费	管理费	利润
10-309	室内承插塑料排水管(零件粘接)DN50	10 m	0.1	107.30	20.21	1.11	42.93	15.02	10.73	2.02	0.11	4.29	1.50
综合人工工日			小 计						10.73	2.02	0.11	4.29	1.50
0.145 工日			未计价材料费						7.30				
清单项目综合单价									25.95				

材料费明细	主要材料名称、规格、型号	单位	数量	单价(元)	合价(元)	暂估单价(元)	暂估合价(元)
	承插塑料排水管 DN50	m	0.967	5.15	4.98		
	承插塑料排水管件 DN50	个	0.902	2.57	2.32		
	其他材料费			—	2.02	—	
	材料费小计			—	9.32	—	

综合单价分析表

项目编码	031003013001	项目名称	水表		计量单位	组	工程量	1

清单综合单价组成明细

定额编号	定额项目名称	定额单位	数量	单价					合价				
				人工费	材料费	机械费	管理费	利润	人工费	材料费	机械费	管理费	利润
10-629	螺纹水表安装 DN32	组	1	39.22	34.39		15.69	5.49	39.22	34.39		15.69	5.49
综合人工工日		小　计							39.22	34.39		15.69	5.49
0.53 工日		未计价材料费							66.03				
清单项目综合单价									160.82				

材料费明细	主要材料名称、规格、型号	单位	数量	单价(元)	合价(元)	暂估单价(元)	暂估合价(元)
	螺纹水表 DN32	只	1	66.03	66.03		
	其他材料费			—	34.39	—	
	材料费小计			—	100.42	—	

综合单价分析表

项目编码	031003001001	项目名称	螺纹阀门		计量单位	个	工程量	3

清单综合单价组成明细

定额编号	定额项目名称	定额单位	数量	单价					合价				
				人工费	材料费	机械费	管理费	利润	人工费	材料费	机械费	管理费	利润
10-421	螺纹阀门安装 DN32	个	1	10.36	10.05		4.14	1.45	10.36	10.05		4.14	1.45
综合人工工日		小　计							10.36	10.05		4.14	1.45
0.14 工日		未计价材料费							38.98				
清单项目综合单价									64.98				

材料费明细	主要材料名称、规格、型号	单位	数量	单价(元)	合价(元)	暂估单价(元)	暂估合价(元)
	螺纹阀门 DN32	个	1.01	38.59	38.98		
	其他材料费			—	10.05	—	
	材料费小计			—	49.03	—	

综合单价分析表

工程名称:综合楼给排水工程

项目编码	031002003001	项目名称		套管			计量单位		个		工程量		1

清单综合单价组成明细

定额编号	定额项目名称	定额单位	数量	单价					合价				
				人工费	材料费	机械费	管理费	利润	人工费	材料费	机械费	管理费	利润
10-397	过墙过楼板钢套管制作、安装 DN50	10个	0.1	122.8	73.5	17.9	49.1	17.2	12.28	7.35	1.79	4.91	1.72
综合人工工日		小 计							12.28	7.35	1.79	4.91	1.72
0.166 工日		未计价材料费											
清单项目综合单价									28.06				

材料费明细	主要材料名称、规格、型号			单位		数量		单价（元）	合价（元）	暂估单价（元）	暂估合价（元）
	其他材料费							—	7.35	—	
	材料费小计							—	7.35	—	

综合单价分析表

工程名称:综合楼给排水工程

项目编码	031002003002	项目名称		套管			计量单位		个		工程量		1

清单综合单价组成明细

定额编号	定额项目名称	定额单位	数量	单价					合价				
				人工费	材料费	机械费	管理费	利润	人工费	材料费	机械费	管理费	利润
10-388	刚性防水套管制作安装 DN50	10个	0.1	228.7	117.3	17.9	91.5	32	22.87	11.73	1.79	9.15	3.20
综合人工工日		小 计							22.87	11.73	1.79	9.15	3.20
0.309 工日		未计价材料费											
清单项目综合单价									48.73				

材料费明细	主要材料名称、规格、型号			单位		数量		单价（元）	合价（元）	暂估单价（元）	暂估合价（元）
	其他材料费							—	11.73	—	
	材料费小计							—	11.73	—	

综合单价分析表

工程名称:综合楼给排水工程　　　　　　　　　　　　　　　　　　第12页　共20页

项目编码	031002003003	项目名称			套管			计量单位	个	工程量	2

清单综合单价组成明细

定额编号	定额项目名称	定额单位	数量	单价					合价				
				人工费	材料费	机械费	管理费	利润	人工费	材料费	机械费	管理费	利润
10-391	刚性防水套管制作安装 DN150	10个	0.1	358.90	296.15	17.85	143.55	50.25	35.89	29.62	1.79	14.36	5.03
综合人工工日			小　计						35.89	29.62	1.79	14.36	5.03
0.485 工日			未计价材料费										
清单项目综合单价									86.67				

材料费明细	主要材料名称、规格、型号	单位	数量	单价(元)	合价(元)	暂估单价(元)	暂估合价(元)
	其他材料费			—	29.62	—	
	材料费小计			—	29.62	—	

综合单价分析表

工程名称:综合楼给排水工程　　　　　　　　　　　　　　　　　　第13页　共20页

项目编码	031004006001	项目名称			大便器			计量单位	组	工程量	1

清单综合单价组成明细

定额编号	定额项目名称	定额单位	数量	单价					合价				
				人工费	材料费	机械费	管理费	利润	人工费	材料费	机械费	管理费	利润
10-705	坐式大便器连体水箱坐便安装	10套	0.1	427.00	80.90		170.80	59.80	42.70	8.09		17.08	5.98
综合人工工日			小　计						42.70	8.09		17.08	5.98
0.577 工日			未计价材料费						614.82				
清单项目综合单价									688.66				

材料费明细	主要材料名称、规格、型号	单位	数量	单价(元)	合价(元)	暂估单价(元)	暂估合价(元)
	连体坐便器	套	1.01	557.41	562.98		
	角阀	个	1.01	38.59	38.98		
	金属软管	个	1	12.86	12.86		
	其他材料费			—	8.09	—	
	材料费小计			—	622.91	—	

综合单价分析表

项目编码	031004006002	项目名称	大便器		计量单位	组	工程量	2

清单综合单价组成明细

定额编号	定额项目名称	定额单位	数量	单价					合价				
				人工费	材料费	机械费	管理费	利润	人工费	材料费	机械费	管理费	利润
10-695	陶瓷蹲式大便器,陶瓷低水箱	10套	0.1	607.55	337.09		243.00	85.05	60.76	33.71		24.30	8.51
综合人工工日			小 计						60.76	33.71		24.30	8.51
0.821 工日			未计价材料费						407.07				
清单项目综合单价									534.35				

	主要材料名称、规格、型号	单位	数量	单价（元）	合价（元）	暂估单价（元）	暂估合价（元）
材料费明细	蹲式陶瓷大便器	套	1.01	222.96	225.19		
	陶瓷蹲式大便器低水箱	个	1.01	128.63	129.92		
	角阀	个	1.01	38.59	38.98		
	金属软管	个	1.01	12.86	12.99		
	其他材料费			—	33.71	—	
	材料费小计			—	440.78	—	

综合单价分析表

项目编码	031004007001	项目名称	小便器		计量单位	组	工程量	1

清单综合单价组成明细

定额编号	定额项目名称	定额单位	数量	单价					合价				
				人工费	材料费	机械费	管理费	利润	人工费	材料费	机械费	管理费	利润
10-707	挂斗式小便器安装(普通式)	10套	0.1	211.60	85.51		84.70	29.60	21.16	8.55		8.47	2.96
综合人工工日			小 计						21.16	8.55		8.47	2.96
0.286 工日			未计价材料费						450.39				
清单项目综合单价									491.53				

	主要材料名称、规格、型号	单位	数量	单价（元）	合价（元）	暂估单价（元）	暂估合价（元）
材料费明细	普通型陶瓷小便器 挂式	套	1.01	343.02	346.45		
	自闭式冲洗阀	个	1.01	102.91	103.94		
	其他材料费			—	8.55	—	
	材料费小计			—	458.94	—	

综合单价分析表

项目编码	031004003001	项目名称	洗脸盆	计量单位	组	工程量	4

清单综合单价组成明细

定额编号	定额项目名称	定额单位	数量	单价					合价				
				人工费	材料费	机械费	管理费	利润	人工费	材料费	机械费	管理费	利润
10-680	台上式洗脸盆安装	10组	0.1	895.40	100.79		358.15	125.35	89.54	10.08		35.82	12.54
综合人工工日		小　计							89.54	10.08		35.82	12.54
1.21 工日		未计价材料费							588.96				
清单项目综合单价									736.93				

材料费明细	主要材料名称、规格、型号	单位	数量	单价（元）	合价（元）	暂估单价（元）	暂估合价（元）
	洗面盆	套	1.01	300.14	303.14		
	扳把式脸盆水嘴	套	1.01	154.36	155.90		
	角阀	个	2.02	38.59	77.95		
	金属软管	个	2.02	12.86	25.98		
	洗脸盆下水口(铜)	个	1.01	25.73	25.99		
	其他材料费			—	10.08	—	
	材料费小计			—	599.04	—	

综合单价分析表

项目编码	031004003002	项目名称	洗脸盆	计量单位	组	工程量	1

清单综合单价组成明细

定额编号	定额项目名称	定额单位	数量	单价					合价				
				人工费	材料费	机械费	管理费	利润	人工费	材料费	机械费	管理费	利润
10-671	洗脸盆安装(钢管组成,冷水)	10组	0.1	332.30	88.74		132.90	46.50	33.23	8.87		13.29	4.65
综合人工工日		小　计							33.23	8.87		13.29	4.65
0.449 工日		未计价材料费							580.31				
清单项目综合单价									640.35				

材料费明细	主要材料名称、规格、型号	单位	数量	单价（元）	合价（元）	暂估单价（元）	暂估合价（元）
	洗面盆	套	1.01	343.02	346.45		
	立式水嘴　DN15	个	1.01	154.36	155.90		
	角阀	个	1.01	38.59	38.98		
	金属软管	个	1.01	12.86	12.99		
	洗脸盆下水口(铜)	个	1.01	25.73	25.99		
	其他材料费			—	8.87	—	
	材料费小计			—	589.18	—	

综合单价分析表

工程名称：综合楼给排水工程 第18页 共20页

项目编码	031004008001	项目名称	其他成品卫生器具:污水盆		计量单位	组	工程量	2	

清单综合单价组成明细

定额编号	定额项目名称	定额单位	数量	单价					合价				
				人工费	材料费	机械费	管理费	利润	人工费	材料费	机械费	管理费	利润
10-681	洗涤盆安装(单嘴)	10组	0.1	272.30	77.24		108.95	38.10	27.23	7.72		10.90	3.81
综合人工工日		小 计							27.23	7.72		10.90	3.81
0.368工日		未计价材料费							129.93				
清单项目综合单价									179.59				

材料费明细	主要材料名称、规格、型号	单位	数量	单价(元)	合价(元)	暂估单价(元)	暂估合价(元)
	洗涤盆	只	1.01	77.18	77.95		
	水嘴	个	1.01	25.73	25.99		
	排水栓	套	1.01	25.73	25.99		
	其他材料费			—	7.72	—	
	材料费小计			—	137.65	—	

综合单价分析表

工程名称：综合楼给排水工程 第19页 共20页

项目编码	031004014001	项目名称	给、排水附(配)件:地漏		计量单位	个	工程量	4	

清单综合单价组成明细

定额编号	定额项目名称	定额单位	数量	单价					合价				
				人工费	材料费	机械费	管理费	利润	人工费	材料费	机械费	管理费	利润
10-749	地漏安装 DN50	10个	0.1	112.48	22.63		45.00	15.75	11.25	2.26		4.50	1.58
综合人工工日		小 计							11.25	2.26		4.50	1.58
0.152工日		未计价材料费							38.59				
清单项目综合单价									58.18				

材料费明细	主要材料名称、规格、型号	单位	数量	单价(元)	合价(元)	暂估单价(元)	暂估合价(元)
	普通地漏 DN50	个	1	38.59	38.59		
	其他材料费			—	2.26	—	
	材料费小计			—	40.85	—	

综合单价分析表

工程名称：综合楼给排水工程　　　　　　　　　　　　　　　　　　　第 20 页　共 20 页

项目编码	031301017001	项目名称	脚手架搭拆		计量单位	项	工程量	1

清单综合单价组成明细

定额编号	定额项目名称	定额单位	数量	单　价					合　价				
				人工费	材料费	机械费	管理费	利润	人工费	材料费	机械费	管理费	利润
10-9300	第十册脚手架搭拆费增加人工费5%,其中人工工资25%,材料费75%	项	1	19.04	57.11		7.62	2.67	19.04	57.11		7.62	2.67
综合人工工日			小　计						19.04	57.11		7.62	2.67
			未计价材料费										
清单项目综合单价								86.44					

材料费明细	主要材料名称、规格、型号	单位	数量	单价（元）	合价（元）	暂估单价（元）	暂估合价（元）
	其他材料费			—	57.11	—	
	材料费小计			—	57.11	—	

总价措施项目清单与计价表

工程名称：综合楼给排水工程　　　　　　　　　标段：　　　　　　　　　第 1 页　共 1 页

序号	项目编码	项目名称	计算基础	费率（%）	金额（元）	调整费率（%）	调整后金额（元）	备注
1	031302001001	安全文明施工			137.61			
1.1	1.1	基本费	分部分项工程费＋单价措施清单合价－分部分项工程设备费－单价措施工程设备费	1.5	137.61			
1.2	1.2	增加费	分部分项工程费＋单价措施清单合价－分部分项工程设备费－单价措施工程设备费					
2	031302002001	夜间施工增加费						
3	031302003001	非夜间施工照明						
4	031302005001	冬雨季施工增加费						
5	031302006001	已完工程及设备保护费						
6	031302008001	临时设施	分部分项工程费＋单价措施清单合价－分部分项工程设备费－单价措施工程设备费	1.5	137.61			
7	031302009001	赶工措施						
8	031302010001	工程按质论价						
9	031302011001	住宅分户验收						
合　计					275.22			

其他项目清单与计价汇总表

工程名称:综合楼给排水工程　　　　　　　标段:　　　　　　　　　　第1页　共1页

序号	项 目 名 称	金额(元)	结算金额(元)	备注
1	暂列金额			
2	暂估价			
2.1	材料(工程设备)暂估价	—		
2.2	专业工程暂估价			
3	计日工			
4	总承包服务费			
	合　计			—

暂列金额明细表

工程名称:综合楼给排水工程　　　　　　　标段:　　　　　　　　　　第1页　共1页

序号	项目名称	计量单位	暂定金额(元)	备注
	合计		0.00	—

材料(工程设备)暂估单价及调整表

工程名称:综合楼给排水工程　　　　　　　标段:　　　　　　　　　　第1页　共1页

序号	材料编码	材料(工程设备)名称、规格、型号	计量单位	数量		暂估(元)		确认(元)		差额±(元)		备注
				投标	确认	单价	合价	单价	合价	单价	合价	
		合　计										

专业工程暂估价及结算价表

工程名称:综合楼给排水工程　　　　　　　标段:　　　　　　　　　　第1页　共1页

序号	工程名称	工程内容	暂估金额(元)	结算金额(元)	差额±(元)	备注
	合计					

计 日 工 表

工程名称:综合楼给排水工程　　　　　　　标段:　　　　　　　　　　第1页　共1页

编号	项目名称	单位	暂定数量	实际数量	综合单价(元)	合价(元)	
						暂定	实际
一	人工						
	人 工 小 计						

续表

编号	项目名称	单位	暂定数量	实际数量	综合单价(元)	合价(元)	
						暂定	实际
二	材料						
材料 小 计							
三	施工机械						
施工机械小计							
四、企业管理费和利润 按 的 %							
总 计							

总承包服务费计价表

工程名称:综合楼给排水工程　　　　　　　标段:　　　　　　　　　　第1页 共1页

序号	项目名称	项目价值(元)	服务内容	计算基础	费率(%)	金额(元)
合计		—	—	—	—	0.00

规费、税金项目计价表

工程名称:综合楼给排水工程　　　　　　　标段:　　　　　　　　　　第1页 共1页

序号	项目名称	计算基础	计算基数(元)	计算费率(%)	金额(元)
1	规费		275.93		275.93
1.1	社会保险费	分部分项工程费+措施项目费+其他项目费-工程设备费	9 449.55	2.4	226.79
1.2	住房公积金		9 449.55	0.42	39.69
1.3	工程排污费		9 449.55	0.1	9.45
2	税金	分部分项工程费+措施项目费+其他项目费+规费-按规定不计税的工程设备金额	9 725.48	10	972.55
合 计					1 248.48

发包人提供材料和工程设备一览表

工程名称:综合楼给排水工程　　　　　　　标段:　　　　　　　　　　第1页 共1页

序号	材料编码	材料(工程设备)名称、规格、型号	单位	数量	单价(元)	合价(元)	交货方式	送达地点	备注
合 计						0.00			

承包人供应材料一览表

工程名称：综合楼给排水工程　　　　　　　　标段：　　　　　　　第1页　共1页

序号	材料编码	材料名称	规格、型号等特殊要求	单位	数量	单价(元)	合价(元)	备注
1		PP-R管件	DN32	个	7.074 4	7.70	54.47	
2		PP-R管件	DN25	个	2.102 7	4.60	9.67	
3		PP-R管件	DN20	个	7.372 8	3.00	22.12	
4		PP-R管件	DN15	个	10.034 8	2.00	20.07	
5	14210102	金属软管		个	12.11	12.86	155.73	
6	14310377	承插塑料排水管	DN50	m	5.221 8	5.15	26.89	
7	14310378	承插塑料排水管	DN75	m	10.573 7	9.43	99.71	
8	14310379	承插塑料排水管	DN100	m	13.086 7	18.01	235.69	
9	14311503	PP-R给水管	DN32	m	8.986 2	12.86	115.56	
10	14311503	PP-R给水管	DN25	m	2.193	8.58	18.82	
11	14311503	PP-R给水管	DN20	m	6.528	5.40	35.25	
12	14311503	PP-R给水管	DN15	m	6.252 6	3.52	22.01	
13	15230307	承插塑料排水管件	DN50	个	4.870 8	2.57	12.52	
14	15230308	承插塑料排水管件	DN75	个	11.814 5	4.72	55.76	
15	15230309	承插塑料排水管件	DN100	个	17.479 7	9.00	157.32	
16	16310106	螺纹阀门	DN32	个	3.03	38.59	116.93	
17	16413540	角阀		个	12.12	38.59	467.71	
18	16413540	自闭式冲洗阀		个	1.01	102.91	103.94	
19	18090101	洗面盆		套	4.04	300.14	1 212.57	
20	18090101	洗面盆		套	1.01	343.02	346.45	
21	18130101	洗涤盆		只	2.02	77.18	155.90	
22	18150101	蹲式陶瓷大便器		套	2.02	222.96	450.38	
23	18150322	连体坐便器		套	1.01	557.41	562.98	
24	18170104	普通型陶瓷小便器	挂式	套	1.01	343.02	346.45	
25	18250141	陶瓷蹲式大便器低水箱		个	2.02	128.63	259.83	
26	18410301	水嘴		个	2.02	25.73	51.97	
27	18413505	立式水嘴	DN15	个	1.01	154.36	155.90	
28	18413513	扳把式脸盆水嘴		套	4.04	154.36	623.61	
29	18430101	排水栓		套	2.02	25.73	51.97	
30	18430305	普通地漏	DN50	个	4.00	38.59	154.36	
31	18470308	洗脸盆下水口(铜)		个	5.05	25.73	129.94	
32	21010306	螺纹水表	DN32	只	1.00	66.03	66.03	

7 消防工程

《通用安装工程工程量计算规范》附录 J 消防工程适用于采用工程量清单计价的工业与民用建筑的新建、扩建和整体更新改造的消防工程,主要内容包括:水灭火系统、气体灭火系统、泡沫灭火系统、火灾自动报警系统、消防系统调试等 5 个部分。水灭火系统中包括消火栓灭火系统和自动喷淋灭火系统两部分。

《江苏省安装工程计价定额》(2014 版)是完成安装工程规定计量单位分部分项工程所需的人工、材料、施工机械台班的消耗量标准,是编制设计概算、施工图预算、招标控制价、投标报价的依据。《江苏省安装工程计价定额》中的《第九册 消防工程》适用于工业与民用建筑的新建、扩建和整体更新改造的消防工程。主要内容如表 7.1 所示。

表 7.1 《消防工程》的分部分项工程名称表

序号	分部工程	分项工程名称
1	水灭火系统安装	管道安装;系统组件安装;其他组件安装;消火栓安装;灭火器安装;消防水炮安装;隔膜式气压水罐安装(气压罐);自动喷水灭火系统管网水冲洗
2	气体灭火系统安装	管道安装;系统组件安装;二氧化碳称重检漏装置安装;系统组件试验;无管网灭火装置安装
3	泡沫灭火系统安装	泡沫发生器安装;泡沫比例混合器安装
4	火灾自动报警系统安装	探测器安装;按钮安装;模块(接口)安装;报警控制器安装;联动控制器安装;报警联动一体机安装;重复显示器、报警装置、远程控制器安装;火灾事故广播安装;消防通信、报警备用电源安装;火灾报警控制微机(CRT)安装
5	消防系统调试	自动报警系统装置调试;水灭火系统控制装置调试;火灾事故广播、消防通信、消防电梯系统装置调试;电动防火门、防火卷帘门、正压送风阀、排烟阀、防火阀控制系统装置调试,气体灭火系统装置调试

未列入《通用安装工程工程量计算规范》附录 J 的项目,编制清单时按相关专业工程的计算规范的规定设置,计价时套用相应计价定额的有关项目,具体来说:

(1)电缆敷设、桥架安装、配管配线、接线箱、动力、应急照明控制设备、应急照明器具、电动机检查接线、防雷接地装置等安装,按《通用安装工程工程量计算规范》附录 D 相关项目编码列项,组价时套用《安装工程计价定额》中的《第四册 电气设备安装工程》相应定额。

(2)消防管道上的阀门、管道支架及设备支架、水箱、套管制作安装,应按《通用安装工程工程量计算规范》附录 K 给排水、采暖、燃气工程相关项目编码列项。组价时阀门、法兰安装、各种套管的制作安装执行《第十册 给排水、采暖、燃气工程》相应定额项目,泵房间管道安装执行《第八册 工业管道工程》相应定额项目,管道支吊架及水箱制作安装执行《第十册 给排水、采暖、燃气工程》相应定额项目,设备支架制作安装等执行《第三册 静置设备与工艺金属结构制作安装工程》相应项目。

（3）各种消防泵、稳压泵等机械设备安装按《通用安装工程工程量计算规范》附录 A 机械设备安装工程相关项目编码列项，组价时套用《安装工程计价定额》《第一册　机械设备安装工程》相应项目。

（4）各种仪表的安装按《通用安装工程工程量计算规范》附录 F 自动化控制仪表安装工程相关项目编码列项，组价时套用《安装工程计价定额》的《第六册　自动化控制仪表安装工程》相应项目。

（5）管道及设备除锈、刷油、保温除注明者外，均应按《通用安装工程工程量计算规范》附录 M 刷油、防腐蚀、绝热工程相关项目编码列项，组价时执行《第十一册　刷油、防腐蚀、绝热工程》相应项目。

（6）埋地管道的土石方及砌筑工程按《房屋建筑与装饰工程工程量计算规范》附录 A 土石方工程、附录 D 砌筑工程相关项目编码列项，计价时执行《江苏省建筑工程计价定额》有关子目。

7.1　水灭火系统

7.1.1　工程量清单项目

水灭火系统工程量清单项目设置、项目特征描述的内容、计量单位及工程量计算规则，应按照《通用安装工程工程量计算规范》附录 J.1 的规定执行，见表 7.2 所示。

管道安装部位是指室内和室外。水灭火系统室内、外管道界限的划分方法与生活用给水管道室内外划分方法相同，即：

① 水灭火系统管道室内、外划分，以建筑外墙皮 1.5 m 处为分界点，入口处设阀门时，以阀门为分界点。

② 消防水泵房内的管道为工业管道，应按《通用安装工程工程量计算规范》附录 H 工业管道工程相关项目编码列项。设在建筑物内的消防泵间管道与消防管道的划分以泵房外墙皮或泵房屋顶板为分界点。

水灭火系统管道与市政管道的划分：有水表井的，以水表井为界；无水表井的，以与市政给水管道的碰头点为界。

水灭火系统管道连接形式有螺纹连接、法兰连接和沟槽式管件连接。

水喷淋（雾）喷头安装部位应区分有吊顶、无吊顶。

报警装置适用于湿式报警装置（ZSS 型）、干湿两用报警装置（ZSL 型）、电动雨淋报警装置（ZSYL 型）、预作用报警装置（ZSU 型）等报警装置安装。报警装置安装包括装配管（除水力警铃进水管）的安装，水力警铃进水管并入消防管道工程量。

室内消火栓安装方式有悬挂嵌入式和落地式；型号规格包括消火栓箱材质规格、栓口直径及栓口数量（单、双）。

室外消火栓安装方式分地上式、地下式。

消防水泵接合器的安装部位有地上、地下、壁挂，型号规格包括直径及压力等级。

灭火器安装形式有放置式、悬挂式和挂墙式。

表 7.2 J.1 水灭火系统(编码:030901)

项目编码	项目名称	项目特征	计量单位	工程量计算规则	工程内容
030901001	水喷淋钢管	1. 安装部位 2. 材质、规格 3. 连接形式 4. 钢管镀锌设计要求 5. 压力试验及冲洗设计要求 6. 管道标识设计要求	m	按设计图示管道中心线以长度计算	1. 管道及管件安装 2. 钢管镀锌 3. 压力试验 4. 冲洗 5. 管道标识
030901002	消火栓钢管				
030901003	水喷淋(雾)喷头	1. 安装部位 2. 材质、型号、规格 3. 连接形式 4. 装饰盘设计要求	个	按设计图示数量计算	1. 安装 2. 装饰盘安装 3. 严密性试验
030901004	报警装置	1. 名称 2. 型号、规格	组		1. 安装 2. 电气接线 3. 调试
030901005	温感式水幕装置	1. 型号、规格 2. 连接形式			
030901006	水流指示器	1. 规格、型号 2. 连接形式	个		
030901007	减压孔板	1. 材质、规格 2. 连接形式			
030901008	末端试水装置	1. 规格 2. 组装形式	组		
030901009	集热板制作安装	1. 材质 2. 支架形式	个		1. 制作、安装 2. 支架制作、安装
030901010	室内消火栓	1. 安装方式 2. 型号、规格 3. 附件材质、规格	套		1. 箱体及消火栓安装 2. 配件安装
030901011	室外消火栓				1. 安装 2. 配件安装
030901012	消防水泵接合器	1. 安装部位 2. 型号、规格 3. 附件材质、规格	套		1. 安装 2. 附件安装
030901013	灭火器	1. 形式 2. 规格、型号	具 (组)		设置
030901014	消防水炮	1. 水炮类型 2. 压力等级 3. 保护半径	台		1. 本体安装 2. 调试

消防水炮分普通手动水炮、智能控制水炮。

此外,消防管道上的阀门、管道支架及设备支架、水箱、套管制作安装,应按《通用安装工程工程量计算规范》附录 K 给排水、采暖、燃气工程相关项目编码列项。管道除锈、刷油、保温均应按《通用安装工程工程量计算规范》附录 M 刷油、防腐蚀、绝热工程相关项目编码列项。埋地管道的土石方及砌筑工程按《房屋建筑与装饰工程工程量计算规范》附录 A 土石方工程、附录 D 砌筑工程相关项目编码列项,

水灭火系统管道安装按设计图示管道中心线以"m"为计量单位计算,不扣除阀门、管件

及各种组件所占长度。

系统组件按设计图示数量以"个""组""套"为计量单位计算。

7.1.2 综合单价确定

水灭火系统管道安装按设计管道中心线长度以延长米计算,不扣除阀门、管件及各种组件所占长度。按系统类别、安装部位、连接方式(丝扣、法兰、沟槽式)和公称直径不同套用相应定额。其中,室外消防给水管道和消火栓灭火系统的管道套用《安装工程计价定额》中的《第十册 给排水、采暖、燃气工程》第一章相应子目;建筑内设置的自动喷水灭火系统的管道套用《安装工程计价定额》中的《第九册 消防工程》相应定额子目。

水灭火系统管道安装定额包括工序内一次性水压试验;镀锌钢管法兰连接定额,管件是按成品、弯头两端是按接短管焊法兰考虑的,定额中包括了直管、管件、法兰等全部安装工序内容,但管件、法兰及螺栓为未计价材料,管件、法兰及螺栓的主材数量应按设计规定另行计算。螺纹连接的镀锌钢管每10 m长消耗的管件数量可按表7.3确定。

表 7.3 镀锌钢管螺纹连接管件含量表

项目	名称	公称直径(mm 以内)						
		25	32	40	50	70	80	100
管件含量	四通	0.02	1.20	0.53	0.69	0.73	0.95	0.47
	三通	2.29	3.24	4.02	4.13	3.04	2.95	2.12
	弯头	4.92	0.98	1.69	1.78	1.87	1.47	1.16
	管箍		2.65	5.99	2.73	3.27	2.89	1.44
	小计	7.23	8.07	12.23	9.33	8.91	8.26	5.19

若实际工程中采用镀锌无缝钢管,组价时仍套用镀锌钢管安装的相应子目。镀锌钢管与无缝钢管对应关系见表7.4所示。

表 7.4 镀锌钢管和无缝钢管规格对应关系表

公称直径(mm)	15	20	25	32	40	50	70	80	100	150	200
无缝钢管外径(mm)	20	25	32	38	45	57	76	89	108	159	219

自动喷水灭火系统管网水冲洗以设计管道中心线延长米计算,不扣除阀门、管件及各种组件所占长度。按管道公称直径不同,套用《安装工程计价定额》第九册相应定额子目。该定额只适用于自动喷水灭火系统,管网水冲洗定额是按水冲洗考虑的,若采用水压气动冲洗法时,可按施工方案另行计算。

喷头安装不分型号、规格和类型,只按有吊顶与无吊顶分档,以"个"为计量单位。吊顶内喷头安装已考虑装饰盘的安装。

报警装置安装按不同公称直径,以"组"为计量单位。干湿两用报警装置、电动雨淋报警装置、预作用报警装置安装皆执行湿式报警阀装置安装定额,其中人工乘以系数1.2,其余不变。报警装置安装包括装配管(除水力警铃进水管)的安装,水力警铃进水管并入消防管道工程量。其中:

(1)湿式报警装置包括内容:湿式阀、蝶阀、装配管、供水压力表、装置压力表、试验阀、泄放试验阀、泄放试验管、试验管流量计、过滤器、延时器、水力警铃、报警截止阀、漏斗、压力开关等,如图7.1所示。

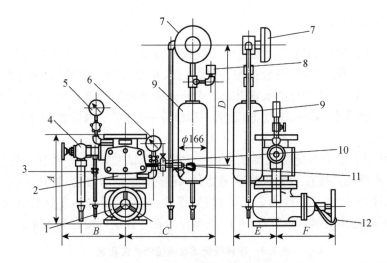

图7.1 湿式报警阀安装示意图

1—控制阀;2—报警阀;3—试警铃阀;4—放水阀;5、6—压力表;
7—水力警铃;8—压力开关;9—延迟器;10—警铃管阀门;11—滤网;12—软锁

(2)干湿两用报警装置包括内容:两用阀、蝶阀、装配管、加速器、加速器压力表、供水压力表、试验阀、泄放试验阀(湿式、干式)、挠性接头、泄放试验管、试验管流量计、排气阀、截止阀、漏斗、过滤器、延时器、水力警铃、压力开关等。

(3)电动雨淋报警装置包括内容:雨淋阀、蝶阀、装配管、压力表、泄放试验阀、流量表、截止阀、注水阀、止回阀、电磁阀、排水阀、手动应急球阀、报警试验阀、漏斗、压力开关、过滤器、水力警铃等。

(4)预作用报警装置包括内容:报警阀、控制蝶阀、压力表、流量表、截止阀、排放阀、注水阀、止回阀、泄放阀、报警试验阀、液压切断阀、装配管、供水检验管、气压开关、试压电磁阀、空压机、应急手动试压器、漏斗、过滤器、水力警铃等。

温感式水幕装置安装,按不同型号和规格以"组"为计量单位。包括给水三通至喷头、阀门间的管道、管件、阀门、喷头等全部内容的安装,但给水三通至喷头、阀门间管道的主材数量按设计管道中心长度另加损耗计算,喷头数量按设计数量另加损耗计算。

水流指示器、减压孔板安装,按不同规格均以"个"为计量单位。减压孔板若在法兰盘内安装,其法兰计入组价中。

集热板制作安装以"个"为计量单位。

室内消火栓安装按不同栓口数量(单出口和双出口),以"套"为计量单位。室内消火栓组合卷盘安装,执行室内消火栓安装的相应子目,定额基价乘以系数1.2。室内消火栓安装包括消火栓箱、消火栓、水枪、水龙头、水龙带接扣、自救卷盘、挂架、消防按钮;落地消火栓箱包括箱内手提灭火器。

室外消火栓安装按不同型号类别(地上式SS、地下式SX)、工作压力等级(1.0MPa、1.6MPa)、覆土深度,以"套"为计量单位。地上式消火栓安装包括地上式消火栓、法兰接管、弯管底座;地下式消火栓安装包括地下式消火栓、法兰接管、弯管底座或消火栓三通。

末端试水装置按不同规格均以"组"为计量单位。末端试水装置包括压力表、控制阀等附件安装,如图7.2所示。末端试水装置安装中不含连接管及排水管安装,其工程量并入消防管道。

消防水泵接合器安装按不同型号(地上式 SQ、地下式 SQX、墙壁式 SQB)、规格(DN100、DN150),以"套"为计量单位。消防水泵接合器安装包括法兰接管及弯头、阀门、止回阀、安全阀、弯管底座、标牌等附件安装,如图7.2所示。如设计要求用短管时,其本身价值可另行计算,其余不变。

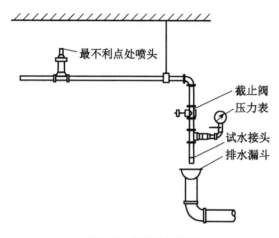

图 7.2　末端试水装置

图 7.3　地上式水泵接合器

灭火器安装按不同安装方式以"具"为计量单位。

消防水炮分不同规格、控制方式(手动、智能控制),以"台"为计量单位。

隔膜式气压水罐安装,区分不同规格以"台"为计量单位。出入口法兰和螺栓按设计规定另行计算。地脚螺栓是按设备自带考虑的,定额中包括指导二次灌浆用工,但二次灌浆费用应按相应定额另行计算。

在采用《江苏省安装工程计价定额》中的《第九册　消防工程》和《第十册　给排水、采暖、燃气工程》作为水灭火系统管道安装清单项目计价定额时,水压试验的相关费用已包括在管道安装的定额基价中,因此,水压试验的费用不需另外计算。

在确定水灭火系统工程量清单项目综合单价时,还需注意以下两点:

(1) 设置于管道间、管廊内的管道安装,其人工费乘以系数1.3。

(2) 主体结构为现场浇筑采用钢模施工的工程,内外浇筑的定额人工费乘以系数1.05,内浇外砌的定额人工费乘以系数1.03。这里钢模指的是大块钢模。

上述两项费用若存在,组价时需计入分部分项工程项目综合单价内。

【例7.1】　某综合楼消防工程,设计图纸要求室内消火栓系统采用 DN100 镀锌钢管,螺纹连接,水压试验。编制其工程量清单和综合单价表。

【解】　工程量清单见表7.5所示。综合单价计算过程见表7.6所示。已知工程类别二类。

表 7.5　分部分项工程项目和单价措施项目清单与计价表

工程名称：××消防工程　　　　　　　　　标段：　　　　　　　　　第___页　共___页

序号	项目编码	项目名称	项目特征描述	计量单位	工程数量	综合单价	合价	其中:暂估价
						金额(元)		
1	030901002001	消火栓钢管	1.安装部位:室内 2.材质、规格:镀锌钢管、DN100 3.连接形式:螺纹连接 4.压力试验及冲洗设计要求:水压试验	m	365			

表 7.6　分部分项工程项目清单综合单价计算表

工程名称：××消防工程　　　　　　　　　　　　计量单位:m
项目编码：030901002001　　　　　　　　　　　工程数量:365
项目名称：消火栓钢管　　　　　　　　　　　　综合单价:105.18 元

序号	定额编号	工程内容	单位	数量	人工费	材料费	机械费	管理费	利润	小计
1	10—167	DN 镀锌钢管(螺纹)	10 m	36.50	9 291.44	3 743.44	711.02	4 088.23	1 300.80	19 134.93
2		材料:DN100 钢管	m	372.30		19 256.90				19 256.90
		合计			9 291.44	23 000.34	711.02	4 088.23	1 300.80	38 391.83

7.2　气体灭火系统

气体灭火系统是指平时灭火剂以液体、液化气体或气体状态贮存于压力容器内,灭火时以气体(包括蒸汽、气雾)状态喷射灭火介质的灭火系统。该系统能在防护区空间内形成各方向均一的气体浓度,能保持该灭火浓度达到规范规定的浸渍时间,实现扑灭该防护区的空间火灾。气体灭火系统按灭火系统的结构特点可分为管网灭火系统和无管网灭火装置。

气体管网灭火系统常用的有:

(1)七氟丙烷(HFC-227ea)灭火系统。七氟丙烷灭火剂无色、无味、清洁、低毒,是替代已有卤代烷的理想产品。七氟丙烷灭火系统包括:灭火剂瓶组、驱动气体瓶组(可选)、单项阀、选择阀、驱动装置、集流管、连接管、喷头、信号反馈装置、安全泄放装置、控制盘、检漏装置、管道管件及吊钩支架等组成。

(2)IG-541 灭火系统。IG-541 灭火系统又名混合气体灭火系统,采用的 IG-541 混合气体灭火剂是由大气层中的氮气(N_2)、氩气(Ar)和二氧化碳(CO_2)三种气体分别以 52%、40%、8%的比例混合而成的一种灭火剂。混合气体灭火系统包括:灭火瓶组、高压软管、灭火剂单向阀、启动瓶组、安全泄压装置、选择阀、压力信号器、喷头、高压管道等组成。

(3)二氧化碳灭火系统:由灭火剂储存装置、总控阀、驱动器、喷头、管道超压泄放装置、信号反馈装置、控制器等组成。

7.2.1 工程量清单项目

气体灭火系统工程量清单项目设置、项目特征描述的内容、计量单位及工程量计算规则,应按照《通用安装工程工程量计算规范》附录J.2的规定执行,见表7.7所示。

表7.7 J.2 气体灭火系统(编码:030902)

项目编码	项目名称	项目特征	计量单位	工程量计算规则	工程内容
030902001	无缝钢管	1. 介质 2. 材质、压力等级 3. 规格 4. 焊接方法 5. 钢管镀锌设计要求 6. 压力试验及吹扫设计要求 7. 管道标识设计要求	m	按设计图示管道中心线以长度计算	1. 管道安装 2. 管件安装 3. 钢管镀锌 4. 压力试验 5. 吹扫 6. 管道标识
030902002	不锈钢管	1. 材质、压力等级 2. 规格 3. 焊接方法 4. 充氩保护方式、部位 5. 压力试验及吹扫设计要求 6. 管道标识设计要求			1. 管道安装 2. 焊口充氩保护 3. 压力试验 4. 吹扫 5. 管道标识
030902003	不锈钢管管件	1. 材质、压力等级 2. 规格 3. 焊接方法 4. 充氩保护方式、部位	个	按设计图示数量计算	1. 管件安装 2. 管件焊口充氩保护
030902004	气体驱动装置管道	1. 材质、压力等级 2. 规格 3. 焊接方法 4. 压力试验及吹扫设计要求 5. 管道标识设计要求	m	按设计图示管道中心线以长度计算	1. 管道安装 2. 压力试验 3. 吹扫 4. 管道标识
030902005	选择阀	1. 材质 2. 型号、规格 3. 连接形式	个	按设计图示数量计算	1. 安装 2. 压力试验
030902006	气体喷头				喷头安装
030902007	贮存装置	1. 介质、类型 2. 型号、规格 3. 气体增压设计要求			1. 贮存装置安装 2. 系统组件安装 3. 气体增压
030902008	称重检漏装置	1. 型号 2. 规格	套	按设计图示数量计算	1. 安装 2. 调试
030902009	无管网气体灭火装置	1. 类型 2. 型号、规格 3. 安装部位 4. 调试要求			

气体灭火介质包括:七氟丙烷、IG-541和二氧化碳。

管道压力方法包括:液压、气压、泄露、真空。

管道吹扫方式包括:水冲洗、空气吹扫、蒸汽吹扫。

气体灭火系统管道安装工程量:按设计图示管道中心线长度以延长米计算,不扣除阀门、管件及各种组件所占长度。

系统组件安装按设计图示数量以"个""套"为计量单位计算。

需要注意的是:无缝钢管安装清单项目的工程内容中已包括管件安装,而不锈钢管安装清单项目的工程内容中不包括管件安装,故不锈钢管件需单独编码列项。

7.2.2 综合单价确定

各种管道安装按设计管道中心长度以延长米计算,不扣除阀门、管件及各种组件所占长度,主材数量应按定额用量计算。

无缝钢管螺纹连接定额不包括钢制管件连接内容,其工程量应按设计用量执行钢制管件连接定额。钢制管件螺纹连接均按不同规格以"个"为计量单位。

无缝钢管法兰连接定额,管件是按成品、弯头两端是按接短管焊法兰考虑的,包括了直管、管件、法兰等预装和安装的全部工程内容,但管件、法兰及螺栓的主材数量应按设计规定另行计算。

螺纹连接的不锈钢管及管件安装,按无缝钢管和钢制管件安装相应定额乘以系数1.20。不锈钢管及管件的焊接或法兰连接执行《第八册 工业管道工程》相应定额子目。

不锈钢管的焊口充氩保护,按不同规格分管内、管外以"口"为计量单位,执行《第八册 工业管道工程》相应定额子目。

各种管道的压力试验、吹扫工程量按设计管道中心长度以延长米计算,不扣除阀门、管件及各种组件所占长度,执行《第八册 工业管道工程》相应定额子目。

无缝钢管和钢制管件内外镀锌及场外运输费用另行计算。

气体驱动装置管道安装定额包括卡套连接件的安装,其本身价值按设计用量另行计算。

喷头安装均按不同规格以"个"为计量单位。喷头安装定额中包括管件安装及配合水压试验安装拆除丝堵的工程内容。

选择阀安装按不同规格和连接方式分别以"个"为计量单位。

贮存装置安装按贮存容器和驱动气瓶的规格(L)以"套"为计量单位。贮存装置安装中包括灭火剂贮存容器、驱动气瓶、支框架、集流阀、容器阀、单向阀、高压软管和安全阀等贮存装置和阀驱动装置、减压装置、压力指示仪等。二氧化碳贮存装置安装时,不需增压,应扣除高纯氮气,其余不变。

二氧化碳称重检漏装置以"套"为计量单位,包括泄漏报警开关、配重、支架等。

系统组件包括选择阀、单向阀(含气、液)及高压软管,系统组件安装和试验分别以"个"为计量单位计算。系统组件试验按水压强度试验和气压严密性试验。

无缝钢管、钢制管件、选择阀安装及系统组件试验均适用于七氟丙烷灭火系统、IG-541灭火系统。二氧化碳灭火系统,按相应安装定额乘以系数1.2。

无管网气体灭火系统以"套"为计量单位,由柜式预制灭火装置、火灾探测器、火灾自动报警灭火控制器等组成,具有自动控制和手动控制两种启动方式。无管网气体灭火装置安装,包括气瓶柜装置(内设气瓶、电磁阀、喷头)和自动报警控制装置(包括控制器、烟、温感、声光报警器、手动报警器、手/自动控制按钮)等。

气体灭火系统调试按《通用安装工程计算规范》附录J.5消防系统调试单独编码列项,计价执行《安装工程计价定额》第九册第五章相应定额子目。

7.3 泡沫灭火系统

7.3.1 工程量清单项目

泡沫灭火系统工程量清单项目设置、项目特征描述的内容、计量单位及工程量计算规则,应按照《通用安装工程工程量计算规范》附录 J.3 的规定执行,见表 7.8 所示。

表 7.8 J.3 泡沫灭火系统(编码:030903)

项目编码	项目名称	项目特征	计量单位	工程量计算规则	工程内容
030903001	碳钢管	1. 材质、压力等级 2. 规格 3. 焊接方法 4. 无缝钢管镀锌设计要求 5. 压力试验、吹扫设计要求 6. 管道标识设计要求	m	按设计图示管道中心线以长度计算	1. 管道安装 2. 管件安装 3. 无缝钢管镀锌 4. 压力试验 5. 吹扫 6. 管道标识
030903002	不锈钢管	1. 材质、压力等级 2. 规格 3. 焊接方法 4. 充氩保护方式、部位 5. 压力试验、吹扫设计要求 6. 管道标识设计要求			1. 管道安装 2. 焊口充氩保护 3. 压力试验 4. 吹扫 5. 管道标识
030903003	铜管	1. 材质、压力等级 2. 规格 3. 焊接方法 4. 压力试验、吹扫设计要求 5. 管道标识设计要求			1. 管道安装 2. 压力试验 3. 吹扫 4. 管道标识
030903004	不锈钢管管件	1. 材质、压力等级 2. 规格 3. 焊接方法 4. 充氩保护方式、部位	个	按设计图示数量计算	1. 管件安装 2. 管件焊口充氩保护
030903005	铜管管件	1. 材质、压力等级 2. 规格 3. 焊接方法			管件安装
030903006	泡沫发生器	1. 类型 2. 型号、规格 3. 二次灌浆材料	台		1. 安装 2. 调试 3. 二次灌浆
030903007	泡沫比例混合器				
030903008	泡沫液贮罐	1. 质量/容量 2. 型号、规格 3. 二次灌浆材料			

注:1. 泡沫灭火管道工程量计算,不扣除阀门、管件及各种组件所占长度以延长米计算。
   2. 泡沫发生器、泡沫比例混合器安装,包括整体安装、焊法兰、单体调试及配合管道试压时隔离本体所消耗的工料。
   3. 泡沫液贮罐内如需充装泡沫液,应明确描述泡沫灭火剂品种、规格。

J.3 泡沫灭火系统包括的项目有管道、管件、泡沫发生器、泡沫比例混合器和泡沫液贮罐安装。编制工程量清单时,按材质、型号规格、焊接方式等不同项目特征列项。

泡沫灭火系统上的阀门、法兰、管道支架及设备支架、套管制作安装,应按《通用安装工程工程量计算规范》附录 K 给排水、采暖、燃气工程相关项目编码列项。

气体灭火系统管道安装工程量:按设计图示管道中心线长度以延长米计算,不扣除阀门、管件及各种组件所占长度。

系统组件安装按设计图示数量以"个""台"为计量单位计算。

需要注意的是:碳钢管安装清单项目的工程内容中已包括管件安装,而不锈钢管、铜管安装清单项目的工程内容中不包括管件安装,故不锈钢管件、铜管件需单独编码列项。

7.3.2 综合单价确定

各种管道安装按设计管道中心长度以延长米计算,不扣除阀门、管件及各种组件所占长度,主材数量应按定额用量计算。

管件均按不同规格、连接方式以"个"为计量单位。

不锈钢管的焊口充氩保护,按不同规格分管内、管外以"口"为计量单位。

各种管道的压力试验、吹扫工程量按设计管道中心长度以延长米计算,不扣除阀门、管件及各种组件所占长度。

泡沫灭火系统的管道、管件、法兰、阀门、管道支架等的安装及管道系统水冲洗、强度试验、严密性试验等执行《第八册 工业管道工程》相应定额子目。

泡沫发生器安装均按不同型号以"台"为计量单位,法兰和螺栓按设计规定另行计算。

泡沫比例混合器安装均按不同型号以"台"为计量单位,法兰和螺栓按设计规定另行计算。

泡沫发生器及泡沫比例混合器安装中已包括整体安装、焊法兰、单体调试及配合管道试压时隔离本体所消耗的人工和材料,不包括支架的制作安装和二次灌浆的工程内容,其工程量按相应定额另行计算。地脚螺栓按设备自带考虑。

油罐上安装的泡沫发生器及化学泡沫室执行《第三册 静置设备与工艺金属结构制作安装工程》相应定额。

泡沫喷淋系统的管道组件、气压水罐等安装应执行《通用安装工程工程量计算规范》附录 J.1 水灭火系统相关项目编码列项及计价。

泡沫液充装是按生产厂在施工现场充装考虑的,若由施工单位充装时,可另行计算。

泡沫灭火系统调试按《通用安装工程计算规范》附录 J.5 消防系统调试单独编码列项,计价时应按批准的施工方案计算。

7.4 火灾自动报警系统

7.4.1 工程量清单项目

火灾自动报警系统工程量清单项目设置、项目特征描述的内容、计量单位及工程量计算规则,应按照《通用安装工程工程量计算规范》附录 J.4 的规定执行,见表 7.9 所示。

表 7.9 J.4 火灾自动报警系统(编码:030904)

项目编码	项目名称	项目特征	计量单位	工程量计算规则	工程内容
030904001	点型探测器	1. 名称 2. 规格 3. 线制 4. 类型	个	按设计图示数量计算	1. 底座安装 2. 探头安装 3. 校接线 4. 编码 5. 探测器调试
030904002	线型探测器	1. 名称 2. 规格 3. 安装方式	m	按设计图示长度计算	1. 探测器安装 2. 接口模块安装 3. 报警终端安装 4. 校接线
030904003	按钮	1. 名称 2. 规格	个	按设计图示数量计算	1. 安装 2. 校接线 3. 编码 4. 调试
030904004	消防警铃				
030904005	声光报警器				
030904006	消防报警电话插孔(电话)	1. 名称 2. 规格 3. 安装方式	个(部)		
030904007	消防广播(扬声器)	1. 名称 2. 功率 3. 安装方式	个		
030904008	模块(模块箱)	1. 名称 2. 规格 3. 类型 4. 输出形式	个(台)		
030904009	区域报警控制箱	1. 多线制 2. 总线制 3. 安装方式 4. 控制点数量 5. 显示器类型	台		1. 本体安装 2. 校接线、摇测绝缘电阻 3. 排线、绑扎、导线标识 4. 显示器安装 5. 调试
030904010	联动控制箱				
030904011	远程控制箱(柜)	1. 规格 2. 控制回路			
030904012	火灾报警系统控制主机	1. 规格、线制 2. 控制回路 3. 安装方式			1. 安装 2. 校接线 3. 调试
030904013	联动控制主机				
030904014	消防广播及对讲电话主机(柜)				
030904015	火灾报警控制微机(CRT)	1. 规格 2. 安装方式			1. 安装 2. 调试
030904016	备用电源及电池主机(柜)	1. 名称 2. 容量 3. 安装方式	套		
030904017	报警联动一体机	1. 规格、线制 2. 控制回路 3. 安装方式	台		1. 安装 2. 校接线 3. 调试

注:1. 消防报警系统配管、配线、接线盒均应按本规范附录 D 电气设备安装工程相关项目编码列项。
　　2. 消防广播及对讲电话主机包括功放、录音机、分配器、控制柜等设备。
　　3. 点型探测器包括火焰、烟感、温感、红外光束、可燃气体探测器等。

依据施工图所示的各项工程实体列项,按项目特征设置具体项目名称,并按对应的项目编码编好后三位码。

点型探测器的项目特征:首先要正确描述探测器的名称(如型号、生产厂家),其次区分探测器的接线方式是总线制还是多线制,最后要区分探测器的类型是感烟、感温、红外光束、火焰还是可燃气体。工程内容则应包括探头安装、底座安装、校接线、探测器调试。

线型探测器以其安装方式为项目特征,安装方式为环绕、正弦及直线。其工程内容中除了探测器本体安装、校接线、调试外,另将控制模块和报警终端进行了综合。

按钮的规格包括消火栓按钮、手动报警按钮、气体灭火起/停按钮。

模块(接口)名称分为控制模块(接口)和报警接口。控制模块(接口)是指仅能起控制作用的模块(接口),亦称为中继器,依据其给出控制信号的数量,输出方式分为单输出和多输出两种形式。报警模块(接口)不起控制作用,只能起监视、报警作用。

报警控制器、联动控制器、报警联动一体机项目特征均为线制(多线制、总线制)、安装方式(壁挂式、落地式、琴台式)、控制点数量。工程内容中除了控制器本体安装、校接线、调试外,另将消防报警备用电源进行了综合。

报警控制器控制点数量:多线制"点"是指报警控制器所带报警器件(探测器、报警按钮等)的数量。总线制"点"是指报警控制器所带的有地址编码的报警器件(探测器、报警按钮、模块等)的数量。如果一个模块带数个探测器,则只能计为一点。

联动控制器控制点数量:多线制"点"是指联动控制器所带联动设备的状态控制和状态显示的数量。总线制"点"是指联动控制器所带的有控制模块(接口)的数量。

报警联动一体机控制点数量:多线制"点"是指报警联动一体机所带报警器件与联动设备的状态控制和状态显示的数量。总线制"点"是指报警联动一体机所带的有地址编码的报警器件与控制模块(接口)的数量。

重复显示器(楼层显示器)按总线制与多线制区分。

报警装置按报警形式分为声光报警和警铃报警。

远程控制器按其控制回路数区别列项。

编制清单时的注意点:

(1)电缆敷设、桥架安装、配管配线、接线盒、动力、应急照明控制设备、应急照明器具、电动机检查接线、防雷接地装置等安装,按《通用安装工程工程量计算规范》附录D电气设备安装工程相关项目编码列项。

(2)各种仪表的安装及带电讯号的阀门、水流指示器、压力开关、驱动装置及泄漏报警开关的接线、校线等按《通用安装工程工程量计算规范》附录F自动化控制仪表安装工程相关项目编码列项。

7.4.2 综合单价确定

点型探测器包括火焰、烟感、温感、红外光束、可燃气体探测器等,按线制的不同分为多线制与总线制,不分规格、型号、安装方式与位置,以"个"为计量单位。探测器安装包括了探头和底座的安装及本体调试。

红外线探测器以"对"为计量单位。红外线探测器是成对使用的,在计算时一对为两只。定额中包括了探头支架安装和探测器的调试、对中。

火焰探测器、可燃气体探测器按线制的不同分为多线制与总线制两种,计算时不分规格、型号、安装方式与位置,以"个"为计量单位。探测器安装包括了探头和底座的安装及本体调试。

线型探测器的安装方式按环绕、正弦及直线综合考虑,不分线制及保护形式,以"m"为计量单位,定额中未包括探测器连接的一只模块和终端,其工程量应按相应定额另行计算。

按钮包括消火栓按钮、手功报警按钮、气体灭火起/停按钮,以"个"为计量单位,按照在轻质墙体和硬质墙体上安装两种方式综合考虑,执行时不得因安装方式不同而调整。

控制模块(接口)是指仅能起控制作用的模块(接口),亦称为中继器,依据其给出控制信号的数量,分为单输出和多输出两种形式。执行时不分安装方式,按照输出数量以"个"为计量单位。

报警模块(接口)不起控制作用,只起监视、报警作用,执行时不分安装方式,以"个"为计量单位。

报警控制器、联动控制器、报警联动一体机按线制的不同分为多线制与总线制两种,其中又按其安装方式不同分为壁挂式和落地式。在不同线制、不同安装方式中按照"点"数的不同划分定额项目,以"台"为计量单位。报警控制器多线制"点"是指报警控制器所带报警器件(探测器、报警按钮等)的数量,总线制"点"是指报警控制器所带的有地址编码的报警器件(探测器、报警按钮、模块等)的数量。如果一个模块带数个探测器,则只能计为一点;联动控制器多线制"点"是指联动控制器所带联动设备的状态控制和状态显示的数量,总线制"点"是指联动控制器所带的有控制模块(接口)的数量。报警联动一体机多线制"点"是指报警联动一体机所带报警器件与联动设备的状态控制和状态显示的数量。总线制"点"是指报警联动一体机所带的有地址编码的报警器件与控制模块(接口)的数量。

重复显示器(楼层显示器)不分规格、型号、安装方式,按总线制与多线制划分,以"台"为计量单位。

警报装置分为声光报警和警铃报警两种形式,均以"台"为计量单位。

远程控制器按其控制回路数以"台"为计量单位。

火灾事故广播中的功放机、录音机的安装按柜内及台上两种方式综合考虑,分别以"个"为计量单位。

消防广播控制柜是指安装成套消防广播设备的成品机柜,不分规格、型号以"台"为计量单位。

火灾事故广播中的扬声器不分规格、型号,按照吸顶式与壁挂式以"个"为计量单位。

广播用分配器是指单独安装的消防广播用分配器(操作盘),以"台"为计量单位。

消防通信系统中的电话交换机按"门"数不同以"台"为计量单位;通信分机、插孔是指消防专用电话分机与电话插孔,不分安装方式,分别以"部""个"为计量单位。

报警备用电源综合考虑了规格、型号,以"套"为计量单位。

火灾报警控制微机(CRT)安装,以"台"为计量单位。

设备支架、底座、基础的制作与安装和构件加工制作均执行《安装工程计价定额》中的《第四册 电气设备安装工程》相应定额。

由于《江苏省安装工程计价定额》第九册定额子目划分与《计价规范》完全相同,投标报

价时可直接参照有关定额子目,故不一一举例。但是仍需注意以下几点:

(1)"火灾自动报警系统安装"定额包括以下工程内容:

① 施工技术准备、施工机械准备、标准仪器准备、施工安全防护措施、安装位置的清理。

② 设备和箱、机及元件的搬运、开箱检查,清点,杂物回收,安装就位,接地,密封,箱、机内的校线、接线,挂锡、编码、测试、清洗、记录整理等。

(2)"火灾自动报警系统安装"定额中均包括了校线、接线和本体调试。

(3)"火灾自动报警系统安装"定额中箱、机是以成套装置编制的;柜式及琴台式安装均执行落地式安装相应项目。

(4)"火灾自动报警系统安装"不包括以下工程内容:

① 设备支架、底座、基础的制作与安装。

② 构件加工制作。

③ 电机检查、接线及调试。

④ 事故照明及疏散指示控制装置安装。

⑤ CRT 彩色显示装置安装。

7.5 消防系统调试

7.5.1 工程量清单项目

消防系统调试工程量清单项目设置、项目特征描述的内容、计量单位及工程量计算规则,应按照《通用安装工程工程量计算规范》附录 J.5 的规定执行,见表 7.10 所示。

表 7.10 J.5 消防系统调试(编码:030905)

项目编码	项目名称	项目特征	计量单位	工程量计算规则	工程内容
030905001	自动报警系统调试	1. 点数 2. 线制	系统	按系统计算	系统调试
030905002	水灭火控制装置调试	系统形式	点	按控制装置的点数计算	调试
030905003	防火控制装置调试	1. 名称 2. 类型	个(部)	按设计图示数量计算	
030905004	气体灭火系统装置调试	1. 试验容器规格 2. 气体试喷	点	按调试、检验和验收所消耗的试验容器总数计算	1. 模拟喷气试验 2. 备用灭火器贮存容器切换操作试验 3. 气体试喷

注:1. 自动报警系统,包括各种探测器、报警器、报警按钮、报警控制器、消防广播、消防电话等组成的报警系统;按不同点数以系统计算。

2. 水灭火控制装置,自动喷洒系统按水流指示器数量以点(支路)计算;消火栓系统按消火栓启泵按钮数量以点计算;消防水炮系统按水炮数量以点计算。

3. 防火控制装置,包括电动防火门、防火卷帘门、正压送风阀、排烟阀、防火控制阀、消防电梯等防火控制装置;电动防火门、防火卷帘门、正压送风阀、排烟阀、防火控制阀等调试以个计算,消防电梯以部计算。

4. 气体灭火系统调试,是由七氟丙烷、IG-541、二氧化碳等组成的灭火系统;按气体灭火系统装置的瓶头阀以点计算。

消防系统调试是指一个单位工程的消防工程全系统安装完毕且连通,为检验其达到国家有关消防施工验收规范、标准所进行的全系统的检测、调整和试验。其主要内容是:检查系统的各线路设备安装是否符合要求,对系统各单元的设备进行单独通电检验。进行线路接口试验,并对设备进行功能确认。断开消防系统,进行加烟、加温、加光及标准校验气体进行模拟试验。按照设计要求进行报警与联动试验,整体试验及自动灭火试验。做好调试记录。

消防系统调试包括自动报警系统装置调试,水灭火系统控制装置调试,防火控制系统装置调试,气体灭火系统装置调试等项目。

自动报警系统装置包括各种探测器、报警器、手动报警按钮和报警控制器、消防广播、消防电话等组成的报警系统。其项目特征为点数与线制,其点数为按多线制与总线制的报警器的点数。按不同点数以系统为单位编制工程量清单并计价。

水灭火系统控制装置为水喷头、消火栓、消防水泵接合器、水流指示器、末端试水装置等,以系统为单位按不同点数编制工程量清单并计价。自动喷洒系统点数按水流指示器数量计算,消火栓系统点数按消火栓启泵按钮数量计算,消防水炮系统点数按水炮数量计算。

防火控制装置包括电动防火门、防火卷帘门、正压送风阀、排烟阀、防火控制阀、消防电梯等控制装置。电动防火门、防火卷帘门指可由消防控制中心显示与控制的电动防火门、防火卷帘门,每樘为一个;正压送风阀、排烟阀、防火阀,每一个阀为一个,消防电梯以"部"计算。

气体灭火系统装置调试由驱动瓶起至气体喷头止,包括进行模拟喷气试验和储存容器的切换试验。调试按储存容器的规格不同,按气体灭火系统装置的瓶头阀以"点"计算。

7.5.2 综合单价确定

消防系统调试按系统名称、项目特征和工程量套用相应计价定额。

消防系统调试定额是按施工单位、建设单位、检测单位与消防局共四次调试、检验及验收合格为标准编制的。"消防系统调试"定额执行时,安装单位只调试,则定额基价乘以系数0.7。安装单位只配合检测、验收,则定额基价乘以系数0.3。

气体灭火控制系统装置调试如需采取安全措施时,应按施工组织设计另行计算。

7.6 计取有关费用的规定

《安装工程计价定额》中的《第九册　消防工程》中将一些不便单列定额子目进行计算的费用,通过定额设定的计算方法来计算。该费用就是操作物高度超高增加费,简称"超高费"。

《通用安装工程工程量计算规范》(GB 50856—2013)规定:项目安装高度若超过基本高度时,应在"项目特征"中描述,以便于计算有关超高费。

操作物高度:有楼层的按楼地面至操作物的距离,无楼层的按操作地点(或设计正负零)至操作物的距离。

《第九册　消防工程》规定基本高度为5.0 m,操作物高度如超过5.0 m时,其超过部分工程量(指由5.0 m至操作物高度)的定额人工费乘以超高系数。即:

$$超高增加费＝超高部分定额人工费×超高系数$$

消防工程超高系数见表7.11所示。

表 7.11 （第九册）超高系数表

标 高(m)	5～8	5～12	5～16	5～20
超高系数	1.10	1.15	1.20	1.25

超高费应计入相应的分部分项工程项目清单的综合单价中。

7.7 措施项目

根据现行《通用安装工程工程量计算规范》,措施项目分为能计量的单价措施项目与不能计量的总价措施项目两类。措施项目费的计算方法详见本书第 2 章。这里简要介绍消防工程中常用的措施项目。

7.7.1 单价措施项目费

1）脚手架搭拆费

脚手架搭拆费的计算方法详见本书第 2 章和第 5 章。

《安装工程计价定额》中《第九册　消防工程》规定的脚手架搭拆费费率为 5%。脚手架搭拆费用由企业包干使用。

2）高层建筑增加费(高层施工增加费)

高层建筑增加费的概念、计算方法详见本书第 2 章和第 5 章。

《江苏省安装工程计价定额》第九册规定的高层建筑增加费率见表 7.12 所示。

表 7.12 （第九册)高层建筑增加费率表

层数		9层以下(30 m)	12层以下(40 m)	15层以下(50 m)	18层以下(60 m)	21层以下(70 m)	24层以下(80 m)	27层以下(90 m)	30层以下(100 m)	33层以下(110 m)
按人工费的%		10	15	19	23	27	31	36	40	44
其中	人工工资占%	10	14	21	21	26	29	31	35	39
	机械费占%	90	86	79	79	74	71	69	65	61
层数		36层以下(120 m)	40层以下(130 m)	42层以下(140 m)	45层以下(150 m)	48层以下(160 m)	51层以下(170 m)	54层以下(180 m)	57层以下(190 m)	60层以下(200 m)
按人工费的%		48	54	56	60	63	65	67	68	70
其中	人工工资占%	41	43	46	48	51	53	57	60	63
	机械费占%	59	57	54	52	49	47	43	40	37

3）安装与生产同时进行施工增加费

安装与生产同时进行施工增加的费用,按人工费的 10% 计取,其中人工费占 100%,在该人工费的基础上再计算管理费和利润。

4）在有害身体健康的环境中施工增加费

在有害身体健康的环境中施工增加的费用,按人工费的 10% 计取,其中人工费占 100%,在该人工费的基础上再计算管理费和利润。

7.7.2　总价措施项目费

通用安装工程中总价措施项目包括：安全文明施工、夜间施工增加、非夜间施工照明、二次搬运、冬雨季施工增加、已完工程及设备保护。此外，《江苏省建设工程费用定额》（2014 年）又补充了 5 项总价措施项目：临时设施费、赶工措施费、工程按质论价、特殊条件下施工增加费、住宅工程分户验收。

1）安全文明施工费

《计价规范》规定：措施项目中的安全文明施工费必须按国家或省级、行业建设主管部门的规定计算，不得作为竞争性费用。

《江苏省建设工程费用定额》（2014 年）规定，安全文明施工费计算基数为：

$$分部分项工程费－除税工程设备费＋单价措施项目费$$

即：　　安全文明施工费＝（分部分项工程费－除税工程设备费＋单价措施项目费）×
安全文明施工费费率（％）

2）其他总价措施项目费

《江苏省建设工程费用定额》（2014 年）规定，其他总价措施项目费计算基数为：

$$分部分项工程费－除税工程设备费＋单价措施项目费$$

即：

其他总价措施项目费＝（分部分项工程费－除税工程设备费＋单价措施项目费）×
相应费率（％）

其他总价措施项目费费率参见《江苏省建设工程费用定额》（2014 年）。

8 电气设备安装工程

8.1 概述

《通用安装工程工程量计算规范》(GB 50856—2013)中的附录 D 电气设备安装工程适用于工业与民用建设工程中 10 kV 以下变配电设备及线路安装工程工程量清单编制与计量。主要内容包括变压器、配电装置、母线、控制设备及低压电器、蓄电池、电机检查接线与调试、滑触线装置、电缆、防雷及接地装置、10 kV 以下架空配电线路、配管及配线、照明器具、附属工程、电气调整试验等安装工程。

8.1.1 《通用安装工程工程量计算规范》中附录 D 与其他相关工程的界限划分

(1) 与附录 A"机械设备安装工程"的界限划分

① 切削设备、锻压设备、铸造设备、起重设备、输送设备等的安装在附录 A 中编码列项,其中的电气柜(箱)、开关控制设备、盘柜配线、照明装置和电气调试在附录 D 中编码列项。

② 电机安装在附录 A 中编码列项,电机检查接线、干燥、调试在附录 D 中编码列项。

③ 各种电梯的机械部分及电梯电气安装在附录 A 中编码列项,电源线路及控制开关、基础型钢及支架制作、接地极及接地母线敷设、电气调试仍在附录 D 中编码列项。

(2) 与附录 F"自动化控制仪表安装工程"的界限划分

附录 F"自动化控制仪表安装工程"中的控制电缆、电气配管配线、桥架安装、接地系统安装应按附录 D 相关项目编码列项。

(3) 与附录 K"给排水、采暖、燃气工程"的界限划分

过梁、墙、楼板的钢(塑料)套管,应按本规范附录 K 相关项目编码列项。

(4) 与附录 M"刷油、防腐蚀、绝热工程"的界限划分

除锈、刷漆(补刷漆除外)、保护层安装,应按本规范附录 M 相关项目编码列项。

(5) 与《房屋建筑与装饰工程工程量计算规范》(GB 50854)的界限划分

挖土、填土工程,应按现行国家标准《房屋建筑与装饰工程工程量计算规范》(GB 50854)相关项目编码列项。

(6) 与《市政工程工程量计算规范》(GB 50857)的界限划分

开挖路面,应按现行国家标准《市政工程工程量计算规范》(GB 50857)相关项目编码列项。

(7) 由国家或地方检测验收部门进行的检测验收应按《通用安装工程工程量计算规范》附录 N 措施项目编码列项。

8.1.2 计取有关费用的规定

由于综合单价是指完成工程量清单中一个规定计量单位项目所需的人工费、材料费、机械使用费、管理费和利润,并考虑风险因素。因此,计价时必须把因安装地点、施工

现场条件特殊所造成的人工、机械降效的因素综合考虑进去,需要考虑的因素主要包括以下两个方面:①工程安装部位超过规定高度;②定额章节说明及定额附注规定的调整系数。

（1）工程超高增加费

超高增加费中操作物高度,按以下规定:有楼层的按楼地面至操作物的距离,无楼层的按操作地点(或设计正负零)至操作物的距离。

《安装工程计价定额》第四册工程超高增加费(已考虑了超高因素的定额项目除外),操作物高度离楼地面 5 m 以上、20 m 以下的电气安装工程,按超高部分人工费的 33% 计取超高费,全部为人工费。超高系数是以安装工程中符合超高条件的全部工程量为计算基础。计算规则为:

① 在统计超过 5 m 工程量时,应按整根电缆、管线的长度计算,不应扣除 5 m 以下部分的工作量(仅适用于建筑物内)。

② 当电缆、管线经过配电箱或开关盒而断开时,则超高系数可分别计算。

③ 如多根电缆,只有"n"根电缆符合超高条件的,则只计算 n 根电缆的超高系数。

④ 设备的超高也可按整体计算,一台超过 5 m,一台不超过 5 m 时,则只计算一台的超高系数。

⑤《安装工程计价定额》第四册有部分定额已经考虑了超高因素,如"滑触线及支架安装"是按 10 m 以下标高考虑的,如超过 10 m 时方可按规定的超高系数计算超高增加费;"避雷针的安装、半导体少长针消雷装置安装"均已考虑了高空作业的因素;"装饰灯具、路灯、投光灯、碘钨灯、氙气灯、烟囱或水塔指示灯",均已考虑了一般工程的高空作业因素,已经考虑了高空作业因素的定额项目,不得重复计算超高增加费。

⑥ 超高增加费=超高部分定额人工费×33%,全部为人工费。

（2）高层建筑增加费

高层建筑增加费是指高度在 6 层以上或 20 m 以上(不含 6 层、20 m)的工业与民用建筑施工应增加的费用。高层建筑增加费包括人工降效和材料等的垂直运输增加的机械费用,故该费用可拆分为人工费和机械费。

高层建筑的层数或高度以室外设计正负零至檐口(不包括屋顶水箱间、电梯间、屋顶平台出入口等)高度计算,不包括地下室的高度和层数,半地下室也不计算层数。高层建筑增加费的计取范围有:给排水、采暖、燃气、电气、消防及安全防范、通风空调等工程。

高层建筑增加费以人工费为计算基数。在计算高层建筑增加费时,应注意下列几点:

① 计算基数包括 6 层或 20 m 以下的全部人工费,并且包括定额各章节按规定系数调整的子目中的人工调整部分的费用,也包括超高增加费中的人工费。

② 同一建筑物有部分高度不同时,可分别不同高度计算高层建筑增加费。

③ 单层建筑物超过 20 m 以上时的高层建筑增加费的计算,首先应将自室外设计正负零至檐口的高度除以 3 m(每层高度),计算出相当于多层建筑的层数,然后再按相应的层数计算高层建筑增加费。

④ 高层建筑增加费费率的计算:是用六层以上(不含六层)或 20 m 以上(不含 20 m)所需要增加的费用,除以包括六层或 20 m 以下的全部工程人工费计算的。因此,在计算高层建筑增加费时,计算基础应包括六层或 20 m 以下高层建筑(不含地下室部分)中电气安装

工程人工费。

⑤ 高层建筑的外围工程,如庭院照明、路灯、总配电箱以外的电源电缆等,均不计算此费用。

⑥ 高层建筑增加费费率按表 8.1 确定:

表 8.1　高层建筑增加费费率表

层数	9 层以下 (30 m)	12 层以下 (40 m)	15 层以下 (50 m)	18 层以下 (60 m)	21 层以下 (70 m)	24 层以下 (80 m)	27 层以下 (90 m)	30 层以下 (100 m)	33 层以下 (110 m)
按人工费的%	6	9	12	15	19	23	26	30	34
其中 人工费占%	17	22	33	40	42	43	50	53	56
其中 机械费占%	83	78	67	60	58	57	50	47	44

层数	36 层以下 (120 m)	40 层以下 (130 m)	42 层以下 (140 m)	45 层以下 (150 m)	48 层以下 (160 m)	51 层以下 (170 m)	54 层以下 (180 m)	57 层以下 (190 m)	60 层以下 (200 m)
按人工费的%	37	43	43	47	50	54	58	62	65
其中 人工费占%	59	58	65	67	68	69	69	70	70
其中 机械费占%	41	42	35	33	32	31	31	30	30

（3）安装与生产同时进行增加的费用

安装与生产同时进行增加的费用,按人工费的 10% 计取,全部为人工费,不含其他费用。安装与生产同时进行增加的费用,是指改扩建工程在生产车间或装置内施工,因生产操作或生产条件限制(如不准动火)干扰了安装工作正常进行而增加的降效费用,不包括为保证安全生产和施工所采取的措施费用。若安装工作不受干扰的,不应计取此项费用。

（4）在有害身体健康的环境中施工增加的费用

在有害身体健康的环境中施工增加的费用,按人工费的 10% 计取,全部为人工费,不含其他费用。在有害身体健康的环境中施工增加的费用,是指在《中华人民共和国民法通则》有关规定允许的前提下,改扩建工程由于车间、装置范围内由于高温、多尘、噪音超过国家标准以及有害气体,以致影响身体健康而增加的降效费用,不包括劳保条例规定应享受的工种保健费。

（5）脚手架搭拆费

脚手架搭拆属于措施项目,脚手架搭拆费应计入措施项目费用中,属竞争费用。《江苏省安装工程计价定额》规定采用脚手架搭拆系数来计算此费用。其计算公式为:

脚手架搭拆费＝人工费×脚手架搭拆费系数

各册定额在测算脚手架搭拆费系数时,均已考虑各专业工程交叉作业施工时,可以互相利用脚手架的因素;大部分按简易架考虑;施工时如部分或全部使用土建的脚手架,作有偿使用处理。因此,不论工程实际是否搭拆或搭拆数量多少,均按定额规定系数计算脚手架搭拆费用,由企业包干使用。

《江苏省安装工程计价定额》各册的脚手架搭拆费系数不尽相同,其中《第四册　电气设备安装工程》脚手架搭拆费按人工费的 4% 计算,其中人工工资占 25%,材料占 75%。

(6)各项费用之间的关系

① 超高费中的人工费作为计算高层建筑增加费、脚手架搭拆费、安装与生产同时进行增加费、在有害身体健康环境中施工降效增加费的计算基础。

② 高层建筑增加费、脚手架搭拆费、安装与生产同时进行增加费、在有害身体健康环境中施工降效增加费之间的取费基础是相等的。

③ 超高费计入分部分项综合单价;高层建筑增加费、脚手架搭拆费、安装与生产同时进行增加费、在有害身体健康环境中施工降效增加费计入措施项目费。

8.2　变压器安装

8.2.1　工程量清单项目

变压器安装工程量清单项目设置应按照《通用安装工程工程量计算规范》中的附录 D.1 的规定执行,见表 8.2 所示。

表 8.2　D.1 变压器安装(编码:030401)

项目编码	项目名称	项目特征	计量单位	工程量计算规则	工程内容
030401001	油浸电力变压器	1. 名称 2. 型号 3. 容量(kV·A) 4. 电压(kV) 5. 油过滤要求 6. 干燥要求 7. 基础型钢形式、规格 8. 网门、保护门材质、规格 9. 温控箱型号、规格	台	按设计图示数量计算	1. 本体安装 2. 基础型钢制作、安装 3. 油过滤 4. 干燥 5. 接地 6. 网门、保护门制作、安装 7. 补刷(喷)油漆
030401002	干式变压器				1. 本体安装 2. 基础型钢制作、安装 3. 温控箱安装 4. 接地 5. 网门、保护门制作、安装 6. 补刷(喷)油漆
030401003	整流变压器	1. 名称 2. 型号 3. 容量(kV·A) 4. 电压(kV) 5. 油过滤要求 6. 干燥要求 7. 基础型钢形式、规格 8. 网门、保护门材质、规格			1. 本体安装 2. 基础型钢制作、安装 3. 油过滤 4. 干燥 5. 网门、保护门制作、安装 6. 补刷(喷)油漆
030401004	自耦变压器				
030401005	有载调压变压器				

项目编码	项目名称	项目特征	计量单位	工程量计算规则	工程内容
030401006	电炉变压器	1. 名称 2. 型号 3. 容量(kV·A) 4. 电压(kV) 5. 基础型钢形式、规格 6. 网门、保护门材质、规格	台	按设计图示数量计算	1. 本体安装 2. 基础型钢制作、安装 3. 网门、保护门制作、安装 4. 补刷(喷)油漆
030401007	消弧线圈	1. 名称 2. 型号 3. 容量(kV·A) 4. 电压(kV) 5. 油过滤要求 6. 干燥要求 7. 基础型钢形式、规格			1. 本体安装 2. 基础型钢制作、安装 3. 油过滤 4. 干燥 5. 补刷(喷)油漆

在设置清单项目时,首先要区别所要安装的变压器的种类,即名称、型号;再按其容量来设置项目。名称、型号、容量完全一样的,合并同类项,数量相加后,设置一个项目即可。型号、容量不一样的,应分别设置项目,分别编码。即有一种规格、型号的变压器就必须有一个对应的项目编码。

计量单位:变压器安装工程计量单位为"台"。

工程量计算规则:按设计图示数量,区别不同容量以"台"计算。

工程内容:是与完成该实体相关的工程。

【例8.1】 某工程的设计图示,需要安装 4 台变压器,分别为:

(1) 油浸电力变压器 S9-1 000 kV·A /10 kV 2 台 并且需要作干燥处理,其绝缘油需要过滤,变压器的绝缘油重 750 kg/台,基础型钢为 10♯槽钢 10 m/台。

(2) 空气自冷干式变压器 SG10-400 kV·A /10 kV 1 台,基础型钢为 10♯槽钢10 m。

(3) 有载调压电力变压器 SZ9-800 kV·A /10 kV 1 台,基础型钢为 10♯槽钢 15 m。

在编制工程量清单时,对于项目名称必须表述清楚,不同项目名称分别编码和设置项目。而工程内容又是综合单价报价的主要依据,所以设计如果有要求或施工中将要发生的"工程内容"以外的内容,必须加以描述,也是报价的依据之一。项目特征和工程内容的作用不同,必须按规范要求具体描述。如题目中序号(1)的油浸电力变压器安装,项目特征除了名称、型号、容量外,干燥、过滤、基础槽钢也是其项目特征。序号(3)的有载调压电力变压器安装,安装过程中无干燥和过滤,只要求报价人考虑基础槽钢安装。

在编制工程量清单时,有的"工程内容"无法确定其发生与否,如变压器安装"工程内容"中的干燥和绝缘油过滤两项,有的需要到货后经检查方可确定其干燥或不干燥,绝缘油需过滤还是不需过滤。在这种情况下可按发生考虑,也可按不发生考虑(即不描述)。但必须在招标文件有关条款中明确,如不发生(或发生)与清单描述不同时,如何做增减处理。

【解】 对题目中的变压器安装,编制的分部分项工程量清单如表 8.3 所示:

表 8.3 分部分项工程量清单

序号	项目编码	项目名称	项目特征	计量单位	工程数量
1	030401001001	油浸电力变压器	1. 名称:油浸电力变压器 2. 型号:S9 3. 容量(kV·A):1 000 4. 电压(kV):10 5. 油过滤要求:绝缘油需过滤(750 kg/台) 6. 干燥要求:变压器需要作干燥处理 7. 基础型钢形式、规格:10♯槽钢 10 m/台	台	2
2	030401002001	干式变压器	1. 名称:空气自冷干式变压器 2. 型号:SG 3. 容量(kV·A):400 4. 电压(kV):10 5. 基础型钢形式、规格:10♯槽钢 10 m	台	1
3	030401005001	有载调压电力变压器	1. 名称:有载调压电力变压器 2. 型号:SZ9 3. 容量(kV·A):800 4. 电压(kV):10 5. 基础型钢形式、规格:10♯槽钢 15 m	台	1

端子箱、控制箱的制作、安装,另列清单编码;变压器铁梯及母线铁构件的制作安装,另列清单编码。

变压器油如需试验、化验、色谱分析应按《通用安装工程工程量计算规范》中的附录 N 措施项目相关项目编码列项。

8.2.2 综合单价确定

投标人应按工程量清单中对清单项目特征的表述来确定完成该清单所需的人工费、材料费、施工机械使用费和企业管理费与利润,以及一定范围内的风险费用。确定方法是采用定额组价,这里的定额可以是企业定额,如果无企业定额,也可以参照全国或各省市的社会平均消耗量定额。本书在计价时均参照《江苏省安装工程计价定额》(2014 版)。大致步骤包括:

第一,根据设计文件、施工图以及预算定额工程量计算规则计算预算工程量。

第二,选套预算定额。

第三,计算应计入分部分项工程综合单价内的有关费用,如超高费等。

第四,计算分部分项工程费用合计值。

第五,由合计值除以分部分项工程量清单中的工程数量即为该分部分项工程综合单价。

(1) 变压器安装,按不同容量以"台"为计量单位。

(2) 干式变压器如果带有保护罩时,其定额人工和机械乘以系数 1.2。

(3) 变压器通过实验,判定绝缘受潮,才需进行干燥,所以只有需要干燥的变压器才能计取此项费用(编制施工图预算时可列此项,工程结算时根据实际情况再作处理)。以"台"为计量单位。

（4）消弧线圈的干燥按同容量电力变压器干燥定额执行，以"台"为计量单位。

（5）变压器油过滤不论过滤多少次，直到过滤合格为止。以"t"为计量单位，其具体计算方法如下：

① 变压器安装定额未包括绝缘油的过滤，需要过滤时，可按制造厂提供的油量计算。

② 油断路器及其他充油设备的绝缘油过滤，可按制造厂规定的充油量计算。计算公式为：

$$油过滤数量(t)＝设备油重(t)×(1＋损耗率)$$

（6）基础槽钢、角钢的安装，按设计图纸以"m"为计量单位。基础槽钢、角钢安装，包括平直、下料、钻孔、安装、接地、油漆等工程内容，已包括制作费用，但不包括二次浇灌。

（7）网门、保护网制作安装，按网门或保护网设计图示的框外围尺寸，以"m²"为计量单位。

以例 8.1 的油浸式电力变压器 S9-1000/10 安装为例，参照《江苏省安装工程计价定额》（2014 版）（以下凡涉及定额数据，人工费为江苏省安装工程计价定额数据，材料费和机械费均按计价定额除税价格执行），其综合单价计算如表 8.4 所示。

表 8.4　分部分项工程项目清单综合单价计算表

工程名称××电气设备安装工程　　　　　　　　　　　　　　　　　　　　　　计量单位：台
项目编码：030401001001　　　　　　　　　　　　　　　　　　　　　　　　工程数量：2
项目名称：油浸电力变压器　　　　　　　　　　　　　　　　　　　　综合单价：7 453.14 元

序号	定额编号	工程内容	单位	数量	综合单价组成					小计
					人工费	材料费	机械费	管理费	利润	
1	4-3	油浸式电力变压器	台	2	2 159.32	674.76	859.88	863.73	302.30	4 859.99
2	4-25	变压器干燥	台	2	2 092.72	2 461.04	59.58	837.09	292.98	5 743.41
3	4-30	绝缘油过滤	t	1.50	269.73	568.71	156.17	107.89	37.76	1 140.26
4	补	干燥棚搭拆	座	1	510.00	1 190.00		204.00	71.40	1 975.40
	4-456	基础槽钢安装	10 m	2.00	233.84	66.06	22.42	93.54	32.74	448.60
		主材：槽钢	kg	210.00		738.62				738.62
		合计			5 265.61	5 699.19	1 098.05	2 106.25	737.18	14 906.28

综合单价计算表中的管理费是按人工费的 40% 计算的，利润是按人工费的 14% 计算的。表中综合单价等于合计金额除以该项的清单工程量，即：

$$综合单价＝\frac{14\ 906.28}{2}＝7\ 453.14(元/台)$$

中介机构在编制标底，或者施工单位参照《江苏省安装工程计价定额》进行投标报价时，必须注意本节定额的有关说明，防止计价时多算或少算，其要点如下：

（1）油浸电力变压器安装定额同样适用于自耦式变压器、带负荷调压变压器的安装。电炉变压器按同容量电力变压器定额乘以系数 2.0，整流变压器执行同容量电力变压器定额乘以系数 1.6。

（2）变压器的器身检查：4 000 kV·A 以下是按吊芯检查考虑，4 000 kV·A 以上是按吊钟罩考虑，如果 4 000 kV·A 以上的变压器需吊芯检查时，定额机械台班乘以系数 2.0。

（3）干式变压器如果带有保护外罩时，人工和机械乘以系数 1.2。

（4）整流变压器、消弧线圈、并联电抗器的干燥，执行同容量变压器干燥定额。电炉变压器按同容量变压器干燥定额乘以系数 2.0。

（5）变压器油是按设备自带考虑的，但施工中变压器油的过滤损耗及操作损耗已包括在有关定额中。

（6）变压器安装过程中放注油、油过滤所使用的油罐，已摊入油过滤定额中。

（7）本章定额不包括下列工程内容：

① 变压器干燥棚的搭拆工作，若发生时可按实计算。

② 瓦斯继电器的检查及试验已列入变压器系统调整试验定额内。

③ 二次喷漆发生时按第四册相应定额执行。

8.3 配电装置安装

8.3.1 工程量清单项目

配电装置安装工程量清单项目设置应按照《通用安装工程工程量计算规范》中的附录 D.2 的规定执行，见表 8.5 所示。

表 8.5 D.2 配电装置安装（编码：030402）

项目编码	项目名称	项目特征	计量单位	工程量计算规则	工程内容
030402001	油断路器	1. 名称 2. 型号 3. 容量(A) 4. 电压等级(kV) 5. 安装条件 6. 操作机构名称及型号 7. 基础型钢规格 8. 接线材质、规格 9. 安装部位 10. 油过滤要求	台	按设计图示数量计算	1. 本体安装、调试 2. 基础型钢制作、安装 3. 油过滤 4. 补刷(喷)油漆 5. 接地
030402002	真空断路器				1. 本体安装、调试 2. 基础型钢制作、安装 3. 补刷(喷)油漆 4. 接地
030402003	SF₆ 核断路器				
030402004	空气断路器	1. 名称 2. 型号 3. 容量(A) 4. 电压等级(kV) 5. 安装条件 6. 操作机构名称及型号 7. 接线材质、规格 8. 安装部位			
030402005	真空接触器		组		1. 本体安装、调试 2. 补刷(喷)油漆 3. 接地
030402006	隔离开关				
030402007	负荷开关				
030402008	互感器	1. 名称 2. 型号 3. 规格 4. 类型 5. 油过滤要求	台		1. 本体安装、调试 2. 干燥 3. 油过滤 4. 接地

续表

项目编码	项目名称	项目特征	计量单位	工程量计算规则	工程内容
030402009	高压熔断器	1. 名称 2. 型号 3. 规格 4. 安装部位	组	按设计图示数量计算	1. 本体安装、调试 2. 接地
030402010	避雷器	1. 名称 2. 型号 3. 规格 4. 电压等级 5. 安装部位			1. 本体安装 2. 接地
030402011	干式电抗器	1. 名称 2. 型号 3. 规格 4. 质量 5. 安装部位 6. 干燥要求			1. 本体安装 2. 干燥
030402012	油浸电抗器	1. 名称 2. 型号 3. 规格 4. 容量(kV·A) 5. 油过滤要求 6. 干燥要求	台		1. 本体安装 2. 油过滤 3. 干燥
030402013	移相及串联电容器	1. 名称 2. 型号 3. 规格 4. 质量 5. 安装部位	个		1. 本体安装 2. 接地
030402014	集合式并联电容器				
030402015	并联补偿电容器组架	1. 名称 2. 型号 3. 规格 4. 结构形式	台		1. 本体安装 2. 接地
030402016	交流滤波装置组架	1. 名称 2. 型号 3. 规格			
030402017	高压成套配电柜	1. 名称 2. 型号 3. 规格 4. 母线配置方式 5. 种类 6. 基础型钢形式、规格			1. 本体安装 2. 基础型钢制作、安装 3. 补刷(喷)油漆 4. 接地
030402018	组合型成套箱式变电站	1. 名称 2. 型号 3. 容量(kV·A) 4. 电压(kV) 5. 组合形式 6. 基础规格、浇筑材质			1. 本体安装 2. 基础浇筑 3. 进箱母线安装 4. 补刷(喷)油漆 5. 接地

在进行清单项目特征描述时,必须注意以下几点:

(1) 油断路,一定要说明绝缘油是否设备自带,是否需要过滤。

(2) SF_6 核断路器,要说明 SF_6 气体是否设备自带。

（3）本节设备安装如有地脚螺栓者,清单中应注明是由土建预埋还是由安装者浇筑,以便确定是否计算二次灌浆费用(包括抹面)。设备安装未包括地脚螺栓、浇注(二次灌浆、抹面),如需安装应按国家现行标准《房屋建筑与装饰工程工程量计算规范》(GB 50854)相关项目编码列项。

（4）本节高压设备的安装没有综合绝缘台安装。如果设计有此要求,其内容一定要表述清楚,避免漏项。

（5）要注意"组合型成套箱式变电站"与"集装箱式低压配电室"的区别,"组合型成套箱式变电站"主要是指 10 kV 以下的箱式变电站,一般布置形式为变压器在箱的中间,箱的一端为高压开关位置,另一端为低压开关位置。"组合型成套箱式变电站"在本节编码列项,"集装箱式低压配电室"安装在附录 D.4 控制设备及低压电器编码列项。

（6）空气断路器的储气罐及储气罐至断路器的管路应按本规范附录 H 工业管道工程相关项目编码列项。

（7）干式电抗器项目适用于混凝土电抗器、铁芯干式电抗器、空心干式电抗器等。

工程量计算规则:按设计图示数量计算。

8.3.2 综合单价确定

（1）断路器、电流互感器、油浸电抗器、电力电容器及电容器柜的安装以"台(个)"为计量单位。

（2）隔离开关、负荷开关、熔断器、避雷器、干式电抗器的安装,以"组"为计量单位,每组按三相计算。

（3）交流滤波装置的安装,以"台"为计量单位。每台装置包括三台组架安装;不包括设备本身及铜母线的安装,其工程量应按相应定额另行计算。

（4）高压设备安装定额内均不包括绝缘台的安装,其工程量应按施工设计执行相应定额。

（5）高压成套配电柜和箱式变电站的安装,以"台"为计量单位。均未包括基础槽钢、母线及引下线的配置安装。

（6）配电设备安装的支架、抱箍及延长轴、轴套、间隔板等,按施工图设计的需要量计算,执行铁构件制作安装定额或成品价。

（7）绝缘油、六氟化硫气体、液压油等均按设备自带考虑。电气设备以外的加压设备和附属管道的安装工程量应按相应定额另行计算。

（8）配电设备的端子板外部接线工程量按相应定额另行计算。

（9）设备安装用的地脚螺栓按土建预埋考虑,不包括二次灌浆。

在参照《江苏省安装工程计价定额》进行计价时,必须注意以下几点:

（1）设备本体所需的绝缘油、六氟化硫气体、液压油等均按设备自带考虑,也就是定额并不包括,如果工程量清单中注明设备没有自带,需承包商做时,不能把这几项费用漏项。

（2）设备安装所需的地脚螺栓按土建预埋考虑,不包括二次灌浆。如清单中注明是由安装单位预埋,应计算二次灌浆费用(包括抹面)。

（3）互感器安装定额系按单相考虑的,不包括抽芯及绝缘油过滤,特殊情况另作处理。

（4）电抗器安装定额系按三相叠放、三相平放和二叠一平的安装方式综合考虑的,施工企业可根据电抗器的安装方式适当调整定额。干式电抗器安装定额适用于混凝土电抗器、铁芯干式电抗器和空心电抗器的安装。

（5）高压成套配电柜安装定额系综合考虑的，不分容量大小，也不包括母线配制及设备干燥。

（6）低压无功补偿电容器屏（柜）安装在附录 D.4 控制设备及低压电器列项。

（7）本章设备安装不包括下列工程内容，另执行本册相应定额：端子箱安装；设备支架制作及安装；绝缘油过滤；基础槽（角）钢安装。

8.4 母线安装

8.4.1 工程量清单项目

本节适用于软母线、带形母线、槽形母线、共箱母线、低压封闭插接母线、重型母线安装工程工程量清单项目设置与计量。母线安装工程工程量清单项目设置应按照《通用安装工程工程量计算规范》中附录 D.3 的规定执行，见表 8.6 所示。

表 8.6 D.3 母线安装（编码：030403）

项目编码	项目名称	项目特征	计量单位	工程量计算规则	工程内容
030403001	软母线	1. 名称 2. 材质 3. 型号 4. 规格 5. 绝缘子类型、规格	m	按设计图示尺寸以单相长度计算（含预留长度）	1. 母线安装 2. 绝缘子耐压试验 3. 跳线安装 4. 绝缘子安装
030403002	组合软母线				
030403003	带形母线	1. 名称 2. 型号 3. 规格 4. 材质 5. 绝缘子类型、规格 6. 穿墙套管材质、规格 7. 穿通板材质、规格 8. 母线桥材质、规格 9. 引下线材质、规格 10. 伸缩节、过渡板材质、规格 11. 分相漆品种			1. 母线安装 2. 穿通板制作、安装 3. 支持绝缘子、穿墙套管的耐压试验、安装 4. 引下线安装 5. 伸缩节安装 6. 过渡板安装 7. 刷分相漆
030403004	槽形母线	1. 名称 2. 型号 3. 规格 4. 材质 5. 连接设备名称、规格 6. 分相漆品种			1. 母线制作、安装 2. 与发电机、变压器连接 3. 与断路器、隔离开关连接 4. 刷分相漆
030403005	共箱母线	1. 名称 2. 型号 3. 规格 4. 材质		按设计图示尺寸以中心线长度计算	1. 母线安装 2. 补刷（喷）油漆
030403006	低压封闭式插接母线槽	1. 名称 2. 型号 3. 规格 4. 容量（A） 5. 线制 6. 安装部位			

项目编码	项目名称	项目特征	计量单位	工程量计算规则	工程内容
030403007	始端箱、分线箱	1. 名称 2. 型号 3. 规格 4. 容量(A)	台	按设计图示数量计算	1. 本体安装 2. 补刷(喷)油漆
030403008	重型母线	1. 名称 2. 型号 3. 规格 4. 容量(A) 5. 材质 6. 绝缘子类型、规格 7. 伸缩器及导板规格	t	按设计图示尺寸以质量计算	1. 母线制作、安装 2. 伸缩器及导板制作、安装 3. 支持绝缘子安装 4. 补刷(喷)油漆

项目特征：主要以母线的名称、型号、规格(容量、材质)为项目特征。

计量单位：本节除重型母线的计量单位为"t"外，其他母线计量单位均为"m"，始端箱、分线箱计量单位均为"台"。

计算规则：重型母线按设计图示尺寸以质量计算；共箱母线、低压封闭式插接母线槽按设计图示尺寸以中心线长度计算；其他母线均为按设计图示尺寸以单相长度计算(含预留长度)。母线预留长度见表8.7、表8.8所示。

为连接电气设备、器具而预留的长度、因各种弯曲(包括弧度)而增加的长度应计算在清单工程量中。

表 8.7 软母线安装预留长度 (m/根)

项目	耐张	跳线	引下线、设备连接线
预留长度	2.5	0.8	0.6

表 8.8 硬母线配置安装预留长度 (m/根)

序号	项 目	预留长度	说 明
1	带形、槽形母线终端	0.3	从最后一个支持点算起
2	带形、槽形母线与分支线连接	0.5	分支线预留
3	带形母线与设备连接	0.5	从设备端子接口算起
4	多片重型母线与设备连接	1.0	从设备端子接口算起
5	槽形母线与设备连接	0.5	从设备端子接口算起

【例 8.2】 某工程设计图示的工程内容有"低压封闭式插接母线槽"安装，该分部分项工程量为：低压封闭式插接母线槽(五线)CFW-2-400 300 m，进、出分线箱400A 3台，角钢∟50×5支吊架制作安装800 kg，以上工程内容安装高度为6 m。编制其分部分项工程量清单。

【解】 从表8.6工程内容栏可以看出：低压封闭式插接母线槽清单项目参考工程内容如下：①母线安装；②补刷(喷)油漆。实际上为完成该分部分项工程，还必须制作安装800 kg支吊架，以及分线箱的安装。据此，编制的分部分项工程量清单如表8.9所示。

表 8.9　分部分项工程量清单

项目编码	项目名称	项目特征	计量单位	工程数量
030403006001	低压封闭式插接母线槽	1. 名称:低压封闭式插接母线槽 2. 型号:CFW-2 3. 规格: 4. 容量(A):400 A 5. 线制:五线 6. 安装部位:安装高度为 6 m	m	300
030403007001	始端箱、分线箱	1. 名称:进、出分线箱 2. 型号: 3. 规格: 4. 容量(A):400 A	台	3
030413001001	铁构件	1. 名称:支吊架 2. 材质:角钢 3. 规格:∟ 50×5	kg	800

8.4.2　综合单价确定

（1）悬垂绝缘子串安装,指垂直或 V 形安装的提挂导线、跳线、引下线、设备连接线或设备等所用的绝缘子串安装,按单、双串分别以"串"为计量单位。耐张绝缘子串的安装,已包括在软母线安装定额内。

（2）持绝缘子安装分别按安装在户内、户外、单孔、双孔、四孔固定,以"个"为计量单位。

（3）穿墙套管安装分水平、垂直安装,均以"个"为计量单位。

（4）软母线安装,指直接由耐张绝缘子串悬挂部分,按软母线截面大小分别以"跨/三相"为计量单位。设计跨距不同时,不得调整。导线、绝缘子、线夹、驰度调节金具等均按施工图设计用量加定额规定的损耗率计算。

① 软母线引下线,指由 T 形线夹或并沟线夹从软母线引向设备的连接线,以"组"为计量单位,每三相为一组;软母线经终端耐张线夹引下(不经 T 形线夹或并沟线夹引下)与设备连接的部分均执行引下线定额,不得换算。

② 两跨软母线间的跳引线安装,以"组"为计量单位,每三相为一组。不论两端的耐张线夹是螺栓式或压接式,均执行软母线跳线定额,不得换算。

③ 设备连接线安装,指两设备间的连接部分。不论引下线、跳线、设备连接线,均应分别按导线截面,三相为一组计算工程量。

④ 组合软母线安装,按三相为一组计算。跨距(包括水平悬挂部分和两端引下部分之和)系以 45 m 以内考虑,跨度的长与短不得调整。导线、绝缘子、线夹、金具按施工图设计用量加定额规定损耗率计算。软母线安装预留长度按表 8.7 计算。

（5）带形母线及带形母线引下线安装包括铜排、铝排,分别以不同截面和片数以"m/单相"为计量单位。母线和固定母线的金具均按设计量加损耗率计算。

（6）钢带形母线安装,按同规格的铜母线定额执行,不得换算。

（7）母线伸缩接头及铜过渡板安装均以"个"为计量单位。

（8）槽形母线安装以"m/单相"为计量单位。槽形母线与设备连接分别以连接不同的设备以"台"为计量单位。槽形母线及固定槽形母线的金具按设计用量加损耗率计算。壳的大小尺寸以"m"为计量单位,长度按设计共箱母线的轴线长度计算。

(9)低压(指 380 V 以下)封闭式插接母线槽安装分别按导体的额定电流大小以"m"为计量单位,长度按设计母线轴线长度计算,分线箱以"台"为计量单位,分别以电流大小按设计数量计算。

(10)重型母线安装包括铜母线、铝母线,分别按截面大小以母线的成品质量以"t"为计量单位。

(11)重型铝母线接触面加工指铸造件需加工接触面时,可按其接触面大小,分别以"片/单相"为计量单位。

(12)硬母线配置安装预留长度按表 8.8 规定计算。

(13)带形母线、槽形母线安装均不包括支持瓷瓶安装和构件配置安装,其工程量应分别按设计成品数量执行相应定额。

投标报价时套用《江苏省安装工程计价定额》的有关定额。在参考定额时,要注意主要材料及辅材的消耗量在定额中的有关规定。有些主要材料在定额中并没有其消耗量,必须按定额附录的损耗率表执行。与本节相关的主要材料损耗率见表 8.10 所示。

表 8.10 主要材料损耗率表

序号	材料名称	损耗率(%)
1	硬母线(包括钢、铝、铜、带形、管形、棒形、槽形)	2.3
2	裸软导线(包括铜、铝、钢、钢芯铝线)	1.3

例 8.2 中的低压封闭式插接母线槽安装定额中就没有包括主材的消耗量。参照"主要材料损耗率表"取定低压封闭式插接母线槽损耗率为 2.3%,假定母线槽价格按 1 000 元/m。再参照《江苏省安装工程计价定额》的定额消耗量及材料价格,该分部分项工程量清单综合单价计算如表 8.11 所示。

表 8.11 分部分项工程量清单综合单价计算表

工程名称: 计量单位:m
项目编码:030403006001 工程数量:300
项目名称:低压封闭式插接母线槽 综合单价:934.51 元

序号	定额编号	工程内容	单位	数量	综合单价组成					小计
					人工费	材料费	机械费	管理费	利润	
1	4-198	低压封闭式插接母线槽 CFW-2-400 安装	10 m	30	4 795.20	4 232.10	1 729.80	1 918.20	671.40	13 346.70
2	主材	低压封闭式插接母线槽 CFW-2-400	m	306.9		264 568.97				264 568.97
3		超高增加费	元		1 582.42			632.97	221.54	2 436.93
		合计			6 377.62	268 801.07	1 729.80	2 551.17	892.94	280 352.60

表中超高费增加按人工费的 33% 计算,即:

$$超高增加费 = 4 795.20 \times 33\% = 1 582.42(元)$$

在超高增加费中的人工费基础上再计取管理费和利润,即:

$$管理费＝1\ 582.42×40\%＝632.97(元)$$
$$利润＝1\ 582.42×14\%＝221.54(元)$$
$$表中的综合单价＝\frac{280\ 352.60}{300}＝934.51(元)$$

在套用《江苏省安装工程计价定额》时,必须注意以下几点:

(1) 本章定额不包括支架、铁构件的制作、安装,发生时执行本册相应定额。

(2) 软母线、带形母线、槽形母线的安装定额内不包括母线、金具、绝缘子等主材,具体可按设计数量加损耗计算。

(3) 组合软导线安装定额不包括两端铁构件制作、安装和支持瓷瓶、带形母线的安装,发生时应执行本册相应定额,其跨距是按标准跨距综合考虑的。

(4) 软母线安装定额是按单串绝缘子考虑的,如设计为双串绝缘子,其定额人工乘以系数1.08。

(5) 母线的引下线、跳线、设备连线均按导线截面分别执行定额。不区分引下线、跳线和设备连线。

(6) 带形钢母线安装执行铜母线安装定额。

(7) 带形母线伸缩节头和铜过渡板均按成品考虑,定额只考虑安装。

(8) 高压共箱式母线和低压封闭式插接母线槽均按制造厂供应的成品考虑,定额只包含现场安装。封闭式插接母线槽在竖井内安装时,人工和机械乘以系数2.0。

8.5 控制设备及低压电器安装

8.5.1 工程量清单项目

控制设备及低压电器安装工程量清单项目设置应按照《通用安装工程工程量计算规范》中的附录 D.4 的规定执行,见表 8.12 所示。

表 8.12 D.4 控制设备及低压电器安装(编码:030404)

项目编码	项目名称	项目特征	计量单位	工程量计算规则	工程内容
030404001	控制屏	1. 名称 2. 型号 3. 规格 4. 种类 5. 基础型钢形式、规格 6. 接线端子材质、规格 7. 端子板外部接线材质、规格 8. 小母线材质、规格 9. 屏边规格	台	按设计图示数量计算	1. 本体安装 2. 基础型钢制作、安装 3. 端子板安装 4. 焊、压接线端子 5. 盘柜配线、端子接线 6. 小母线安装 7. 屏边安装 8. 补刷(喷)油漆 9. 接地
030404002	继电、信号屏				
030404003	模拟屏				

项目编码	项目名称	项目特征	计量单位	工程量计算规则	工程内容
030404004	低压开关柜（屏）	1. 名称 2. 型号 3. 规格 4. 种类 5. 基础型钢形式、规格 6. 接线端子材质、规格 7. 端子板外部接线材质、规格 8. 小母线材质、规格 9. 屏边规格	台	按设计图示数量计算	1. 本体安装 2. 基础型钢制作、安装 3. 端子板安装 4. 焊、压接线端子 5. 盘柜配线、端子接线 6. 屏边安装 7. 补刷(喷)油漆 8. 接地
030404005	弱电控制返回屏				1. 本体安装 2. 基础型钢制作、安装 3. 端子板安装 4. 焊、压接线端子 5. 盘柜配线、端子接线 6. 小母线安装 7. 屏边安装 8. 补刷(喷)油漆 9. 接地
030404006	箱式配电室	1. 名称 2. 型号 3. 规格 4. 质量 5. 基础规格、浇筑材质 6. 基础型钢形式、规格	套		1. 本体安装 2. 基础型钢制作、安装 3. 基础浇筑 4. 补刷(喷)油漆 5. 接地
030404007	硅整流柜	1. 名称 2. 型号 3. 规格 4. 容量(A) 5. 基础型钢形式、规格		按设计图示数量计算	1. 本体安装 2. 基础型钢制作、安装 3. 补刷(喷)油漆 4. 接地
030404008	可控硅柜	1. 名称 2. 型号 3. 规格 4. 容量(kW) 5. 基础型钢形式、规格			
030404009	低压电容器柜	1. 名称 2. 型号 3. 规格 4. 基础型钢形式、规格 5. 接线端子材质、规格 6. 端子板外部接线材质、规格 7. 小母线材质、规格 8. 屏边规格	台		1. 本体安装 2. 基础型钢制作、安装 3. 端子板安装 4. 焊、压接线端子 5. 盘柜配线、端子接线 6. 小母线安装 7. 屏边安装 8. 补刷(喷)油漆 9. 接地
030404010	自动调节励磁屏				
030404011	励磁灭磁屏				
030404012	蓄电池屏（柜）				
030404013	直流馈电屏				
030404014	事故照明切换屏				
030404015	控制台	1. 名称 2. 型号 3. 规格 4. 基础型钢形式、规格 5. 接线端子材质、规格 6. 端子板外部接线材质、规格 7. 小母线材质、规格			1. 本体安装 2. 基础型钢制作、安装 3. 端子板安装 4. 焊、压接线端子 5. 盘柜配线、端子接线 6. 小母线安装 7. 补刷(喷)油漆 8. 接地

项目编码	项目名称	项目特征	计量单位	工程量计算规则	工程内容
030404016	控制箱	1. 名称 2. 型号 3. 规格 4. 基础形式、材质、规格 5. 接线端子材质、规格 6. 端子板外部接线材质、规格 7. 安装方式	台	按设计图示数量计算	1. 本体安装 2. 基础型钢制作、安装 3. 焊、压接线端子 4. 补刷(喷)油漆 5. 接地
030404017	配电箱				
030404018	插座箱	1. 名称 2. 型号 3. 规格 4. 安装方式			1. 本体安装 2. 接地
030404019	控制开关	1. 名称 2. 型号 3. 规格 4. 接线端子材质、规格 5. 额定电流(A)	个		
030404020	低压熔断器	1. 名称 2. 型号 3. 规格 4. 接线端子材质、规格	台		1. 本体安装 2. 焊、压接线端子 3. 接线
030404021	限位开关				
030404022	控制器				
030404023	接触器				
030404024	磁力启动器				
030404025	Y—△自耦 减压启动器				
030404026	电磁铁 (电磁制动器)				
030404027	快速自动开关		箱		
030404028	电阻器		台		
030404029	油浸频敏 变阻器				
030404030	分流器	1. 名称 2. 型号 3. 规格 4. 容量(A) 5. 接线端子材质、规格	个		
030404031	小电器	1. 名称 2. 型号 3. 规格 4. 接线端子材质、规格	个(套、台)		
030404032	端子箱	1. 名称 2. 型号 3. 规格 4. 安装部位	台		1. 本体安装 2. 接线

项目编码	项目名称	项目特征	计量单位	工程量计算规则	工程内容
030404033	风扇	1. 名称 2. 型号 3. 规格 4. 安装方式	台	按设计图示数量计算	1. 本体安装 2. 调速开关安装
030404034	照明开关	1. 名称 2. 材质 3. 规格 4. 安装方式	个		1. 本体安装 2. 接线
030404035	插座				
030404036	其他电器	1. 名称 2. 规格 3. 安装方式	个(套、台)		1. 安装 2. 接线

小电器是同类实体的统称,小电器包括:按钮、电笛、电铃、水位电气信号装置、测量表计、继电器、电磁锁、屏上辅助设备、辅助电压互感器、小型安全变压器等。列项时必须把该实体的本名称作为项目名称,表述其特征,如型号、规格等,且各自编码。

项目特征:均为名称、型号、规格(容量)等。

计量单位:台(套、个)。

计算规则:按设计图示数量计算。

编制清单时的注意点:

(1) 对各种铁构件有特殊要求,如需镀锌、镀锡、喷塑等,需予以描述。

(2) 凡导线进出屏、柜、箱、低压电器的,该清单项目应描述是否要焊(压)接线端子。而电缆进出屏、柜、箱、低压电器的,可不描述焊(压)接线端子,因为已综合在电缆敷设的清单项目中(电缆头制作安装)。

(3) 凡需做盘(屏、柜)配线的清单项目必须予以描述。

(4) 控制开关包括:自动空气开关、刀型开关、铁壳开关、胶盖刀闸开关、组合控制开关、万能转换开关、风机盘管三速开关、漏电保护开关等。

(5) 其他电器安装指:本节未列的电器项目。其他电器必须根据电器实际名称确定项目名称,明确描述工程内容、项目特征、计量单位、计算规则。

(6) 盘、箱、柜的外部进出电线预留长度见表 8.13 所示。

表 8.13 盘、箱、柜的外部进出线预留长度 (m/根)

序号	项目	预留长度	说明
1	各种箱、柜、盘、板、盒	高+宽	盘面尺寸
2	单独安装的铁壳开关、自动开关、刀开关、启动器、箱式电阻器、变阻器	0.5	从安装对象中心算起
3	继电器、控制开关、信号灯、按钮、熔断器等小电器	0.3	从安装对象中心算起
4	分支接头	0.2	分支线预留

【例 8.3】 某工程设计图示工程内容:安装 5 台落地式配电箱,该配电箱为成品、内部配线一切都配好。设计要求只需做基础槽钢和进出的接线。具体工程内容如下:①落地式配电箱 XL—21 5 台;②10♯基础槽钢 15 m;③2.5 mm² 无端子接线 60 个,焊 16 mm² 铜接线端子 25 个,压 70 mm² 铜接线端子 30 个。编制其工程量清单。

【解】 编制的分部分项工程量清单如表 8.14 所示。

表 8.14　分部分项工程量清单

项目编码	项目名称	项目特征	计量单位	工程数量
030404017001	配电箱	1. 名称:成套配电箱 2. 型号:XL-21 3. 规格:1 800×600×400 4. 基础形式、材质、规格:10♯基础槽钢(15 m) 5. 接线端子材质、规格:焊 16 mm² 铜接线端子(25 个),压 70 mm² 铜接线端子(30 个) 6. 端子板外部接线材质、规格:2.5 mm² 无端子接线(60 个) 7. 安装方式:落地式	台	5

【例 8.4】 某综合楼图示工程内容中有下列工程量:

AP86K11-10 单联单控开关 25 个。

AP86K21-10 双联单控扳式暗开关 30 个。

AP86K31-10 三联单控扳式暗开关 15 个。

AP86K41-10 四联单控扳式暗开关 10 个。

AP86K12-10 单联双控扳式暗开关 20 个。

AP86Z223-10 五孔暗插座 100 个。

编制其工程量清单。

【解】 编制的分部分项工程量清单如表 8.15 所示。

表 8.15　分部分项工程量清单

序号	项目编码	项目名称	项目特征	计量单位	工程数量
1	030404034001	照明开关	1. 名称:单联单控扳式暗开关 2. 材质 3. 规格:AP86K11-10 4. 安装方式:暗装	个	25
2	030404034002	照明开关	1. 名称:双联单控扳式开关 2. 材质 3. 规格:AP86K21-10 4. 安装方式:暗装	个	30
3	030404034003	照明开关	1. 名称:三联单控扳式暗开关 2. 材质 3. 规格:AP86K31-10 4. 安装方式:暗装	个	15
4	030404034004	照明开关	1. 名称:四联单控扳式暗开关 2. 材质 3. 规格:AP86K41-10 4. 安装方式:暗装	个	10
5	030404034005	照明开关	1. 名称:单联双控扳式暗开关 2. 材质 3. 规格:AP86K12-10 4. 安装方式:暗装	个	20
6	030404035001	插座	1. 名称:五孔插座 2. 材质 3. 规格:AP86Z223-10 4. 安装方式:暗装	个	100

8.5.2　综合单价确定

（1）控制设备及低压电器安装均以"台"为计量单位。以上设备安装均未包括基础槽钢、角钢的制作安装，其工程量应按相应定额另行计算。

（2）网门、保护网制作安装，按网门或保护网设计图示的框外围尺寸，以"m^2"为计量单位。

（3）盘柜配线分不同规格，以"m"为计量单位。

（4）盘、箱、柜的外部进出线预留长度按表 8.13 计算。

（5）配电板制作安装及包铁皮，按配电板图示外形尺寸，以"m^2"为计量单位。

（6）焊（压）接线端子定额只适用于导线，电缆终端头制作安装定额中已包括压接线端子，不得重复计算。

（7）端子板外部接线按设备盘、箱、柜、台的外部接线图计算，以"个"为计算单位。

（8）盘柜配线定额只适用于盘上小设备元件的少量现场配线，不适用于工厂的设备修、配、改工程。

盘柜配线计算公式：

$$各种盘、柜、箱板的半周长 \times 元器件之间的连接线根数$$

增加盘顶上安装小母线工作量计算公式：

$$同一个平面内所安装的盘宽之和 \times 小母线根数 + 小母线根数乘预留长度（0.05\ m）$$

（9）开关、按钮安装工程量，应区别开关、按钮种类，开关极数以及单控与双控，以"套"为计算单位。

（10）插座安装工程量，应区别电源相数、额定电流、插座安装形式、插孔个数，以"套"为计算单位。

（11）安全变压器安装工程量，应区别安全变压器容量，以"台"为计算单位。

（12）电铃、电铃号牌箱安装工程量，应区别电铃直径、电铃号牌箱规格（号），以"套"为计算单位。

（13）门铃安装工程量，应区别门铃安装形式，以"个"为计算单位。

（14）风扇安装工程量，应区别风扇种类，以"台"为计算单位。

盘管风机开关、请勿打扰灯、须刨插座安装工程量，以"套"为计算单位。

在套用《江苏省安装工程计价定额》时，必须注意以下几点：

（1）控制设备安装，除限位开关及水位电气信号装置外，其他均未包括支架制作安装，发生时可执行本章相应定额。

（2）屏上辅助设备安装，包括标签框、光字牌、信号灯、附加电阻、连接片等，但不包括屏上开孔工作。

（3）设备的补充油按设备考虑，如设备不带，报价时必须额外考虑。

（4）控制设备安装未包括的工程内容：二次喷漆及喷字；电器及设备干燥；焊、压接线端子；端子板外部（二次）接线。

（5）《江苏省安装工程计价定额》中集装箱式配电室计量单位为"10 t"，计价规范上计量单位为"套"，套用定额时要注意单位不同，需进行适当换算。

参照《江苏省安装工程计价定额》的定额消耗量，配电箱除税价格按 7 000 元/台，10#

槽钢除税价格按 3.52 元/kg,例 8.3 的分部分项工程量清单综合单价计算如表 8.16 所示。

表 8.16 分部分项工程项目清单综合单价计算表

工程名称: 　　　　　　　　　　　　　　　　　　　　　　　　　　　　　计量单位:台
项目编码:030404017001 　　　　　　　　　　　　　　　　　　　　　工程数量:5
项目名称:配电箱 　　　　　　　　　　　　　　　　　　　　　综合单价:7 698.09 元

序号	定额编号	工程内容	单位	数量	综合单价组成					小计
					人工费	材料费	机械费	管理费	利润	
1	4-266	落地式配电箱 XL-21 安装	台	5	1 028.60	160.55	301.70	411.44	144.00	2 046.29
2		配电式主材费	台	5		35 000				35 000
3	4-266	基础槽钢 10# 安装	10 m	1.50	175.38	49.55	16.82	70.15	24.55	336.45
4		10# 基础槽钢主材费	kg	15.75		55.44				55.44
5	4-412	无端子外部接线 2.5 mm²	10 个	6	75.48	86.64		30.19	10.57	202.88
6	4-418	焊铜接线端子 16 mm²	10 个	2.5	42.55	177.03		17.02	5.96	242.56
7	4-426	压铜接线端子 70 mm²	10 个	3	224.22	261.51		89.69	31.39	606.81
8		合计			1 546.23	35 790.72	318.52	618.49	216.47	38 490.43

8.6 蓄电池安装

8.6.1 工程量清单项目

蓄电池安装工程量清单项目设置应按照《通用安装工程工程量计算规范》中的附录 D.5 的规定执行,见表 8.17 所示。

表 8.17 D.5 蓄电池安装(编码:030405)

项目编码	项目名称	项目特征	计量单位	工程量计算规则	工程内容
030405001	蓄电池	1. 名称 2. 型号 3. 容量(A·h) 4. 防震支架形式、材质 5. 充放电要求	个(组件)	按设计图示数量计算	1. 本体安装 2. 防震支架安装 3. 充放电
030405002	太阳能电池	1. 名称 2. 型号 3. 规格 4. 容量 5. 安装方式	组		1. 安装 2. 电池方阵铁架安装 3. 联调

项目特征:均为名称、型号、容量及结构,项目特征和项目名称基本一致。

计量单位:本节的各项计量单位均为"个"或"组"。免维护铅酸蓄电池的表现形式为"组件",因此也可称多少个"组件"。

计算规则:按设计图示数量计算。

编制清单时的注意点:

(1) 如果设计要求蓄电池抽头连接用电缆及电缆保护管时,应在清单项目中予以描述,以便计价。

(2) 蓄电池电解液如需承包方提供,亦应描述。

8.6.2 综合单价确定

(1) 铅酸蓄电池和碱性蓄电池安装,分别按容量大小以单位蓄电池"个"为计量单位,按施工图设计的数量计算工程量。定额内已包括了电解液的材料消耗,执行时不得调整。

(2) 免维护蓄电池安装以"组件"为计量单位。其具体计算如下例:

某项工程设计一组蓄电池为 220 V/500 A·h,由 12 V 的组件 18 个组成,应该套用 12 V/500 A·h 的定额 18 组件。

(3) 蓄电池充放电按不同用量以"组"为计量单位。

(4) 免维护蓄电池组的充电可按蓄电池组充放电相应定额乘以系数 0.3 计算(因不需要放电、再充电的过程,只需充电)。

(5) 电池防震支架安装按支架形式(单排、双排)及排数(单排、双排)以"m"为计量单位。

(6) 太阳能方阵铁架安装按安装位置(基础底座、铁塔上)以"m²"为计量单位。

(7) 太阳能电池与控制屏联调以"组"为计量单位。

套用《江苏省安装工程计价定额》时,需要注意以下几点:

(1) 蓄电池充放电费用综合在安装单价中,按"组"充放电,但需分摊到每一个蓄电池的安装综合单价中报价。

(2) 蓄电池防震支架按随设备供货考虑,安装按地坪打眼装膨胀螺栓固定。

(3) 蓄电池电极连接条、紧固螺栓、绝缘垫均按设备自带考虑。

(4) 本章定额不包括蓄电池抽头连接用电缆及电缆保护管的安装,发生时应执行本册相应项目。

(5) 碱性蓄电池补充电解液由厂家随设备供货。铅酸蓄电池的电解液已包括在定额内,不另行计算。

(6) 蓄电池充放电电量已计入定额,不论酸性、碱性电池均按其电压和容量执行相应项目。

(7) 免维护铅酸蓄电池的安装以"组件"为单位。

(8) 蓄电池的工程内容为防震支架制作、安装,本体安装,充放电。太阳能电池的工程内容为太阳能电池的安装、电池方阵铁架安装及太阳能电池与控制屏联调。确定综合单价时需计算防震支架、充放电、电池方阵铁架安装及太阳能电池与控制屏联调的相关费用。

8.7 电机检查接线及调试

8.7.1 工程量清单项目

电机的检查接线及调试工程量清单项目设置应按照《通用安装工程工程量计算规范》中的附录 D.6 的规定执行,见表 8.18 所示。

表 8.18 **D.6 电机检查接线及调试(编码:030406)**

项目编码	项目名称	项目特征	计量单位	工程量计算规则	工程内容
030406001	发电机	1. 名称 2. 型号 3. 容量(kW) 4. 接线端子材质、规格 5. 干燥要求			
030406002	调相机				
030406003	普通小型直流电动机				
030406004	可控硅调速直流电动机	1. 名称 2. 型号 3. 容量(kW) 4. 类型 5. 接线端子材质、规格 6. 干燥要求			
030406005	普通交流同步电动机	1. 名称 2. 型号 3. 容量(kW) 4. 启动方式 5. 电压等级(kV) 6. 接线端子材质、规格 7. 干燥要求			
030406006	低压交流异步电动机	1. 名称 2. 型号 3. 容量(kW) 4. 控制保护方式 5. 接线端子材质、规格 6. 干燥要求	台	按设计图示数量计算	1. 检查接线 2. 接地 3. 干燥 4. 调试
030406007	高压交流异步电动机	1. 名称 2. 型号 3. 容量(kW) 4. 保护类别 5. 接线端子材质、规格 6. 干燥要求			
030406008	交流变频调速电动机	1. 名称 2. 型号 3. 容量(kW) 4. 类别 5. 接线端子材质、规格 6. 干燥要求			
030406009	微型电机、电加热器	1. 名称 2. 型号 3. 规格 4. 接线端子材质、规格 5. 干燥要求			
030406010	电动机组	1. 名称 2. 型号 3. 电动机台数 4. 联锁台数 5. 接线端子材质、规格 6. 干燥要求	组		
030406011	备用励磁机组	1. 名称 2. 型号 3. 接线端子材质、规格 4. 干燥要求			
030406012	励磁电阻器	1. 名称 2. 型号 3. 规格 4. 接线端子材质、规格 5. 干燥要求	台		1. 本体安装 2. 检查接线 3. 干燥

项目特征:本节的清单项目特征除共同的基本特征(如名称、型号、规格)外,还有表示其调试的特殊个性。如普通交流同步电动机的检查接线及调式项目,要注明启动方式:直接启动还是降压启动。低压交流异步电动机的检查接线及调试项目,要注明控制保护类型:刀开关控制、电磁控制、非电量联锁、过流保护、速断过流保护及时限过流保护等。电动机组检查接线调试项目,要表述机组的台数,如有联锁装置应注明联锁的台数。此外,是否需要干燥应在项目特征中予以描述。

计量单位:本节除电动机组清单项目以"组"为单位计量外,其他所有清单项目的计量单位均为"台"。

计算规则:按设计图示数量计算。

发电机、同期调相机电气调试的范围包括发电机(或同期调相机)、工作励磁机本体及发电机(或同期调相机)用断路器前(包括断路器在内)的所有一次回路设备、二次回路设备调试,如图8.1所示。

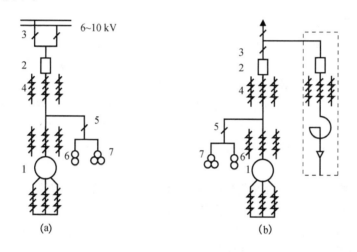

图8.1　发电机系统示意图

1—发电机;2—油断路器;3、5—隔离开关;4—电流互感器;6、7—电压互感器

图(a)中的油断路器是装在6~10kV配电装置内的,电压互感器则可能装在发电机小间或6~10kV配电装置内。但不管它们的装设地点如何,都属于发电机系统。图(b)是发电机—变压器组接线示意图,油断路器可能装在发电机出线间,也可能在特设的开关小室中。同样,不论其装设地点如何,均属于发电机系统。图(b)中虚线内的部分,为厂用电抗器支线,不属于发电机系统,应按带电抗器的输电线路另列"送配电装置系统"清单。

电动机的类型:以电动机的构造可分为同步电动机、鼠笼型异步电动机、绕线型异步电动机;以电压可分为高压电动机及低压电动机,高压与低压的区分是电压在500 V以下者为低压,500 V以上者为高压。

具有一个控制回路或者具有一套启动控制设备的一台或几台电动机,称为一个电气调试系统。就电厂的电动机来说,一般一台为一个系统,如图8.2所示,均各为一个系统。

电动机系统电气调试包括的工程内容:电动机本体、配电设备、启动设备、保护装置、测量仪表及二次回路的试验调整工作。

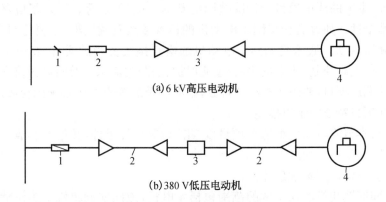

(a) 6 kV高压电动机

(b) 380 V低压电动机

图 8.2　电动机电气调试系统

1—熔断器;2—电缆;3—启动器;4—电动机

编制清单时的注意点:

(1) 电机的本体安装应在附录 A. 13(030113009)中列项。

(2) 电机的控制装置的安装和接线在附录 D. 4(控制设备及低压电器安装)中列项。对于电动机的型号、容量、控制方式(启动、保护)应描述清楚。

(3) 按规范要求,从管口到电机接线盒间要有软管保护,项目应描述软管的材质、规格和长度,如设计要求用包塑金属软管、阻燃金属软管或采用铝合金软管接头等。长度均按设计计算。设计没有规定时,平均每台电机配金属软管 1.0~1.5 m(平均按 1.25 m)计入清单。

(4) 工程内容中应描述"接地"要求,如接地线的材质、防腐处理等。

(5) 电机接线如需焊(压)接线端子亦应描述。

(6) 发电机(同期调相机)检查接线及调试清单项目中已包括工作励磁机的调试,但不包括备用励磁机的调试,应单独编码列项。

(7) 可控硅调速直流电动机类型指一般可控硅调速直流电动机、全数字式控制可控硅调速直流电动机。

(8) 交流变频调速电动机类型指交流同步变频电动机、交流异步变频电动机。

(9) 电动机按其质量划分为大、中、小型:3 t 以下为小型,3~30 t 为中型,30 t 以上为大型。

8.7.2　综合单价确定

(1) 发电机、调相机、电动机的电气检查接线,均以"台"为计量单位。直流发电机组和多台一串的机组,按单台电机分别执行定额。

(2) 电气安装规范要求每台电机接线均需要配金属软管,设计有规定的按设计规格和数量计算,设计没有规定的,平均每台电机配相应规格的金属软管 1.25 m 和与之配套的金属软管专用活接头。

(3) 本章的电机检查接线定额,除发电机和调相机外,均不包括电机干燥,发生时其工程量应按电机干燥定额另行计算。电机干燥按小、中大型电机均以"台"为计量单位。电机干燥定额系按一次干燥所需的工、料、机消耗量考虑的,在特别潮湿的地方,电机需要进行多次干燥,应按实际干燥次数计算。在气候干燥、电机绝缘性能良好、符合技术标准而不需要干燥时,则不计算干燥费用。实行包干的工程,可参照以下比例,由有关各方协商而定:

① 低压小型电机 3 kW 以下按 25％的比例考虑干燥。

② 低压小型电机 3 kW 以上至 220 kW 按 30％～50％考虑干燥。

③ 大中型电机按 100％考虑一次干燥。

(4) 小型电机按电机类别和功率大小执行相应定额,大、中型电机不分类别一律按电机重量执行相应定额。

(5) 普通电动机的调试,分别按电机的控制方式、功率、电压等级,以"台"为计量单位。

(6) 可控硅调速直流电动机调试以"系统"为计量单位,其调试内容包括可控硅整流装置系统和直流电动机控制回路系统两个部分的调试。

(7) 交流变频调速电动机调试以"系统"为计量单位,其调试内容包括变频装置系统和交流电动机控制回路系统两个部分的调试。

(8) 微型电机系指功率在 0.75 kW 以下的电机,不分类别,一律执行微电机综合调试定额,以"台"为计量单位。电动功率在 0.75 kW 以上的电机调试应按电机类别和功率分别执行相应的调试定额。

计价时套用《江苏省安装工程计价定额》相应定额子目,但需要注意以下几点:

(1) 本节的检查接线项目中,均按电机的名称、型号、规格(即容量)列出,而《江苏省安装工程计价定额》按小、中、大型列项。以单台重量在 3 t 以下的为小型;单台重量在 3～30 t 者为中型;单台重量 30 t 以上者为大型。在报价时,如果参考《江苏省安装工程计价定额》,就按电机铭牌上或产品说明书上的重量对应定额项目即可。大、中型电机不分交、直流电机,一律按电机重量执行相应定额,在无设计设备技术资料时,可以参照表 8.19 常用电机的容量(额定功率)与电机综合平均质量执行。

表 8.19　常用电机的容量(额定功率)与电机综合平均质量

定额分类		小型电机							中型电机			
电机质量(t/台以下)		0.1	0.2	0.5	0.8	1.2	2	3	5	10	20	30
额定功率 (kW 以下)	直流电机	2.2	11	22	55	75	100	200	300	500	700	1 200
	交流电机	3.0	13	30	75	100	160	220	500	800	1 000	2 500

(2) "电机"系指发电机和电动机的统称,定额中的电机功率系指电机的额定功率。

(3) 电机检查接线定额,除发电机和调相机外,均不包括电机的干燥工作,发生时应执行电机干燥定额。电机干燥定额系按一次干燥所需的人工、材料、机械消耗量考虑的。

(4) 微型电机分为三类:

① 驱动微型电机系指微型异步电动机、微型同步电动机、微型交流换向器电动机、微型直流电动机等。

② 控制微型电机系指自整角机、旋转变压器、交直流测速发电机、交直流伺服电动机、步进电动机、力矩电动机等。

③ 电源微型电机系指微型电动发电机组和单枢变流机等。其他小型电机凡功率在 0.75 kW 以下的电机均执行微型电机定额。

(5) 直流发电机组和多台一串的机组,可按单台电机分别执行相应定额。

（6）一般民用小型交流电风扇在附录 D. 4 控制设备及低压电器(030404033)中列项。

（7）各种电机的检查接线,按规范要求均需配有相应的金属软管,报价时必须按清单描述的材质、规格和长度计算。

（8）当电机的电源线为导线时,要注意清单中是否有焊(压)接线端子的要求,在报价时不能漏项。

（9）电机的接地线材,计价定额按镀锌扁钢(25×4)编制的,要注意清单中对于接地线的材质、防腐要求的描述,如采用铜接地线时,主材(导线和接头)应更换,但安装人工和机械不变。

（10）电动机调试定额的每一个系统,是按一台电动机考虑的,如果其中一个控制回路有两台及两台以上电动机时,每增加一台按定额增加 20%。

（11）各类电机的检查接线定额均不包括电机安装、控制装置的安装和接线。电机安装套用《安装工程计价定额》中的《第一册　机械设备安装工程》,控制装置的安装和接线在《通用安装工程工程量计算规范》中的附录 D. 4"控制设备及低压电器安装"中列项。

8.8　滑触线装置安装

8.8.1　工程量清单项目

滑触线安装工程量清单项目的设置应按照《通用安装工程工程量计算规范》中的附录 D. 7 的规定执行,见表 8.20 所示。

表 8.20　D. 7 滑触线装置安装(编码:030407)

项目编码	项目名称	项目特征	计量单位	工程量计算规则	工程内容
030407001	滑触线	1. 名称 2. 型号 3. 规格 4. 材质 5. 支架形式、材质 6. 移动软电缆材质、规格、安装部位 7. 拉紧装置类型 8. 伸缩接头材质、规格	m	按设计图示尺寸以单相长度计算(含预留长度)	1. 滑触线安装 2. 滑触线支架制作、安装 3. 拉紧装置及挂式支持器制作、安装 4. 移动软电缆安装 5. 伸缩接头制作、安装

项目特征中的名称既为实体名称,亦为项目名称,直观、简单。但是规格却不然。如:

安全节能型滑触线的规格是用电流(A),如 100、200、…、1 250;

角钢滑触线的规格是角钢的边长(mm)×厚度(mm),如 40×4、50×5、…、75×8;

扁钢滑触线的规格是扁钢截面长(mm)×宽(mm),如 40×4、50×5、60×6;

圆钢滑触线的规格是圆钢的直径(mm),如 φ8、φ12;

工字钢、轻轨滑触线的规格是以每米重量(kg/m),如 10、12、14、16。

计量单位:本节各清单项目的计量单位均为"m"。

计算规则:按设计图示尺寸以单相长度计算(含预留长度)。

编制清单时的注意点:

（1）滑触线及支架安装高度的描述。

（2）清单项目应描述滑触线支架的基础铁件及螺栓是否由承包商浇筑。

（3）滑触线及支架的油漆品种及遍数。

（4）沿轨道敷设软电缆清单项目，要说明是否包括轨道安装和滑轮制作。

（5）滑触线支架是成品还是要承包商现场做，支架基础铁件及螺栓是否浇筑需说明。

（6）滑触线安装预留长度见表 8.21 所示。

表 8.21　滑触线安装预留长度　　　　　　　　　　　　　　　　（m/根）

序号	项　目	预留长度	说明
1	圆钢、铜母线与设备连接	0.2	从设备接线端子接口算起
2	圆钢、铜滑触线终端	0.5	从最后一个固定点算起
3	角钢滑触线终端	1.0	从最后一个支持点算起
4	扁钢滑触线终端	1.3	从最后一个固定点算起
5	扁钢母线分支	0.5	分支线预留
6	扁钢母线与设备连接	0.5	从设备接线端子接口算起
7	轻轨滑触线终端	0.8	从最后一个支持点算起
8	安全节能及其他滑触线终端	0.5	从最后一个固定点算起

8.8.2　综合单价确定

（1）起重机上的电气设备、照明装置和电缆管线等安装均执行本册的相应定额。

（2）滑触线安装以"m/单相"为计量单位，其附加和预留长度按表 8.21 规定计算。

套用《江苏省安装工程计价定额》相应定额子目，需要注意以下几点：

（1）必须注意工程量清单中对于滑触线及其支架的安装高度，计价定额是按 10 m 以下标高考虑的，如超过 10 m，可按规定计取超高费。

（2）滑触线支架的基础铁件及螺栓，如按土建预埋考虑，定额不包括，如需承包商做，则需另外计价，不能漏项。

（3）滑触线及支架的油漆，均按涂一遍考虑。如需增加遍数，另套《安装工程计价定额》第十一册相关子目。

（4）移动软电缆敷设未包括轨道安装及滑轮制作。

（5）滑触线的辅助母线安装，执行"车间带形母线"安装定额。

（6）滑触线伸缩器和坐式电车绝缘子支持器的安装，已分别包括在"滑触线安装"和"滑触线支架安装"定额内，不另行计算。

（7）滑触线支架如需承包商制作，套用铁构件制作子目。

8.9　电缆安装

8.9.1　工程量清单项目

电缆安装工程量清单项目的设置应按照《通用安装工程工程量计算规范》中的附录 D.8 的规定执行，见表 8.22 所示。

表 8.22　D. 8 电缆安装(编码:030408)

项目编码	项目名称	项目特征	计量单位	工程量计算规则	工程内容
030408001	电力电缆	1. 名称 2. 型号 3. 规格 4. 材质 5. 敷设方式、部位 6. 电压等级(kV) 7. 地形	m	按设计图示尺寸以长度计算(含预留长度及附加长度)	1. 电缆敷设 2. 揭(盖)盖板
030408002	控制电缆				
030408003	电缆保护管	1. 名称 2. 材质 3. 规格 4. 敷设方式		按设计图示尺寸以长度计算	保护管敷设
030408004	电缆槽盒	1. 名称 2. 材质 3. 规格 4. 型号			槽盒安装
030408005	铺砂、盖保护板(砖)	1. 种类 2. 规格			1. 铺砂 2. 盖板(砖)
030408006	电力电缆头	1. 名称 2. 型号 3. 规格 4. 材质、类型 5. 安装部位 6. 电压等级(kV)	个	按设计图示数量计算	1. 电力电缆头制作 2. 电力电缆头安装 3. 接地
030408007	控制电缆头	1. 名称 2. 型号 3. 规格 4. 材质、类型 5. 安装方式 6. 电压等级(kV)			
030408008	防火堵洞	1. 名称 2. 材质 3. 方式 4. 部位	处	按设计图示数量计算	安装
030408009	防火隔板		m²	按设计图示尺寸以面积计算	
030408010	防火涂料		kg	按设计图示尺寸以质量计算	
030408011	电缆分支箱	1. 名称 2. 型号 3. 规格 4. 基础形式、材质、规格	台	按设计图示数量计算	1. 本体安装 2. 基础制作、安装

　　电缆型号的内容包含有用途类别、绝缘材料、导体材料、铠装保护层等,电缆型号含义见表 8.23 所示,一般型号表示如图 8.3 所示。

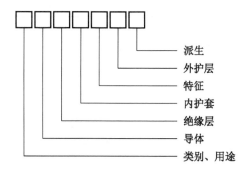

图 8-3　电缆的型号表示方法

表 8.23　电缆型号含义

类别	导体	绝缘	内护套	特征
电力电缆(省略不表示) K:控制电缆 P:信号电缆 YT:电梯电缆 U:矿用电缆 Y:移动式软缆 H:市内电话缆 UZ:电钻电缆 DC:电气化车辆用电缆	T:铜(可省略) L:铝	Z:油浸纸 X:天然橡胶 (X)D:丁基橡胶 (X)E:乙丙橡胶 VV:聚氯乙烯 Y:聚乙烯 YJ:交联聚乙烯 E:乙丙胶	Q:铅套 L:铝套 H:橡套 (H)P:非燃性 HF:氯丁胶 V:聚氯乙烯护套 Y:聚乙烯护套 VF:复合物 HD:耐寒橡胶	D:不滴油 F:分相 CY:充油 P:屏蔽 C:滤尘用或重型 G:高压

电缆敷设项目的规格指电缆单芯截面和芯数,敷设方式、部位有直埋、穿管、电缆沟、排管、支架、桥架等;电缆保护管敷设项目的规格指管径,敷设方式包括明配和暗配;电缆头名称有中间头和终端头,类型包括干包式、浇注式和热缩式;电缆阻燃盒项目的特征是型号、规格(尺寸)。

电缆按设计图示尺寸以长度计算(含预留长度及附加长度)。电缆头按设计图示数量计算;电缆保护管、铺砂盖保护板按设计图示尺寸以长度计算。

编制清单时的注意点:

(1) 由于电缆、控制电缆的型号、规格繁多,敷设方式也多,设置清单编码时,一定要按型号、规格、敷设方式分别列项。

(2) 电缆直埋敷设时,需另计挖填电缆沟土方的费用。电缆沟土方工程量清单按《房屋建筑与装饰工程工程量计算规范》(GB 50854—2013)中的"管沟土方"编码列项,见本书第6章表6.3所示。

(3) 电缆穿刺线夹按电缆头编码列项。

(4) 电缆井、电缆排管、顶管,应按现行国家标准《市政工程工程量计算规范》(GB 50857)相关项目编码列项。

(5) 电缆敷设预留长度及附加长度见表8.24所示。

表 8.24 电缆敷设预留及附加长度

序号	项 目	预留(附加)长度	说 明
1	电缆敷设弛度、波形弯度、交叉	2.5%	按电缆全长计算
2	电缆进入建筑物	2.0 m	规范规定最小值
3	电缆进入沟内或吊架时引上(下)预留	1.5 m	规范规定最小值
4	变电所进线、出线	1.5 m	规范规定最小值
5	电力电缆终端头	1.5 m	检修余量最小值
6	电缆中间接头盒	两端各留 2.0 m	检修余量最小值
7	电缆进控制、保护屏及模拟盘、配电箱等	高+宽	按盘面尺寸
8	高压开关柜及低压配电盘、箱	2.0 m	盘下进出线
9	电缆至电动机	0.5 m	从电动机接线盒算起
10	厂用变压器	3.0 m	从地坪算起
11	电缆绕过梁柱等增加长度	按实计算	按被绕物的断面情况计算增加长度
12	电梯电缆与电缆架固定点	每处 0.5 m	规范规定最小值

注:①电缆附加及预留的长度是电缆敷设长度的组成部分,应计入电缆长度工程量之内。
② 以上表"电缆敷设的附加长度"不适用于矿物绝缘电缆预留长度,矿物绝缘电缆预留长度按实际计算。

【例 8.5】 某综合楼电气安装工程,需敷设铜芯电力电缆,根据设计图纸,相关工程量如下:

YJV-4×35+1×16 设计图示尺寸 350 m,穿钢管 S80 明配 300 m,户内干包式电力电缆终端头 10 个;本电缆清单工程量为(350+1.5×10)×1.025=374.13 m。

YJV$_{22}$-4×120+1×70 设计图示尺寸 150 m,直接埋地敷设,其中埋地部分 120 m,土壤类别为普通土,沟槽深度为 0.8 m、底宽为 0.4 m,铺砂厚度为 10 cm,盖(240×115×53) mm 红砖,户内干包式电力电缆终端头 2 个。本电缆清单工程量为(150+1.5×2)×1.025=156.83 m。

编制该分部分项工程量清单。

【解】 编制的分部分项工程量清单如表 8.25 所示。

表 8.25 分部分项工程量清单

序号	项目编码	项目名称	项目特征	计量单位	工程数量
1	010101007001	管沟土方	1. 土壤类别:普通土 2. 管外径:宽 0.4 m 3. 挖沟深度:0.8 m 4. 回填要求:夯填	m	120
2	030408001001	电力电缆	1. 名称:电力电缆 2. 型号:YJV 3. 规格:4×35+1×16 4. 材质:铜芯 5. 敷设方式、部位:穿管 6. 电压等级(kV):1 kV 7. 地形:平原	m	374.13
3	030408001002	电力电缆	1. 名称:电力电缆 2. 型号:YJV$_{22}$ 3. 规格:4×120+1×70 4. 材质:铜芯 5. 敷设方式、部位:直埋 6. 电压等级(kV):1 kV 7. 地形:平原	m	156.83

序号	项目编码	项目名称	项目特征	计量单位	工程数量
4	030408006001	电力电缆头	1. 名称:电缆终端头 2. 型号:YJV 3. 规格:4×35+1×16 4. 材质、类型:铜芯、干包式 5. 安装部位:户内 6. 电压等级(kV):1 kV	个	10
5	030408006002	电力电缆头	1. 名称:电缆终端头 2. 型号:YJV_{22} 3. 规格:4×120+1×70 4. 材质、类型:铜芯、干包式 5. 安装部位:户内 6. 电压等级(kV):1 kV	个	2
6	030408003001	电缆 保护管	1. 名称:焊接钢管 2. 材质:碳钢 3. 规格:DN80 4. 敷设方式:明配	m	300
7	030408005001	铺砂、盖保护 板(砖)	1. 种类:铺砂(100 厚)、盖砖 2. 规格:(240×115×53) mm	m	120

8.9.2 综合单价确定

(1) 电缆敷设中涉及土方开挖回填、破路等,执行建筑工程计价定额。

(2) 直埋电缆的挖、填土(石)方,除特殊要求外,可按表 8.26 计算土方量。

表 8.26 直埋电缆的挖、填土(石)方量

项 目	电缆根数	
	1~2	每增一根
每米沟长挖方量	0.45	0.153

注:① 两根以内的电缆沟,系按上口宽度 600 mm、下口宽度 400 mm、深度 900 mm 计算的常规土方量(深度按规范的最低标准)。
② 每增加一根电缆,其宽度增加 170 mm。
③ 以上土方量系按埋深从自然地坪起算,如设计埋深超过 900 mm 时,多挖的土方量应另行计算。

(3) 电缆沟盖板揭、盖定额,按每揭或每盖一次以延长米计算,如又揭又盖,则按两次计算。

(4) 电缆保护管长度,除按设计规定长度计算外,遇有下列情况,应按以下规定增加保护管长度:

① 横穿道路,按路基宽度两端各增加 2 m。

② 垂直敷设时,管口距地面增加 2 m。

③ 穿过建筑物外墙时,按基础外缘以外增加 1 m。

④ 穿过排水沟时,按沟壁外缘以外增加 1 m。

(5) 电缆保护管埋地敷设,其土方量凡有施工图注明的,按施工图计算;无施工图的,一般按沟深 0.9 m、沟宽按最外边的保护管两侧边缘外各增加 0.3 m 工作面计算。

（6）电缆敷设长度应根据敷设路径的水平和垂直敷设长度按单根延长米计算，按表8.24规定增加附加长度。

（7）电缆终端头及中间头均以"个"为计量单位。电力电缆和控制电缆均按一根电缆有两个终端头考虑。中间电缆头设计有图示的，按设计确定；设计没有规定的，按实际情况计算（或按平均250 m一个中间头考虑）。

（8）16 mm² 以下截面电缆头执行压接线端子或端子板外部接线。

（9）吊电缆的钢索及拉紧装置，应按本册相应定额另行计算。

（10）钢索的计算长度以两端固定点的距离为准，不扣除拉紧装置的长度。

在套用《江苏省安装工程计价定额》计价时，需要注意以下几点：

（1）计价定额按平原地区和厂内电缆工程的施工条件编制，未考虑在积水区、水底、井下等特殊条件下的施工，厂外电缆敷设另计工地运输。

（2）电缆在一般山地、丘陵地区敷设时，其定额人工乘以系数1.3。该地段所需的施工材料如固定桩、夹具等按实另计。

（3）本章的电力电缆头定额均按铝芯电缆考虑的，铜芯电力电缆头按同截面电缆头定额乘以系数1.2，双屏蔽电缆头制作安装人工乘以系数1.05。

（4）6芯电力电缆按4芯乘以系数1.6，每增加一芯定额增加30%，以此类推。截面400 mm² 以上至800 mm² 的单芯电力电缆敷设按400 mm² 电力电缆（4芯）定额执行。截面800~1 000 mm² 的单芯电力电缆敷设按400 mm² 电力电缆（4芯）定额乘以系数1.25执行。240 mm² 以上的电缆头的接线端子为异型端子，需要单独加工，应按实际加工价计算（或调整定额价格）。

（5）单芯电缆头制安按同电压同截面电缆头制安定额乘以系数0.5，五芯以上电缆头制安按每增加1芯，定额增加系数0.25。

（6）本章电缆敷设系综合定额，已将裸包电缆、铠装电缆、屏蔽电缆等因素考虑在内，因此凡10 kV以下的电力电缆和控制电缆均不分结构形式和型号，一律按相应的电缆截面和芯数执行定额。

（7）电缆敷设定额及其相配套的定额中均未包括主材（又称装置性材料），另按设计和工程量计算规则加上定额规定的损耗率计算主材费用。电力电缆损耗率为1.0%，控制电缆损耗率为1.5%。

（8）直径 φ100 的不打喇叭口的电缆保护管、φ≤100 的电缆保护管敷设执行《安装工程计价定额》第四册配管配线章有关定额。

（9）本章定额未包括下列工程内容：

① 隔热层、保护层的制作安装。

② 电缆冬季施工的加温工作和在其他特殊施工条件下的施工措施费和施工降效增加费。

【例8.6】 计算例8.5分部分项工程清单中序号3的工程量清单的综合单价。工程类别三类。电缆主材除税单价按210.0元/m。表中：

电缆主材费计算长度＝156.83×1.01（电力电缆的损耗率为1%）＝158.37（m）

编制其综合单价计算表。

【解】 编制的分部分项工程项目清单综合单价计算表，如表8.27所示。

表 8.27 分部分项工程项目清单综合单价计算表

工程名称：

项目编码：030408001002

项目名称：电力电缆

计量单位：m

工程数量：156.83

综合单价：230.48 元

序号	定额编号	工程内容	单位	数量	综合单价组成					小计
					人工费	材料费	机械费	管理费	利润	
1	4-742	YJV$_{22}$-4×120+1×70 铜芯电缆敷设	100 m	1.568	1 462.00	536.73	100.97	584.80	204.68	2 889.18
2		YJV$_{22}$-4×120+1×70 电缆主材费	m	158.37		33 257.28				33 257.28
3		合计			1 462.00	33 794.01	100.97	584.80	204.68	36 146.46

8.10 防雷及接地装置

8.10.1 工程量清单项目

本节适用于接地装置及防雷装置的工程量清单的编制与计量。接地装置包括生产、生活用的安全接地、防静电接地、保护地等一切接地装置的安装。避雷装置包括建筑物、构筑物、金属塔器等防雷装置，由受雷体、引下线、接地干线、接地极组成一个系统。接地装置及防雷装置的工程量清单项目设置应按照《通用工程工程量计算规范》中的附录 D.9 的规定执行，见表 8.28 所示。

表 8.28 D.9 防雷及接地装置(编码:030409)

项目编码	项目名称	项目特征	计量单位	工程量计算规则	工程内容
030409001	接地极	1. 名称 2. 材质 3. 规格 4. 土质 5. 基础接地形式	根(块)	按设计图示数量计算	1. 接地极(板、桩)制作、安装 2. 基础接地网安装 3. 补刷(喷)油漆
030409002	接地母线	1. 名称 2. 材质 3. 规格 4. 安装部位 5. 安装形式		按设计图示尺寸以长度计算(含附加长度)	1. 接地母线制作、安装 2. 补刷(喷)油漆
030409003	避雷引下线	1. 名称 2. 材质 3. 规格 4. 安装部位 5. 安装形式 6. 断接卡子、箱材质、规格	m		1. 避雷引下线制作、安装 2. 断接卡子、箱制作、安装 3. 利用主钢筋焊接 5. 补刷(喷)油漆
030409004	均压环	1. 名称 2. 材质 3. 规格 4. 安装形式			1. 均压环敷设 2. 钢铝窗接地 3. 柱主筋与圈梁焊接 4. 利用圈梁钢筋焊接 5. 补刷(喷)油漆
030409005	避雷网	1. 名称 2. 材质 3. 规格 4. 安装形式 5. 混凝土块标号			1. 避雷网制作、安装 2. 跨接 3. 混凝土块制作 4. 补刷(喷)油漆

续表

项目编码	项目名称	项目特征	计量单位	工程量计算规则	工程内容
030409006	避雷针	1. 名称 2. 材质 3. 规格 4. 安装形式、高度	根	按设计图示数量计算	1. 避雷针制作、安装 2. 跨接 3. 补刷(喷)油漆
030409007	半导体少长针消雷装置	1. 型号 2. 高度	套		本体安装
030409008	等电位端子箱、测试板	1. 名称 2. 材质 3. 规格	台(块)		
030409009	绝缘垫		m²	按设计图示尺寸以展开面积计算	1. 制作 2. 安装
030409010	浪涌保护器	1. 名称 2. 规格 3. 安装形式 4. 防雷等级	个	按设计图示数量计算	1. 本体安装 2. 接线 3. 接地
030409011	降阻剂	1. 名称 2. 类型	kg	按设计图示以质量计算	1. 挖土 2. 施放降阻剂 3. 回填土 4. 运输

接地母线、避雷引下线、避雷网按设计图示尺寸以长度计算(含附加长度);接地极、避雷针、半导体少长针消雷装置、等电位端子箱、测试板按设计图示数量计算。

编制清单时的注意点:

(1) 避雷针的安装部位要描述清楚,安装部位影响到安装费用。如应描述:装在烟囱上;装在平面屋顶上;装在墙上;装在金属容器顶上;装在金属容器壁上;装在构筑物上等。

(2) 利用柱筋作引下线的,需描述柱筋焊接根数。引下线的形式主要是单设引下线还是利用柱筋引下。

(3) 利用桩基础作接地极,应描述桩台下桩的根数,每桩台下需焊接柱筋根数,其工程量按柱引下线计算;利用基础钢筋作接地极按均压环项目编码列项。

(4) 利用圈梁筋作均压环的,需描述圈梁筋焊接根数。

(5) 接地母线材质、埋设深度、土壤类别应描述清楚。

(6) 半导体少长针消雷装置清单项目应把引下线要求描述清楚,并综合进去。

(7) 使用电缆、电线作接地线,应按《通用安装工程工程量清单计算规范》(GB 50856—2013)中的附录 D.8、D.12 相关项目编码列项。

(8) 接地母线、引下线、避雷网附加长度见表 8.29 所示。

表 8.29 接地母线、引下线、避雷网附加长度 (m)

项 目	附加长度	说 明
接地母线、引下线、避雷网附加长度	3.9%	按接地母线、引下线、避雷网全长计算

【例8.7】 某建筑上设有避雷针防雷装置。设计要求如下:1 根钢管避雷针 φ25,针长 2.5 m,在平屋面上安装;利用柱主筋引下(2 根柱筋),柱长 15 m;角钢接地极∟(50×50×5) mm,共 3 根,长 2.5 m/根;接地母线为(40×4) mm 镀锌扁钢,埋设深度 0.7 m,设计图示尺寸长 20 m。编制该分部分项工程量清单。

【解】 编制的分部分项工程量清单如表 8.30 所示。

其中,接地母线工程量:$20 \times (1 + 3.9\%) = 20.78$ (m)

表 8.30 分部分项工程量清单

项目编码	项目名称	项目特征	计量单位	工程量
030409001001	接地极	1. 名称:角钢接地极 2. 材质:2.5 m/根 3. 规格:∟(50×50×5) mm 4. 土质:普通土	根	3
030409002001	接地母线	1. 名称:接地母线 2. 材质:镀锌扁钢 3. 规格:—(40×4) mm 4. 安装部位:户外	m	20.78
030409003001	避雷引下线	1. 名称:利用柱筋引下 2. 安装形式:2 根柱筋	m	15
030409006001	避雷针	1. 名称:钢管避雷针 2. 材质:碳钢 3. 规格:φ25,针长 2.5 m 4. 安装形式、高度:在平屋面上	根	1

8.10.2 综合单价确定

(1) 接地极制作安装以"根"为计量单位,其长度按设计长度计算,设计无规定时,每根长度按 2.5 m 计算。若设计有管帽时,管帽另按加工件计算。

(2) 接地母线敷设,按设计长度以"m"为计量单位计算。接地母线、避雷线敷设,均按延长米计算,其长度按施工图设计水平和垂直规定长度另加 3.9% 的附加长度(包括转弯、上下波动、避绕障碍物、搭接头所占长度)计算。计算主材费时应另增加规定的损耗率。

(3) 接地跨接线以"处"为计量单位,按规程规定凡需作接地跨接线的工程内容,每跨接一次按一处计算,户外配电装置构架均需接地,每副构架按"一处"计算。

(4) 避雷针的加工制作、安装,以"根"为计量单位,独立避雷针安装以"基"为计量单位。长度、高度、数量均按设计规定。独立避雷针的加工制作应执行"一般铁件"制作定额或按成品计算。

(5) 半导体少长针消雷装置安装以"套"为计量单位,按设计安装高度分别执行相应定额。装置本身由设备制造厂成套供货。

(6) 利用建筑物内主筋作接地引下线安装以"10 m"为计量单位,每一柱子内焊接两根主筋考虑,如果焊接主筋数超过两根时,可按比例调整。

(7) 断接卡子制作安装以"套"为计量单位,按设计规定装设的断接卡子数量计算,接地检查井内的断接卡子安装按每井一套计算。

(8) 高层建筑物屋顶的防雷接地装置应执行"避雷网安装"定额,电缆支架的接地线安装应执行"户内接地母线敷设"定额。

(9) 均压环敷设以"m"为单位计算,主要考虑利用圈梁内主筋作均压环接地连线,焊接按两根主筋考虑,超过两根时,可按比例调整。长度按设计需要作均压接地的圈梁中心线长度,以延长米计算。

（10）钢、铝窗接地以"处"为计量单位（高层建筑六层以上的金属窗设计一般要求接地），按设计规定接地的金属窗数进行计算。

（11）柱子主筋与圈梁连接以"处"为计量单位，每处按两根主筋与两根圈梁钢筋分别焊接连接考虑。如果焊接主筋和圈梁钢筋超过两根时，可按比例调整，需要连接的柱子主筋和圈梁钢筋"处"数按设计规定计算。

在参照《江苏省安装工程计价定额》进行报价时，需要注意以下几点：

（1）接地母线、避雷网在计算主材费应另增加规定的损耗率（型钢损耗率为 5%）。

（2）户外接地母线敷设定额包括地沟的挖填土和夯实工作，挖沟的沟底宽按 0.4 m、上宽为 0.5 m，沟深为 0.75 m，每米沟长的土方量为 0.34 m³计算。如设计要求埋深不同时，可按实际土方量计算调整。土质按一般土综合考虑的，如遇有石方、矿渣、积水、障碍物等情况时可另行计算。

（3）构架接地是按户外钢结构或混凝土杆构架接地考虑的，每处接地包括 4 m 以内的水平接地线。接地跨接线安装扁钢按（40×4）mm，采用钻孔方式，管件跨接利用法兰盘连接螺栓；钢轨利用鱼尾板固定螺栓；平行管道采用焊接进行综合考虑。

（4）避雷针的安装、半导体少长针消雷装置安装均已考虑了高空作业的因素。即不得再计算超高费。

（5）利用建筑物圈梁内主筋作为防雷均压环安装定额是按利用两根主筋考虑的，连接采用焊接。如果采用单独扁钢或圆钢明敷作均压环时，可执行"户内接地母线敷设"定额。

（6）利用建筑物柱子内主筋作接地引下线定额是按每一柱子内利用两根主筋考虑的，连接方式采用焊接。

（7）柱子主筋与圈梁连接安装定额是按两根主筋与两根圈梁钢筋分别焊接考虑。

（8）利用铜绞线作接地引下线时，配管、穿铜绞线执行《安装工程计价定额》第四册第十一章（配管、配线）中同规格的相应项目。

（9）半导体少长针消雷装置安装是按生产厂家供应成套装置，现场吊装、组合。接地引下线安装可另套相应定额。

（10）独立避雷针的加工制作执行本册"一般铁构件"制作定额。

【例8.8】 计算例8.7中接地母线清单的综合单价。镀锌扁钢除税单价 4.31 元/m。

户外接地母线材料消耗量＝20.78×（1＋5%）＝21.82（m）。

【解】 分部分项工程项目清单综合单价计算表见表8.31所示。

表8.31 分部分项工程项目清单综合单价计算表

工程名称：　　　　　　　　　　　　　　　　　　　　　　　　　　　　　计量单位：m
项目编码：030409002001　　　　　　　　　　　　　　　　　　　　　　　工程数量：20.78
项目名称：接地母线　　　　　　　　　　　　　　　　　　　　　　　　　综合单价：31.81 元

序号	定额编号	工程内容	单位	数量	综合单价组成					小计
					人工费	材料费	机械费	管理费	利润	
1	4-906	户外接地母线—（40×4）	10 m	2.078	364.44	2.16	3.64	145.78	51.02	567.04
2		镀锌扁钢—（40×4）	m	21.82		94.05				94.05
		合计			364.44	96.21	3.64	145.78	51.02	661.09

8.11 10 kV 以下架空配电线路

8.11.1 工程量清单项目

10 kV 以下架空配电线路工程量清单项目的设置应按照《通用安装工程工程量计算规范》中的附录 D.10 的规定执行,见表 8.32 所示。

表 8.32　D.10　10 kV 以下架空配电线路(编码:030410)

项目编码	项目名称	项目特征	计量单位	工程量计算规则	工程内容
030410001	电杆组立	1. 名称 2. 材质 3. 规格 4. 类型 5. 地形 6. 土质 7. 底盘、拉盘、卡盘规格 8. 拉线材质、规格、类型 9. 现浇基础类型、钢筋类型、规格,基础垫层要求 10. 电杆防腐要求	根(基)	按设计图示数量计算	1. 施工定位 2. 电杆组立 3. 土(石)方挖填 4. 底盘、拉盘、卡盘安装 5. 电杆防腐 6. 拉线制作、安装 7. 现浇基础、基础垫层 8. 工地运输
030410002	横担组装	1. 名称 2. 材质 3. 规格 4. 类型 5. 电压等级(kV) 6. 瓷瓶型号、规格 7. 金具品种规格	组		1. 横担安装 2. 瓷瓶、金具组装
030410003	导线架设	1. 名称 2. 型号 3. 规格 4. 地形 5. 跨越类型	km	按设计图示尺寸以单线长度计算(含预留长度)	1. 导线架设 2. 导线跨越及进户线架设 3. 工地运输
030410004	杆上设备	1. 名称 2. 型号 3. 规格 4. 电压等级(kV) 5. 支撑架种类、规格 6. 接线端子材质、规格 7. 接地要求	台(组)	按设计图示数量计算	1. 支撑架安装 2. 本体安装 3. 焊压接线端子、接线 4. 补刷(喷)油漆 5. 接地

电杆组立、横担组装、杆上设备按设计图示数量计算;导线架设以单根长度按设计图示尺寸以单线长度计算(含预留长度)。导线架设预留长度见表 8.33 所示。

编制清单时的注意点:

(1) 杆坑挖填土清单项目按《房屋建筑与装饰工程工程量计算规范》(GB 50854—2013)的规定设置、编码列项。

(2) 杆上设备调试,应按《通用安装工程工程量清单计算规范》(GB 50856—2013)附录 D.14 相关项目编码列项。

(3) 对杆坑的土质情况、沿途地形情况应予以描述。

（4）对同一型号、同一材质,但规格不同的架空线路要分别设置清单项目。

表 8.33　架空导线预留长度　　　　　　　　　（m/根）

项　目		预留长度
高压	转角	2.5
	分支、终端	2.0
低压	分支、终端	0.5
	交叉跳线转角	1.5
与设备连线		0.5
进户线		2.5

8.11.2　综合单价确定

（1）工地运输,是指定额内未计价材料从集中材料堆放点或工地仓库运至杆位上的工程运输,分人力运输和汽车运输,以"吨公里"为计量单位。

运输量计算公式如下:

工程运输量＝施工图用量×(1＋损耗率)

预算运输重量＝工程运输量＋包装物重量(不需要包装的可不计算包装物重量)

运输重量可按表 8.34 的规定进行计算。

表 8.34　运输重量表

材料名称		单位	运输重量(kg)	备注
混凝土制品	人工浇制	m³	2 600	包括钢筋
	离心浇制	m³	2 860	包括钢筋
线材	导线	kg	$W \times 1.15$	有线盘
	钢绞线	kg	$W \times 1.07$	无线盘
木杆材料		m³	500	包括木横担
金具、绝缘子		kg	$W \times 1.07$	
螺栓		kg	$W \times 1.01$	

注:① W 为理论重量;② 未列入者均按净重计算。

（2）无底盘、卡盘的电杆坑,其挖方体积:

$$V = 0.8 \times 0.8 \times h$$

式中:h——坑深,m。

（3）电杆坑的马道土、石方量按每坑 0.2 m³ 计算。

（4）施工操作裕度按底拉盘底宽每边增加 0.1 m。

（5）各类土质的放坡系数按表 8.35 计算。

（6）冻土厚度大于 300 mm 时,冻土层的挖方量按挖坚土定额乘以系数 2.5。其他土层仍按土质性质执行定额。

表 8.35　各类土质的放坡系数

土质	普通土、水坑	坚土	松砂石	泥水、流砂、岩石
放坡系数	1：0.3	1：0.25	1：0.2	不放坡

（7）土方量计算公式：

$$V=\frac{h}{6}\left[ab+(a+a_1)(b+b_1)+a_1b_1\right]$$

式中：V——土（石）方体积，m^3；

h——坑深，m；

$a(b)$——坑底宽，m，　$a(b)=$底拉盘底宽$+2×$每边操作裕度；

$a_1(b_1)$——坑口宽，m，　$a_1(b_1)=a(b)+2×h×$边坡系数。

（8）杆坑土质按一个坑的主要土质而定，如一个坑大部分为普通土，少量为坚土，则该坑应全部按普通土计算。

（9）带卡盘的电杆坑，如原计算的尺寸不能满足卡盘安装时，因卡盘超长而增加的土（石）方量另计。

（10）底盘、卡盘、拉线盘按设计用量以"块"为计量单位。木杆根部防腐以"根"为计量单位。

（11）杆塔组立，分别杆塔形式和高度按设计数量以"根"为计量单位。

（12）拉线制作安装按施工图设计规定，分别不同形式，以"根"为计量单位。

（13）横担安装按施工图设计规定，分不同形式和截面，以"根"为计量单位，定额按单根拉线考虑，若安装 V 形、Y 形或双拼形拉线时，按两根计算。拉线长度按设计全根长度计算，设计无规定时可按表 8.36 计算。

表 8.36　拉线长度　　　　　　　　　　　　（m/根）

项　目		普通拉线	V(Y)形拉线	弓形拉线
杆高(m)	8	11.47	22.94	9.33
	9	12.61	25.22	10.10
	10	13.74	27.48	10.92
	11	15.10	30.20	11.82
	12	16.14	32.28	12.62
	13	18.69	37.38	13.42
	14	19.68	39.36	15.12
水平拉线		26.47	—	—

（14）导线架设，分别导线类型和不同截面以"km/单线"为计量单位计算。导线预留长度按表 8.33 的规定计算。导线长度按线路总长度和预留长度之和计算。计算主材费时应另增加规定的损耗率。

（15）导线跨越架设，包括越线架的搭、拆和运输以及因跨越（障碍）施工难度增加而增加的工作量,以"处"为计量单位。每个跨越间距按 50 m 以内考虑,大于 50 m 而小于 100 m 时按两处计算,以此类推。在计算架线工程量时,不扣除跨越档的长度。

(16)杆上变配电设备安装以"台"或"组"为计量单位,定额内包括杆上钢支架及设备的安装工作,但钢支架主材、连引线、线夹、金具等应按设计规定另行计算,设备的接地装置安装和调试应按本册相应定额另行计算。

在参照《江苏省安装工程计价定额》进行报价时,需要注意以下几点:

(1)本章计价定额是按平地施工条件考虑的,如在其他地形条件下施工时,人工和机械可参照表 8.37 调整。

表 8.37　地形调整系数

地形类别	丘陵(市区)	一般山地、泥沼地带
调整系数	1.20	1.60

(2)拉线定额按单根考虑,且不包括拉线盘的安装。若设计采用 V 形、Y 形或双拼形拉线时,按两根计算。拉线长度按设计全根拉线的展开长度计算(含为制作上、中、下把所需的预留长度),设计无规定时,可按表 8.36 计算。计算主材费时应另增加规定的损耗率。

(3)如果出现钢管杆的组立,可按同高度混凝土杆组立的人工、机械乘以系数 1.4,材料不调整。

(4)线路一次施工工程量按 5 根以上电杆考虑,如 5 根以内者,本章的人工、机械乘以系数 1.3。

(5)导线的架设,分别导线类型和不同截面以"km/单线"为计量单位计算,计算主材费时应另增加规定的损耗率。

表 8.38　主要材料损耗率表

序号	材料名称	损耗率(%)
1	拉线材料(包括钢绞线、镀锌铁线)	1.5
2	裸软导线(包括铜、铝、钢、钢芯铝线)	1.3

注:用于 10 kV 以下架空线路中的裸软导线的损耗率中已包括因弧垂及杆位高低差而增加的长度。

(6)导线跨越架设:

① 每个跨越间距均按 50 m 以内考虑,大于 50 m 而小于 100 m 时按两处计算,以此类推。

② 在同跨越档内,有多种(或多次)跨越物时,应根据跨越物种类分别执行定额。

③ 跨越定额仅考虑因跨越而多消耗的人工、机械台班和材料,在计算架线工程量时,不扣除跨越档的长度。

(7)杆上变压器安装不包括变压器调试、抽芯、干燥工作。

(8)套用本章定额时要注意未计价材料(主材)的有关说明,防止主材漏项。

8.12   配管、配线

8.12.1   工程量清单项目

配管、配线工程量清单项目设置应按照《通用安装工程工程量计算规范》中的附录 D.11 的规定执行,见表 8.39 所示。

表 8.39   D.11 配管、配线(编码:030411)

项目编码	项目名称	项目特征	计量单位	工程量计算规则	工程内容
030411001	配管	1. 名称 2. 材质 3. 规格 4. 配置形式 5. 接地要求 6. 钢索材质、规格	m	按设计图示尺寸以长度计算	1. 电线管路敷设 2. 钢索架设(拉紧装置安装) 3. 预留沟槽 4. 接地
030411002	线槽	1. 名称 2. 材质 3. 规格			1. 本体安装 2. 补刷(喷)油漆
030411003	桥架	1. 名称 2. 型号 3. 规格 4. 材质 5. 类型 6. 接地方式			1. 本体安装 2. 接地
030411004	配线	1. 名称 2. 配线形式 3. 型号 4. 规格 5. 材质 6. 配线部位 7. 配线线制 8. 钢索材质、规格	m	按设计图示尺寸以单线长度计算(含预留长度)	1. 配线 2. 钢索架设(拉紧装置安装) 3. 支持体(夹板、绝缘子、槽板等)安装
030411005	接线箱	1. 名称 2. 材质 3. 规格 4. 安装形式	个	按设计图示数量计算	本体安装
030411006	接线盒				

电气配管名称主要是反映材料的大类,如电线管、钢管、防爆钢管、可挠金属套管、塑料管、金属软管等。材质主要是反映材料的小类,如塑料管中又分硬质聚氯乙烯管、刚性阻燃管、半硬质阻燃管。在配管清单项目中,名称和材质有时是一体的,如钢管敷设,"钢管"既是名称,又代表了材质,它就是项目的名称。

电气配管规格指管的直径,如 $\phi25$。

配管配置形式包括敷设方式和位置。敷设方式指明配、暗配,敷设位置包括砖、混凝土结构、吊顶内、钢结构支架、钢索配管、埋地敷设、水下敷设、砌筑沟内敷设等。

电气配管计算规则:按设计图示尺寸以延长米计算,不扣除管路中间的接线箱(盒)、灯位盒、开关盒所占长度。

配线保护管遇到下列情况之一时,应增设管路接线盒和拉线盒:

(1)管长度每超过 30 m,无弯曲。

(2)管长度每超过 20 m,有 1 个弯曲。

(3)管长度每超过 15 m,有 2 个弯曲。

(4)管长度每超过 8 m,有 3 个弯曲。

垂直敷设的电线保护管遇到下列情况之一时,应增设固定导线用的拉线盒:

(1)管内导线截面为 50 mm^2 及以下,长度每超过 30 m。

(2)管内导线截面为 70 ～95 mm^2,长度每超过 20 m。

(3)管内导线截面为 120～240 mm^2,长度每超过 18 m。

在配管清单项目计量设计无要求时上述规定可以作为计量接线盒、拉线盒的依据。

【例 8.9】 DN25 钢管在砖、混凝土结构暗敷设 1 200 m,编制其清单项目表。

【解】 编制的分部分项工程量清单如 8.40 所示。

表 8.40 分部分项工程量清单

序号	项目编码	项目名称	项目特征	计量单位	工程数量
1	030411001001	配管	1.名称:焊接钢管 2.材质: 3.规格:DN25 4.配置形式:砖、混凝土结构,暗敷设 5.接地要求:	m	1 200

电缆桥架项目的规格指宽＋高的尺寸;材质分为:钢制、玻璃钢制或铝合金制;类型分为:槽式、梯式、托盘式、组合式等。

配线名称指管内穿线、瓷夹板配线、塑料夹板配线、绝缘子配线、槽板配线、塑料护套配线、线槽配线、车间带形母线等。

配线形式指照明线路,动力线路;配线部位指木结构,顶棚内,砖、混凝土结构,沿支架、钢索、屋架、梁、柱、墙,以及跨屋架、梁、柱。线制主要在夹板和槽板配线中要注明,因为同样长度的线路,由于两线制和三线制所用的主材导线的量相差 30%,辅材也有差别。

电气配线计算规则:按设计图示尺寸以单线长度计算(含预留长度)。所谓单线不是以线路延长米计,而是线路长度乘以线制,即两线制乘以 2,三线制乘以 3。管内穿线也同样,如穿三根线,则以管道长度乘以 3 即可。

配线进入箱、柜、板的预留长度见表 8.41 所示。

表 8.41 配线进入箱、柜、板的预留长度 (m/根)

序号	项目	预留长度(m)	说明
1	各种开关箱、柜、板	高＋宽	盘面尺寸
2	单独安装(无箱、盘)的铁壳开关、闸刀开关、启动器、线槽进出线盒等	0.3	从安装对象中心算起
3	由地面管子出口引至动力接线箱	1.0	从管口计算
4	电源与管内导线连接(管内穿线与软、硬母线接点)	1.5	从管口计算
5	出户线	1.5	从管口计算

【例 8.10】　某工程施工图示,在砖、混凝土结构上进行塑料槽板配线,三线制、导线规格 BV2.5 mm²,线路长度为 450 m。编制其清单项目表。

【解】　编制的分部分项工程量清单如表 8.42 所示。

表 8.42　分部分项工程量清单

序号	项目编码	项目名称	项目特征	计量单位	工程数量
1	030411004001	配线	1. 名称:槽板配线 2. 配线形式:照明线路 3. 型号:槽板规格为(40×20) mm 4. 规格:BV2.5 5. 材质:铜芯 6. 配线部位:砖、混凝土结构上 7. 配线线制:三线制 8. 钢索材质、规格:	m	1 350

线槽配线的工程内容中不包括线槽的安装,线槽安装单独列项,按图示尺寸以延长米计算。

线路敷设部位和方式标注文字符号见表 8.43 和表 8.44 所示。

表 8.43　线路敷设部位文字符号

序号	中文名称	英文名称	旧符号	新符号
1	沿或跨梁(屋架)敷设	Along or across beam	L	AB
2	暗敷在梁内	Concealed in beam		BC
3	沿或跨柱敷设	Along or across column	Z	AC
4	暗敷在柱内	Concealed in column		CLC
5	沿墙面敷设	On wall surface	Q	WS
6	暗敷在墙内	Concealed in wall		WC
7	沿顶棚或顶板面敷设	Along ceiling or slab surface	P	CE
8	暗敷在屋面或顶板内	Concealed in ceiling or slab		CC
9	吊顶内敷设	Recessed in ceiling	R	SCE
10	地板或地面下敷设	In floor or ground	D	F

注:旧符号仅作为对照用(下同)。

表 8.44　线路敷设方式文字符号

序号	中文名称	英文名称	旧符号	新符号
1	暗敷	Concealed	A	C
2	明敷	Exposed	m	E
3	铝皮线卡	Aluminum clip	QD	AL
4	电缆桥架	Installed in cable tray		CT
5	金属软管	Run in flexible metal conduit		CP
6	水煤气管	Gas tube(pipe)	G	G
7	瓷绝缘子	Porcelain insulator(knob)	CP	K
8	钢索敷设	Supported by messenger wire	S	M
9	金属线槽	metallic raceway		MR

续表

序号	中文名称	英文名称	旧符号	新符号
10	电线管	Run in electrical metallic tubing	DG	MT
11	硬塑料管	Run in rigid PVC conduit	SG	PC
12	阻燃半硬聚氯乙烯管	Run in flame retardant semiflexible PVC conduit		FPC
13	聚氯乙烯波纹电线管	Run in corrugated PVC conduit		KPC
14	塑料线卡	Plastic clip		PL
15	塑料线槽	Installed in PVC raceway		PR
16	焊接钢管	Run in welded steel conduit	GG	SC
17	直接埋设	Direct burying		DB
18	电缆沟	Installed in cable trough		TC
19	混凝土排管	Installed in concrete encase ment		CE

8.12.2 综合单价确定

(1) 各种配管应区别不同敷设方式、敷设位置、管材材质、规格,以"延长米"为计量单位,不扣除管路中间的接线箱(盒)、灯头盒、开关盒所占长度。

(2) 配管定额中未包括钢索架设及拉紧装置、接线箱(盒)、支架的制作安装,其工程量应另行计算。

(3) 管内穿线的工程量,应区别线路性质、导线材质、导线截面,以单线"延长米"为计量单位计算。线路分支接头线的长度已综合考虑在定额中,不得另行计算。照明线路中的导线截面大于或等于 6 mm² 时,应执行动力线路穿线相应项目。

(4) 线夹配线工程量,应区别线夹材质(塑料、瓷质)、线式(两线、三线)、敷设位置(在木、砖、混凝土)以及导线规格,以线路"延长米"为计量单位。

(5) 绝缘子配线工程量,应区别绝缘子形式(针式、鼓式、蝶式)、绝缘子配线位置(沿屋架、梁、柱、墙、跨屋架、梁、柱、木结构、顶棚内、砖、混凝土结构,沿钢支架及钢索)、导线截面积,以线路"延长米"为计量单位计算。绝缘子暗配,引下线按线路支持点至天棚下缘距离的长度计算。

(6) 槽板配线工程量,应区别槽板材质(木质、塑料)、配线位置(木结构、砖、混凝土)、导线截面、线式(二线、三线),以线路"延长米"为计量单位计算。

(7) 塑料护套线明敷工程量,应区别导线截面、导线芯数(二芯、三芯)、敷设位置(木结构、砖混凝土结构、铅钢索),以单根线路"延长米"为计量单位计算。

(8) 线槽配线工程量,应区别导线截面,以单根线路"延长米"为计量单位计算。若为多芯导线,二芯导线时,按相应截面定额子目基价乘以系数 1.2;四芯导线时,按相应截面定额子目基价乘以系数 1.4;八芯导线时,按相应截面定额子目基价乘以系数 1.8;十六芯导线时,按相应截面定额子目基价乘以系数 2.1。

(9) 钢索架设工程量,应区别圆钢、钢索直径(φ6、φ9),按图示墙(柱)内缘距离,以"延长米"为计量单位计算,不扣除拉紧装置所占长度。

(10) 母线拉紧装置及钢索拉紧装置制作安装工程量,应区别母线截面、花篮螺栓直径

(m12、m16、m18)，以"套"为计量单位计算。

(11) 车间带形母线安装工程量，应区别母线材质(铝、钢)、母线截面、安装位置(沿屋架、梁、柱、墙，跨屋架、梁、柱)以"延长米"为计量单位计算。

(12) 动力配管混凝土地面刨沟工程量，应区别管子直径，以"延长米"为计量单位计算。

(13) 接线箱安装工程量，应区别安装形式(明装、暗装)、接线盒半周长，以"个"为计量单位计算。

(14) 接线盒安装工程量，应区别安装形式(明装、暗装、钢索上)以及接线盒类型，以"个"为计量单位计算。

(15) 灯具、明开关、暗开关、插座、按钮等的预留线，已分别综合在相应定额内，不另行计算。

(16) 配线进入开关箱、柜、板的预留线，按表 8.41 规定的长度，分别计入相应的工程量。

(17) 桥架安装，按桥架中心线长度，以"10 m"为计量单位。

参照《江苏省安装工程计价定额》进行报价时，需要注意以下几点：

(1) 接线箱(盒)、拉线盒、灯位盒按规范单独编码列项。

(2) 计价定额中，暗配管定额已包含刨沟槽工程内容；电线管、钢管、防爆钢管已包含刷漆、接地工程内容。这是《江苏省安装工程计价定额》与计算规范不一致的地方。

(3) 计算规范中，瓷夹板配线、塑料槽板配线、木槽板配线，以"单线"延长米计算。而《江苏省安装工程计价定额》上塑料夹板、塑料槽板、木槽板配线定额单位均是 100 m 线路长度计算，与规范有显著差异，要注意按线制进行换算。

(4) 桥架安装包括运输、组对、吊装、固定、弯通或三、四通修改、制作组对、切割口防腐、桥架开孔、上管件、隔板安装、盖板安装、接地、附件安装等工程内容。

(5) 桥架支撑架定额适用于立柱、托臂及其他各种支撑架的安装。本定额已综合考虑了采用螺栓、焊接和膨胀螺栓三种固定方式。

2(6) 玻璃钢梯式桥架和铝合金梯式桥架定额均按不带盖考虑，如这两种桥架带盖，则分别执行玻璃钢槽式桥架定额和铝合金槽式桥架定额。

(7) 钢制桥架主结构设计厚度大于 3 mm 时，定额人工、机械乘以系数 1.2。

(8) 不锈钢桥架按本章钢制桥架定额乘以系数 1.1 执行。

【例 8.11】 以例 8.10 的槽板配线为例，假设该塑料槽板位于某 10 层高大楼内混凝土天棚上，且安装高度距楼面 6 m。槽板除税单价 4.20 元/m，BV 2.5 mm² 线除税单价1.52 元/m。试参照《江苏省安装工程计价定额》计算其分部分项工程量综合单价。

【解】 由于清单工程量计算规则为按电线单线长度计算，而计价定额的计算规则是按线路长度延长米，这必须先进行换算。

$$线路长度 = \frac{1\,350}{3} = 450\,(m)$$

$$塑料槽板的预算用量 = 450 \times 1.05 = 472.50\,(m)$$

$$BV2.5\,mm² 预算用量 = 450 \times 3.3594 = 1\,511.73\,(m)$$

套用计价定额，计算出综合单价如表 8.45 所示。

表 8.45　分部分项工程项目清单综合单价计算表

工程名称：　　　　　　　　　　　　　　　　　　　　　　　　　计量单位：m

项目编码：030411004001　　　　　　　　　　　　　　　工程数量：1 350

项目名称：槽板配线　　　　　　　　　　　　　　　　　综合单价：10.18 元

序号	定额编号	工程内容	单位	数量	综合单价组成					小计
					人工费	材料费	机械费	管理费	利润	
1	4-1482	塑料槽板配线（三线 BV 2.5、砖混凝土结构）	100 m	4.50	4 455.54	339.17		1 782.22	623.78	7 200.71
2		塑料槽板 40×20 主材费	m	472.50		1 984.50				1 984.50
3		BV2.5 mm² 主材费	m	1 511.73		2 297.83				2 297.83
4		超高增加费	元		1 470.33			588.13	205.85	2 264.31
		合计			5 925.87	4 621.50	0	2 370.35	829.63	13 747.35

8.13　照明器具安装

8.13.1　工程量清单项目

　　本节适用于工业与民用建筑（含公用设施）及市政设施的照明器具的清单项目的设置与计量。工程量清单项目设置应按照《通用安装工程工程量计算规范》中的附录 D.12 的规定执行，见表 8.46 所示。

表 8.46　D.12 照明器具安装（编码：030412）

项目编码	项目名称	项目特征	计量单位	工程量计算规则	工程内容
030412001	普通灯具	1. 名称 2. 型号 3. 规格 4. 类型			
030412002	工厂灯	1. 名称 2. 型号 3. 规格 4. 安装形式			
030412003	高度标志（障碍）灯	1. 名称 2. 型号 3. 规格 4. 安装部位 5. 安装高度	套	按设计图示数量计算	本体安装
030412004	装饰灯	1. 名称 2. 型号 3. 规格 4. 安装形式			
030412005	荧光灯				

项目编码	项目名称	项目特征	计量单位	工程量计算规则	工程内容
030412006	医疗专用灯	1. 名称 2. 型号 3. 规格	套	按设计图示数量计算	本体安装
030412007	一般路灯	1. 名称 2. 型号 3. 规格 4. 灯杆材质、规格 5. 灯架形式及臂长 6. 附件配置要求 7. 灯杆形式(单、双) 8. 基础形式、砂浆配合比 9. 杆座材质、规格 10. 接线端子材质、规格 11. 编号 12. 接地要求			1. 基础制作、安装 2. 立灯杆 3. 杆座安装 4. 灯架及灯具附件安装 5. 焊、压接线端子 6. 补刷(喷)油漆 7. 灯杆编号 8. 接地
030412008	中杆灯	1. 名称 2. 灯杆的材质及高度 3. 灯架的型号、规格 4. 附件配置 5. 光源数量 6. 基础形式、浇筑材质 7. 杆座材质、规格 8. 接线端子材质、规格 9. 铁构件规格 10. 编号 11. 灌浆配合比 12. 接地要求			1. 基础浇筑 2. 立灯杆 3. 杆座安装 4. 灯架及灯具附件安装 5. 焊、压接线端子 6. 铁构件安装 7. 补刷(喷)油漆 8. 灯杆编号 9. 接地
030412009	高杆灯	1. 名称 2. 灯杆高度 3. 灯架形式(成套或组装、固定或升降) 4. 附件配置 5. 光源数量 6. 基础形式、浇筑材质 7. 杆座材质、规格 8. 接线端子材质、规格 9. 铁构件规格 10. 编号 11. 灌浆配合比 12. 接地要求			1. 基础浇筑 2. 立灯杆 3. 杆座安装 4. 灯架及灯具附件安装 5. 焊、压接线端子 6. 铁构件安装 7. 补刷(喷)油漆 8. 灯杆编号 9. 升降机构接线调试 10. 接地
030412010	桥栏杆灯	1. 名称 2. 型号 3. 规格 4. 安装形式			1. 灯具安装 2. 补刷(喷)油漆
030412011	地道涵洞灯				

普通灯具包括圆球吸顶灯、半圆球吸顶灯、方形吸顶灯、软线吊灯、座灯头、吊链灯、防水吊灯、壁灯等。

工厂灯包括工厂罩灯、防水灯、防尘灯、碘钨灯、投光灯、泛光灯、混光灯、密闭灯等。

高度标志(障碍)灯包括烟囱标志灯、高塔标志灯、高层建筑屋顶障碍指示灯等。

装饰灯包括吊式艺术装饰灯、吸顶式艺术装饰灯、荧光艺术装饰灯、几何型组合艺术装饰灯、标志灯、诱导装饰灯、水下(上)艺术装饰灯、点光源艺术灯、歌舞厅灯具、草坪灯具等。

医疗专用灯包括病房指示灯、病房暗脚灯、紫外线杀菌灯、无影灯等。

中杆灯是指安装在高度小于或等于 19 m 的灯杆上的照明器具。

高杆灯是指安装在高度大于 19 m 的灯杆上的照明器具。

灯具安装按图示数量以"套"为计量单位计算。

灯具的安装方式包括:吸顶式、嵌入式、吊管式、吊链式等。

编制清单时的注意点:

(1)灯具的型号、规格应描述清楚,因为不同型号、规格的灯具价格不一样。

(2)灯具应注明是成套型,还是组装型。灯具没带引导线的,应予说明。

(3)灯具的安装高度,特别是安装高度超过 5 m 的必须注明。

(4)灯具的安装形式,例如吸顶式、嵌入式、吊管式、吊链式等应予说明。

(5)荧光灯和医疗专用灯工程内容中,如需支架制作、安装,也应在工程内容中予以描述。

【例 8.12】 某立交桥工程,设计用两套高杆灯照明,杆高 40 m,灯架为成套可升降型的,8 个灯头,每个灯头为 250 W 钠灯,混凝土基础按图纸施工。编制其相应的工程量清单表。

【解】 编制的分部分项工程量清单如表 8.47 所示。

表 8.47 分部分项工程量清单

序号	项目编码	项目名称	项目特征	计量单位	工程数量
1	030412009001	高杆灯	1. 名称:高杆灯 2. 灯杆高度:40 m 3. 灯架形式(成套或组装、固定或升降):成套可升降 4. 附件配置:8 灯头成套灯架 5. 光源数量:8×250W 钠灯 6. 基础形式、浇筑材质:浇筑基础按施工图纸 7. 杆座材质、规格:金属 8. 接线端子材质、规格: 9. 铁构件规格: 10. 编号: 11. 灌浆配合比: 12. 接地要求:	套	2

8.13.2 综合单价确定

(1)普通灯具安装的工程量,应区别灯具的种类、型号、规格以"套"为计量单位计算。

(2)吊式艺术装饰灯具的工程量,应根据装饰灯具示意图集所示,区别不同装饰以及灯体直径垂吊长度,以"套"为计量单位计算。灯体直径为装饰物的最大外缘直径,灯体垂吊长度为灯座底部到灯梢之间总长度。

(3)吸顶式艺术装饰灯具安装的工程量,应根据装饰灯具示意图集所示,区别不同装饰物、吸盘的几何形状、灯体直径、灯体周长和灯体垂吊长度,以"套"为计量单位计算。灯体直径为吸盘最大外缘直径;灯体半周长为矩形吸盘的半周长;吸顶式艺术装饰灯具的灯体垂吊长度为吸盘到灯梢之间的总长度。

（4）荧光艺术装饰灯具安装的工程量,应根据装饰灯具示意图集所示,区别不同安装形式和计量单位计算。

① 组合荧光灯光带安装的工程量,应根据装饰灯具示意图集所示,区别安装形式、灯管数量,以"延长米"为计量单位计算。灯具的设计数量与定额不符时可以按设计量加损耗量调整主材。

② 内藏组合式灯安装的工程量,应根据装饰灯具示意图集所示,区别灯具组合形式,以"延长米"为计量单位。灯具的设计数量与定额不符时,可根据设计数量加损耗量调整主材。

③ 发光棚安装的工程量,应根据装饰灯具示意图集所示,以"m²"为计量单位,发光棚灯具按设计用量加损耗量计算。

④ 立体广告灯箱、荧光灯光沿的工程量,应根据装饰灯具示意图所示,以"延长米"为计量单位。灯具设计用量与定额不符时,可根据设计数量加损耗量调整主材。

（5）几何形状组合艺术灯具安装的工程量,应根据装饰灯具示意图集所示,区别不同安装形式及灯具的不同形式,以"套"为计量单位计算。

（6）标志、诱导装饰灯具安装的工程量,应根据装饰灯具示意图集所示,区别不同安装形式,以"套"为计量单位计算。

（7）水下艺术装饰灯具安装的工程量,应根据装饰灯具示意图集所示,区别不同安装形式,以"套"为计量单位计算。

（8）点光源艺术装饰灯具安装的工程量,应根据装饰灯具示意图集所示,区别不同安装形式、不同灯具直径,以"套"为计量单位计算。

（9）草坪灯具安装的工程量,应根据装饰灯具示意图集所示,区别不同安装形式,以"套"为计量单位计算。

（10）歌舞厅灯具安装的工程量,应根据装饰灯具示意图所示,区别不同灯具形式,分别以"套"、"延长米"、"台"为计量单位计算。

（11）荧光灯具安装的工程量,应区别灯具的安装形式、灯具种类、灯管数量,以"套"为计量单位计算。

（12）工厂灯及防水防尘灯安装的工程量,应区别不同安装形式,以"套"为计量单位计算。

（13）工厂其他灯具安装的工程量,应区别不同灯具类型、安装形式、安装高度,以"套"、"个"、"延长米"为计量单位计算。

（14）医院灯具安装的工程量,应区别灯具种类,以"套"为计算单位计算

（15）路灯安装工程,应区别不同臂长,不同灯数,以"套"为计量单位计算。

工厂厂区内、住宅小区路灯安装执行本册定额,城市道路的路灯安装执行《江苏省市政工程计价定额》。

计价时可以参照《江苏省安装工程计价定额》执行,对于其中缺项的可以参照《江苏省市政工程计价定额》补充。在套用计价定额时要注意以下几点:

（1）各型灯具的引线,除注明者外,均已综合考虑在定额内。

（2）路灯、投光灯、碘钨灯、氙气灯、烟囱或水塔指示灯,均已考虑了一般工程的高空作

业因素,其他器具安装高度如超过 5 m,则可按另行计算超高费。

(3)定额中装饰灯具项目均已考虑了一般工程的超高作业因素,不包括脚手架搭拆费用。

(4)定额内已包括利用摇表测量绝缘及一般灯具的试亮工作(但不包括调试工作)。

(5)装饰灯具定额项目与示意图号配套使用。

【例 8.13】 某教学楼需装吊管式 1×40 W 荧光灯(成套型)240 套,荧光灯安装高度 4 m,荧光灯除税单价 80 元/套。编制其清单项目综合单价计算表。

【解】 编制的分部分项工程项目清单综合单价计算表如表 8.48 所示。

表 8.48 分部分项工程项目清单综合单价计算表

工程名称: 　　　　　　　　　　　　　　　　　　　　　　　　　　计量单位:套
项目编码:030412005001 　　　　　　　　　　　　　　　　　　　工程数量:240
项目名称:荧光灯 　　　　　　　　　　　　　　　　　　　　　综合单价:103.44 元

| 序号 | 定额编号 | 工程内容 | 单位 | 数量 | 综合单价组成 | | | | | 小计 |
					人工费	材料费	机械费	管理费	利润	
1	4-1794	1×40W 吊管式成套荧光灯安装	10 套	24	2 948.16	893.28		1 179.26	412.74	5 433.44
2		1×40W 吊管式成套荧光灯主材费	套	242.4		19 392.00				19 392.00
3		合计			2 948.16	20 285.28		1 179.26	412.74	24 825.44

8.14 附属工程

8.14.1 工程量清单项目

附属工程工程量清单项目设置、项目特征描述的内容、计量单位及工程量计算规则,应按照《通用安装工程工程量计算规范》中的附录 D.13 的规定执行,见表 8.49 所示。

表 8.49 D.13 附属工程(编码:030413)

项目编码	项目名称	项目特征	计量单位	工程量计算规则	工程内容
030413001	铁构件	1. 名称 2. 材质 3. 规格	kg	按设计图示尺寸以质量计算	1. 制作 2. 安装 3. 补刷(喷)油漆
030413002	凿(压)槽	1. 名称 2. 规格 3. 类型 4. 填充(恢复)方式 5. 混凝土标准	m	按设计图示尺寸以长度计算	1. 开槽 2. 恢复处理
030413003	打洞(孔)	1. 名称 2. 规格 3. 类型 4. 填充(恢复)方式 5. 混凝土标准	个	按设计图示数量计算	1. 开孔、洞 2. 恢复处理
030413004	管道包封	1. 名称 2. 规格 3. 混凝土强度等级	m	按设计图示长度计算	1. 灌注 2. 养护

续表

项目编码	项目名称	项目特征	计量单位	工程量计算规则	工程内容
030413005	人(手)孔砌筑	1. 名称 2. 规格 3. 类型	个	按设计图示数量计算	砌筑
030413006	人(手)孔防水	1. 名称 2. 类型 3. 规格 4. 防水材质及做法	m²	按设计图示防水面积计算	防水

铁构件适用于电气工程的各种支架、铁构件的制作安装。铁构件制作安装均按施工图设计尺寸,以成品质量"kg"为计量单位。

凿(压)槽适用于电气在砖墙内暗配管、给水管道在墙体内暗配所需的墙体切割、凿除及恢复处理,按设计图示尺寸以长度计算。

打洞(孔)适合于管道穿墙、穿楼板所需的开孔,不包括安装工程应该配合土建工程进行的预留洞口,按设计图示数量计算。项目特征中应描述洞口的形状、洞口深度、开孔方式(机械开孔、人工凿除)、填充(恢复)方式、混凝土标准。工程内容包括开孔(洞)、恢复处理。

管道包封适合于电力排管、弱电排管所进行的混凝土浇筑,一般应根据排管组合断面规格(例如2×2孔、3×3孔)、混凝土强度等级标准区分,按设计图示长度计算。

人(手)孔砌筑适合于管道施工过程中的各种人孔、手孔井的砌筑、浇筑,一般按设计图纸或标准图集的要求施工,按设计图示数量计算。项目特征一般要描述井内径尺寸、深度、墙体厚度、井圈井盖材质要求等。

人(手)孔防水适用于人孔、手孔井有防水设计要求的。项目特征要描述防水材质及做法。按设计图示防水面积计算。

8.14.2 综合单价确定

铁构件制作安装均按施工图设计尺寸,以成品质量"kg"为计量单位。在套用计价定额时要注意以下几点:

(1) 各种铁构件制作,均不包括镀锌、镀锡、镀铬、喷塑等其他金属防护费用,发生时应另行计算。

(2) 轻型铁构件系指结构厚度在3 mm以内的构件。

(3)《江苏省安装工程计价定额》(2014版)电气配管已包含墙体开槽、凿除、砂浆修复费用,这是与计算规范不一致的地方,注意不要重复计算。

(4) 机械打洞(孔)执行《江苏省安装工程计价定额》中的《第十册 给排水、采暖、燃气工程》中有关定额,人工打孔执行修缮定额。

(5) 管道包封、人(手)孔砌筑、人(手)孔防水执行《江苏省建筑与装饰工程计价定额》中的有关定额。

8.15 电气调整试验

8.15.1 工程量清单项目

电气调整试验工程量清单项目设置按照《通用安装工程工程量计算规范》中的附录

D.14的规定执行,见表8.50所示。

表 8.50 D.14 电气调整试验(编码:030414)

项目编码	项目名称	项目特征	计量单位	工程量计算规则	工程内容
030414001	电力变压器系统	1. 名称 2. 型号 3. 容量(kV·A)	系统	按设计图示系统计算	系统调试
030414002	送配电装置系统	1. 名称 2. 型号 3. 电压等级(kV) 4. 类型			
030414003	特殊保护装置	1. 名称 2. 类型	台(套)	按设计图示数量计算	调试
030414004	自动投入装置		系统(台、套)		
030414005	中央信号装置	1. 名称 2. 类型	系统(台)		
030414006	事故照明切换装置				
030414007	不间断电源	1. 名称 2. 类型 3. 容量	系统	按设计图示系统计算	
030414008	母线	1. 名称 2. 电压等级(kV)	段	按设计图示数量计算	
030414009	避雷器		组		
030414010	电容器				
030414011	接地装置	1. 名称 2. 类别	1. 系统 2. 组	1. 以系统计量,按设计图示系统计算 2. 以组计量,按设计图示数量计算	接地电阻测试
030414012	电抗器、消弧线圈		台	按设计图示数量计算	调试
030414013	电除尘器	1. 名称 2. 型号 3. 规格	组		
030414014	硅整流设备、可控硅整流装置	1. 名称 2. 类别 3. 电压(V) 4. 电流(A)	系统	按设计图示系统计算	
030414015	电缆试验	1. 名称 2. 电压等级(kV)	次(根、点)	按设计图示数量计算	试验

电气工程调试的全过程包括三个阶段:①设备的本体调试;②分系统调试;③整套设备的整体调试。

这里所指的电气调整试验仅包括设备的本体试验和分系统调试,不包括整体调试,也不包括电动机带动机械设备的试运转工作。

电气调试系统的划分以设计的电气原理系统图为依据。由于以往在编制电气调试清单及计价时出现的问题较多,对于调试清单包括的内容含糊不清,现在对其进行阐述。

(1)电力变压器系统是指变压器本体,各电压线圈所联系着的高压开关及隔离开关,电流互感器,测量仪表,继电保护等一次回路及二次回路的总称。如图8.4所示,图中测量控制及继电保护回路没有画出,同时所示电流互感器并不表示定额中包括的真实数量,仅说明变压器系统包括的范围及变压器各电压侧只考虑了一个高压断路器。

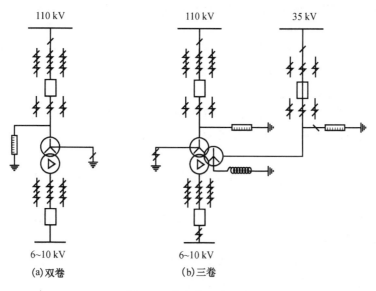

图 8.4 电力变压器系统

电力变压器系统电气调试工程内容包括：

① 变压器本体特性试验,配合吊芯检查试验,配合干燥试验,绕组电阻测定,变比测定,油的试验和鉴定,冲击及定相试验等。

② 元件的试验、调整,如油断路器合闸及跳闸线圈的试验等。油断路器动作电流,动作电压,跳闸及合闸速度测定,隔离开关接触电阻测定(110 kV 以上),电流互感器变比,伏一安特性,抽头电阻测定,仪表、继电器的检查,风冷装置的试验等。

③ 二次回路(包括继电保护及控制回路)的检查、试验和调整,如差动保护,过流保护,低电压保护装置及控制回路的通电检验(严格的应称为一次电流及工作电压检查),但不包括特殊保护及自动装置的试验、调整。

电力变压器系统调试不包括避雷器、自动投入装置、特殊保护装置和接地装置的调试。图中的避雷器与消弧线圈的试验调整不包括在内,编制清单时,应单独列项。

（2）送配电设备系统是指具有一个断路器(油断路器或空气断路器)的一回或两回线路的配电设备,继电保护,测量仪表总称。不包括送、配电线路本身的常数测定。图 8.5 所示均各为一个系统。

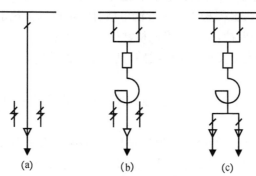

图 8.5 输电线路设备系统示意图

　　送配电设备系统电气调试包括断路器、隔离开关、电流互感器、电抗器等一次设备及继电保护、测量仪表等二次回路的试验、调整。该调试项目仅考虑了一般的继电保护装置（如保护过负荷的电流保护和保护短路的电流保护），不包括特殊保护及自动装置投入的试验调整。

　　图(a)为500 V以下自动空气开关操作配电线路，图(b)为6～10 kV带电抗器的单回线路，图(c)为6～10 kV带电抗器的双回线路。

　　① 送配电装置系统调试适用于母线联络、母线分段、断路器回路，如设有母线保护时，母线分段断路器回路，除执行一个系统的送配电装置调试外，还要再执行一个母线调试。

　　② 送配电装置系统调试不包括特殊保护及自动装置的调整。所谓特殊保护装置是指电力方向保护，距离保护，高频保护及线路横联差动保护；所谓的自动装置是指备用电源自动投入，自动重合闸装置。如采用这些保护装置和自动装置时，则应单独列项，数量与送配电装置"系统"数一致。

　　③ 380 V及3～6 kV电动机馈电回路设备（如开关柜或配电盘）的调试，已包括在电机检查接线及调试清单项目中。

　　④ 变压器（包括厂用变压器）向各级电压配电装置的进线设备，不应作为送配电装置系统，其调试工作已包括在变压器系统的调试清单中。

　　⑤ 厂用高压配电装置的电源进线如引自6 kV主配电装置母线（不经厂用变压器时），应单列送配电装置系统调试清单。

　　⑥ 1 kV以下送配电设备调试问题。在民用工程一般住宅、学校、办公楼、商店、旅馆等，在每个用户内的配电箱（板）上虽装有电磁开关、漏电保护器等调试元件，但如生产厂家已按固定的常规参数调整好，不需要安装单位和用户自行调试就可直接投入使用，则可不列送配电调试清单。民用电度表的调校属于供电部门的专业管理，一般皆由用户向供电部门订购已调试好、加了封铅的电度表，也不应列送配电调试清单。对于高标准的高层建筑、高级宾馆、大会堂、体育馆等和装有较高控制技术的电气工程，可根据设计要求和设备分别不同情况，凡需要安装单位进行调试的设备，则应编制送配电调试清单。

　　（3）特殊保护装置是指发电机、变压器、送配电设备、电动机等元件保护中为满足特殊保护要求设计保护装置，如发电机转子接地保护、距离保护、高频保护等。特殊保护装置并不普遍采用，为了便于灵活计算，把它们单列出来，需要时作为上述元件一般保护调整费的补充。

　　特殊保护装置调试包括的工程内容：继电器本身及二次回路的检查试验、保护整定值的整定模拟传动试验。

　　在设置清单项目名称时，特殊保护装置是笼统的称谓，应以采用的具体保护方式作为项目名称，如距离保护、失灵保护等。设置清单项目时可按以下规定执行：

　　① 发电机转子接地保护，按全厂发电机共用一套考虑。

　　② 距离保护，一般用于长距离送电线路，其系统数的确定，按采用该项保护的送电线路断路器台数计算。

　　③ 高频保护，一般用于长距离送电线路，其回路数的确定，按采用该项保护的送电线路断路器台数计算。

　　④ 电动机及10 kV以下线路零序保护，用于接地电流大于10 A的配电网路，用以保护电动机或线路的单相接地，其调试系统数的确定，取决于采用这类保护装置的电动机台数或送配电断路器的台数。发电机及变压器的零序保护，用来保护发电机或变压器的单相接

地,其调试系统的确定,取决于采用这类保护装置的发电机或变压器的断路器的台数。

⑤ 故障录波器的调试,以一块屏为一套系统计算。

⑥ 失灵保护,按设置该保护的断路器台数计算。

⑦ 电机失磁保护,按所保护的电机台数计算。

⑧ 变流器的断线保护,按变流器的台数计算。

⑨ 小电流接地保护,按装设该保护的供电回路断路器台数计算。

⑩ 保护检查及打印机调试,按构成该系统的完整回路为一套计算。

(4) 自动投入装置调试包括继电器、表计等元件本身的试验调整及其整个二次回路的试验调整。自动投入装置包括以下几类:

① 备用电源自动投入装置系统,指具有一个连锁机构的自动投入装置,编制清单时,有几个连锁机构,即为几个自动投入装置系统。例如一台备用厂用变压器作为三段厂用工作母线备用的厂用电源时,备用电源自动投入调试应为三个系统。又如装有自动投入装置的两台互为备用的变压器或两台互为备用的线路,则备用电源自动投入调试应为两个系统。

② 备用电机自动投入装置是针对输煤、除灰、燃烧系统的构成其联锁系统的二次回路而言的,并不包括拖动动力装置本身的调试。这里所称"系统"是指构成一个联锁系统的若干台动力机械的整个连锁二次回路。

③ 线路自动重合闸装置系统,是指具有一台线路自动开关的自动重合闸装置。调试系统的数量等于采用自动重合闸装置的线路自动断路器(油断路器或空气断路器)的台数。

④ 发电机自动调频装置调试,一台发电机为一个系统。

⑤ 同期装置,又称并车装置。在大中型发电厂内一般都有手动同期装置及半自动或自动同期装置两种。变电所内一般只设手动同期装置,每种同期装置只有为全厂或全所共用的一套,同期装置的类型则应按设计要求而定。按设计构成一套能完成同期并车行为的装置为一个系统。

(5) 中央信号装置的调试应按变电所和配电室分开编制,每一个变电所和配电室按一个系统计算。事故照明切换装置指能构成交直流互相切换的一套装置,每一套按一个调试系统计算。蓄电池组及直流系统,包括蓄电池组、直流盘、直流回路及控制信号回路(包括闪光信号及绝缘监视),每组蓄电池为一个系统。

(6) 母线保护:是指母线的特殊保护(如母线差动保护)。如母线分段断路器只采用一般电流保护装置时,应按送配电装置系统调试列项,不应套母线保护列项。如母线采取特殊保护,除在母线保护中列项外,还应在送配电装置调试系统中列项。

(7) 避雷器和电容器调试,各电气设备的调整均仅指每个设备的本体试验调整,不包括其附属设备(如避雷器和静电电容器)的调试。避雷器和静电电容器如装置在发电机、变压器或配电装置的系统或回路内,应单独在避雷器、电容器调试清单中列项。

(8) 接地装置调试,包括独立接地装置和接地网的调试。工程内容为接地电阻测试。接地网试验是以每一发电厂的厂区或每一变电所的所区为一个系统,即每一发电厂或变电所的母网为一个系统。如电厂的供水除灰等设施远离厂区,其接地网不与电厂厂区接地网相连时,此单独的接地网,应另作一个系统计算。独立接地装置调试指6根接地极以内的接地系统的接地电阻测定。如避雷针试验,每一避雷针均有一单独接地网(包括独立的避雷针、烟囱避雷针等)均应套"一组"列项。

（9）电抗器、消弧线圈、电除尘器调试,包括电抗器、消弧线圈的直流电阻测试、耐压试验;高压静电除尘装置本体及一、二次回路的调试。

（10）硅整流设备、可控硅整流装置调试,包括开关、调压设备、整流变压器、硅整流设备及一、二次回路的调试、可控硅控制系统调试。

（11）功率大于10kW电动机及发电机的启动调试用的蒸汽、电力和其他动力能源消耗及变压器空载试运转的电力消耗及设备需烘干处理应说明。

（12）配合机械设备及其他工艺的单体试车,应按《通用安装工程工程量计算规范》中的附录 N 措施项目相关项目编码列项。

（13）计算机系统调试应按《通用安装工程工程量计算规范》中的附录 F 自动化控制仪表安装工程相关项目编码列项。

电气调整试验按设计图示数量以"系统"、"台"、"套"、"组"为计量单位计算。

8.15.2 综合单价确定

（1）电气调试系统的划分以电气原理系统图为依据。电气设备元件的本体试验均包括在相应定额的系统调试之内,不得重复计算。绝缘子和电缆等单体试验,只在单独试验时使用。在系统调试定额中各工序的调试费用如需单独计算时,可按表8.51所列比例计算。

表 8.51 调试费用拆分表

工序	项 目			
	发电机、调相机系统（%）	变压器系统（%）	送配电设备系统（%）	电动机系统（%）
一次设备本体试验	30	30	40	30
附属高压二次设备试验	20	30	20	30
一次电流及二次回路检查	20	20	20	20
继电器及仪表试验	30	20	20	20

（2）电气调试所需的电力消耗已包括在定额内,一般不另计算。但 10 kW 以上电机及发电机的启动调试用的蒸汽、电力和其他动力能源消耗及变压器空载试运转的电力消耗,另行计算。

（3）供电桥回路的断路器、母线分段断路器,均按独立的送配电设备系统计算调试费。

（4）送配电设备系统调试,系按一侧有一台断路器考虑的,若两侧均有断路器时,则应按两个系统计算。

（5）送配电设备系统调试,适用于各种供电回路（包括照明供电回路）的系统调试。凡供电回路中带有仪表、继电器、电磁开关等调试元件的（不包括闸刀开关、保险器）,均按调试系统计算。移动式电器和以插座连接的家电设备已经厂家调试合格、不需要用户自调的设备均不应计算调试费用。

（6）变压器系统调试,以每个电压侧有一台断路器为准。多于一个断路器的按相应电压等级送配电设备系统调试的相应定额另行计算。

（7）干式变压器调试,执行相应容量变压器调试定额乘以系数 0.8。

(8) 特殊保护装置,均以构成一个保护回路为一套,其工程量计算规定如下(特殊保护装置未包括在各系统调试定额之内,应另行计算):

① 发电机转子接地保护,按全厂发电机共用一套考虑。

② 距离保护,按设计规定所保护的送电线路断路器台数计算。

③ 高频保护,按设计规定所保护的送电线路断路器台数计算。

④ 故障录波器的调试,以一块屏为一套系统计算。

⑤ 失灵保护,按该保护的断路器台数计算。

⑥ 失磁保护,按所保护的电机台数计算。

⑦ 变流器的断电保护,按变流器台数计算。

⑧ 小电流接地保护,按装设该保护的供电回路断路器台数计算。

⑨ 保护检查及打印机调试,按构成该系统的完整回路为一套计算。

(9) 自动装置及信号系统调试,均包括断电器、仪表等元件本身和二次回路的调整试验,具体规定如下:

① 备用电源自动投入装置,按连锁机构的个数确定备用电源自动投入装置系统数。一个备用厂用变压器,作为三段厂用工作母线备用的厂用电源,计算备用电源自动投入装置调试时,应为三个系统。装设自动投入装置的两条互为备用的线路或两台变压器,计算备用电源自动投入装置调试时,应为两个系统。备用电动机自动投入装置亦按此计算。

② 线路自动重合闸调试系统,按采用自动重合闸装置的线路自动断路器的台数计算系统数。综合重合闸也按此规定计算。

③ 自动调频装置的调试,以一台发电机为一个系统。

④ 同期装置调试,按设计构成一套能完成同期并车行为的装置为一个系统计算。

⑤ 蓄电池及直流监视系统调度,一组蓄电池按一个系统计算。

⑥ 事故照明切换装置调试,按设计能完成交直流切换的一套装置为一个调试系统计算。

⑦ 周波减负荷装置调试,凡有一个周率继电器,不论带几个回路,均按一个调试系统计算。

⑧ 变送器屏以屏的个数计算。

⑨ 中央信号装置调试,按每一个变电所或配电室为一个调试系统计算工程量。

⑩ 不间断电源装置调试,按容量以"套"为单位计算。

(10) 接地网的调试规定如下:

① 接地网接地电阻的测定。一般的发电厂或变电站连为一体的母网,按一个系统计算;自成母网不与厂区母网相连的独立接地网,另按一个系统计算。大型建筑群各有自己的接地网(接地电阻值设计有要求),虽然在最后也将各接地网联在一起,但应按各自的接地网计算,不能作为一个网,具体应按接地网的试验情况而定。

② 避雷针接地电阻的测定。每一避雷针均有单独接地网(包括独立的避雷针、烟囱避雷针等)时,均按一组计算。

③ 独立的接地装置按组计算。如一台柱上变压器有一个独立的接地装置,即按一组计算。

(11) 避雷器、电容器的调试,按每三相为一组计算;单个装设的亦按一组计算,上述设备如设置在发电机,变压器,输、配电线路的系统或回路内,仍应按相应定额另外计算调试费用。

（12）高压电气除尘系统调试,按一台升压变压器、一台机械整流器及附属设备为一个系统计算,分别按除尘器平方米（m²）范围执行定额。

（13）硅整流装置调试,按一套硅整流装置为一个系统计算。

（14）一般的住宅、学校、办公楼、旅馆、商店等民用电气工程的供电调试应按下列规定:

① 配电室内带有调试元件的盘、箱、柜和带有调试元件的照明主配电箱,应按供电方式执行相应的"配电设备系统调试"定额。

② 每个用户房间的配电箱（板）上虽装有电磁开关等调试元件,但如果生产厂家已按固定的常规参数调整好,不需要安装单位进行调试就可直接投入使用的,不得计取调试费用。

③ 民用电度表的调整检验属于供电部门的专业管理,一般皆由用户向供电局订购调试完毕的电度表,不得另外计算调试费用。

（15）高标准的高层建筑、高级宾馆、大会堂、体育馆等具有较高控制技术的电气工程（包括照明工程中由程控调光控制的装饰灯具）,应按控制方式执行相应的电气调试定额。

在使用《江苏省安装工程计价定额》时应注意以下几点:

（1）三相变压器每一台（包括相应的附属开关设备及二次回路）为一个系统执行定额。

（2）变压器的一个电压侧的高压断路器多于一台时（如厂用备用变压器）多出的部分应按相应电压等级另套配电装置调试定额。

（3）变压器的电气调试定额均按不带负荷调整电压装置及不带强迫油循环装置考虑的,如采用带上述装置的变压器时应按规定的系数增加费用,电力变压器如有"带负荷调压装置",调试定额乘以系数1.12。

（4）三卷变压器、整流变压器、电炉变压器按同容量的电力变压器调试定额乘以系数1.2。

（5）定额中所称串联调压变压器系指为了带负荷调压而专设的与主变压器串接的补偿变压器（此为带负荷调压的另一种方式）,该项定额中仅包括其本体的试验调整,与其串接的主变压器系统的调整,应另按电力变压器定额计算。

（6）变压器调试定额已综合考虑了电压的因素,使用定额时不再区分电压的不同。

（7）厂用备用变压器一般都设有自动投入装置,每台除执行一个电力变压器系统调整定额及低压侧多于一个自动断路器时加套一个或几个系统的送配电线路调试定额之外,还应再执行一个或几个系统的"备用电源自动投入"调试定额。该调试系统的数量决定于厂用工作母线的段数。

（8）送配电设备系统调试定额适用于母线联络,母线分段,断路器回路,如设有母线保护时,母线分段断路器回路,除执行一个系统的配电设备调试定额外,还需再套一个系统的母线保护调试定额。

（9）特殊保护装置是指电力方向保护,距离保护,高频保护及线路横联差动保护,所谓自动装置是指备用电源自动投入、自动重合闸装置。如采用这些保护装置和自动装置时,则应另套相应的调试定额,其系统的确定与送配电设备"系统"数一致。

（10）380 V及3～6 kV电动机馈电回路设备（如开关柜或配电盘）的调试,已包括在电动机的调试定额之内,不应另计。

(11) 变压器(包括厂用变压器)向各级电压配电装置的进线设备,不应作为送配电设备计算调试费用。其调整工作已包括在变压器系统的调试定额内。

(12) 厂用高压配电装置的电源进线如引自 6 kV 主配电装置母线(不经厂用变压器时),应按配电装置调试定额计算。

(13) 母线系统调试是以一段母线上有一组电压互感器为一个系统计算。低压配电装置母线电气主接线一段母线计算一个调试系统。

(14) 3～10 kV 母线系统调试含一组电压互感器,1 kV 以下母线系统调试定额不含电压互感器,适用于低压配电装置的各种母线(包括软母线)的调试。

(15) 调试定额已包括熟悉资料、核对设备、填写试验记录、保护整定值的整定和调试报告的整理工作。一个回路或系统的调整工作包括本体试验、附属高压及二次设备试验、继电器及仪表试验、一次电流及二次回路检查及启动试验。在报价时,如需单独计算其中某一项(阶段)的调试费用,可按表 8.51 调试费用拆分规定的百分比计算。

8.16 措施项目

措施项目费是指完成建设工程施工,发生于该工程施工前和施工过程中的技术、生活、安全、环境保护等方面的费用。

根据现行工程量清单计算规范,措施项目费分为单价措施项目与总价措施项目。

8.16.1 单价措施项目

单价措施项目是指在现行工程量清单计算规范中有对应工程量计算规则,按人工费、材料费、施工机具使用费、管理费和利润形式组成综合单价的措施项目。根据《江苏省建设工程费用定额》(2014 年)的规定,安装工程单价措施项目分别为:吊装加固;金属抱杆安装、拆除、移位;平台铺设、拆除;顶升、提升装置安装、拆除;大型设备专用机具安装、拆除;焊接工艺评定胎(模)具制作、安装、拆除;防护棚制作安装、拆除;特殊地区施工增加;安装与生产同时进行施工增加;在有害身体健康环境中施工增加;工程系统检测、检验;设备、管道施工的安全、防冻和焊接保护;焦炉烘炉、热态工程;管道安拆后的充气保护;隧道内施工的通风、供水、供气、供电、照明及通信设施;脚手架搭拆;高层施工增加;其他措施(工业炉烘炉、设备负荷试运转、联合试运转、生产准备试运转及安装工程设备场外运输);大型机械设备进出场及安拆。

单价措施项目中各措施项目的工程量清单项目设置、项目特征、计量单位、工程量计算规则及工程内容均按现行工程量清单计算规范执行。

单价措施项目费的计算详见本书第 2 章,单价措施项目费率参见《江苏省建设工程费用定额(2014 年)》。

8.16.2 总价措施项目

总价措施项目是指在现行工程量清单计算规范中无工程量计算规则,以总价(或计算基础乘费率)计算的措施项目。其中各专业都可能发生的通用的总价措施项目如下:

(1) 安全文明施工:为满足施工安全、文明、绿色施工以及环境保护、职工健康生活所需要的各项费用。本项为不可竞争费用。

（2）夜间施工：规范、规程要求正常作业而发生的夜班补助、夜间施工降效、夜间照明设施的安拆、摊销、照明用电以及夜间施工现场交通标志、安全标牌、警示灯安拆等费用。

（3）二次搬运：由于施工场地限制而发生的材料、成品、半成品等一次运输不能到达堆放地点，必须进行的二次或多次搬运费用。

（4）冬雨季施工：在冬雨季施工期间所增加的费用。包括冬季作业、临时取暖、建筑物门窗洞口封闭及防雨措施、排水、工效降低、防冻等费用。不包括设计要求混凝土内添加防冻剂的费用。

（5）地上、地下设施、建筑物的临时保护设施：在工程施工过程中，对已建成的地上、地下设施和建筑物进行的遮盖、封闭、隔离等必要保护措施。在园林绿化工程中，还包括对已有植物的保护。

（6）已完工程及设备保护费：对已完工程及设备采取的覆盖、包裹、封闭、隔离等必要保护措施所发生的费用。

（7）临时设施费：施工企业为进行工程施工所必需的生活和生产用的临时建筑物、构筑物和其他临时设施的搭设、使用、拆除等费用。

① 临时设施包括：临时宿舍、文化福利及公用事业房屋与构筑物、仓库、办公室、加工场等。

② 建筑、装饰、安装、修缮、古建园林工程规定范围内（建筑物沿边起 50 m 以内，多幢建筑两幢间隔 50 m 内）围墙、临时道路、水电、管线和轨道垫层等。

（8）赶工措施费：施工合同约定工期相比定额工期有提前，施工企业为缩短工期所发生的费用。如施工过程中，发包人要求实际工期比合同工期提前时，由发承包双方另行约定。

（9）工程按质论价：施工合同约定质量标准超过国家规定，施工企业完成工程质量达到经有权部门鉴定或评定为优质工程所必须增加的施工成本费。

（10）特殊条件下施工增加费：地下不明障碍物、铁路、航空、航运等交通干扰而发生的施工降效费用。

（11）总价措施项目中，除通用措施项目外，安装工程专业措施项目如下：

① 非夜间施工照明：为保证工程施工正常进行，在如地下（暗）室、设备及大口径管道内等特殊施工部位施工时所采用的照明设备的安拆、维护及照明用电、通风等；在地下（暗）室等施工引起的人工工效降低以及由于人工工效降低引起的机械降效。

② 住宅工程分户验收：按《住宅工程质量分户验收规程》（DGJ32/TJ103—2010）的要求对住宅工程安装项目进行专门验收发生的费用。

总价措施项目费的计算详见本书第 2 章，总价措施项目费率参见《江苏省建设工程费用定额》（2014 年）。

8.17 工程实例

根据给定的某综合楼电气设备安装施工图,按照《建设工程工程量清单计价规范》(GB 50500—2013)、《通用安装工程工程量计算规范》(GB 50856—2013)以及《江苏省建设工程费用定额》(2014 年)的规定,编制该工程招标控制价。增值税采用一般计税方法,材料价格皆为除税价格。

单位工程招标控制价表

工程名称:某综合楼电气安装工程　　　　　　　　标段:

序号	汇总内容	金额(元)	其中:暂估价(元)
1	分部分项工程费	210 001.90	
1.1	人工费	45 874.18	
1.2	材料费	137 253.05	
1.3	施工机具使用费	2 075.65	
1.4	企业管理费	18 368.87	
1.5	利润	6 430.15	
2	措施项目费	8 656.70	
2.1	单价措施项目费	2 082.10	
2.2	总价措施项目费	6 574.60	
2.2.1	其中:安全文明施工措施费	3 817.51	
3	其他项目费		
3.1	其中:暂列金额		
3.2	其中:专业工程暂估		
3.3	其中:计日工		
3.4	其中:总承包服务费		
4	规费	6 384.84	
5	税金	22 504.34	
招标控制价合计=1+2+3+4+5—(甲供材料费+甲供设备)/1.01		247 547.78	

分部分项工程和单价措施项目清单与计价表

工程名称:某综合楼电气安装工程

序号	项目编码	项目名称	项目特征描述	计量单位	工程数量	综合单价	合价	其中:暂估价
						金额(元)		
1	030404017001	配电箱	1. 名称:落地式配电箱 2. 型号:XL-21-09 3. 规格:1 700×700×400 4. 基础形式、材质、规格:10♯槽钢 5. 接线端子材质、规格:压铜接线端子 16 mm² 20个,25 mm² 25 个 6. 安装方式:落地式	台	4	7 053.80	28 215.20	

续表

序号	项目编码	项目名称	项目特征描述	计量单位	工程数量	金额(元)		
						综合单价	合价	其中:暂估价
2	030404017002	配电箱	1. 名称:嵌入式配电箱 2. 型号:PZ30-30 3. 规格:300×300 4. 端子板外部接线材质、规格:无端子接线 2.5 mm² 60 个,4 mm² 80 个 5. 安装方式:嵌入式	台	5	1 122.33	5 611.65	
3	030404034001	照明开关	1. 名称:一位单极开关 2. 规格:86K11-10N 3. 安装方式:暗装	个	125	12.32	1 540.00	
4	030404034002	照明开关	1. 名称:二位单极开关 2. 规格:86K21-10N 3. 安装方式:暗装	个	30	14.32	429.60	
5	030404034003	照明开关	1. 名称:一位单极双控开关 2. 规格:86K12-10N 3. 安装方式:暗装	个	10	14.44	144.40	
6	030404035001	插座	1. 名称:单相三极插座 2. 规格:86Z13A10N	个	40	14.69	587.60	
7	030404035002	插座	1. 名称:单相二、三极插座 2. 规格:86Z223A10N	个	690	18.55	12 799.50	
8	030411003001	桥架	1. 名称:槽式桥架 2. 规格:300×100 3. 材质:钢制	m	128	215.90	27 635.20	
9	030411003002	桥架	1. 名称:梯式桥架 2. 规格:300×100 3. 材质:钢制	m	8	194.34	1 554.72	
10	030413001001	铁构件	1. 名称:桥架支吊架 2. 材质:型钢	kg	320	12.54	4 012.80	
11	030408001001	电力电缆	1. 名称:电力电缆 2. 型号:YJV 3. 规格:4×35+1×16 4. 材质:铜芯 5. 敷设方式、部位:沿桥架 6. 电压等级(kV):1	m	150	70.79	10 618.50	
12	030408001002	电力电缆	1. 名称:电力电缆 2. 型号:YJV 3. 规格:3×95+2×50 4. 材质:铜芯 5. 敷设方式、部位:沿桥架 6. 电压等级(kV):1	m	52	168.25	8 749.00	
13	030408006001	电力电缆头	1. 名称:电力电缆终端头 2. 型号:干包式 3. 规格:4×35+1×16 4. 材质、类型:铜芯 5. 安装部位:户内 6. 电压等级(kV):1	个	6	133.68	802.08	

续表

序号	项目编码	项目名称	项目特征描述	计量单位	工程数量	金额(元)		
						综合单价	合价	其中:暂估价
14	030408006002	电力电缆头	1. 名称:电力电缆终端头 2. 型号:干包式 3. 规格:3×95+2×50 4. 材质、类型:铜芯 5. 安装部位:户内 6. 电压等级(kV):1	个	4	224.97	899.88	
15	030409003001	避雷引下线	1. 名称:避雷引下线 2. 材质:利用柱主筋 3. 规格:2根 D16 4. 断接卡子、箱材质、规格:镀锌扁钢—(40×4),4套	m	210	17.87	3 752.70	
16	030409004001	均压环	1. 名称:基础均压环 2. 材质:利用圈梁钢筋 3. 规格:2根 D16 4. 安装形式:柱主筋与圈梁钢筋焊接 20 处	m	196	10.21	2 001.16	
17	030409005001	避雷网	1. 名称:避雷网 2. 材质:镀锌圆钢 3. 规格:D10 4. 安装形式:沿折板支架	m	208	32.79	6 820.32	
18	030414011001	接地装置	1. 名称:接地电阻测试 2. 类别:接地网	系统	1	702.44	702.44	
19	030411001001	配管	1. 名称:焊接钢管 2. 规格:SC15 3. 配置形式:砖、混凝土结构暗配	m	2 100	11.38	23 898.00	
20	030411001002	配管	1. 名称:焊接钢管 2. 规格:SC20 3. 配置形式:砖、混凝土结构暗配	m	800	13.00	10 400.00	
21	030411001003	配管	1. 名称:焊接钢管 2. 规格:SC32 3. 配置形式:砖、混凝土结构暗配	m	55	20.16	1 108.80	
22	030411004001	配线	1. 名称:照明线路 2. 配线形式:管内穿线 3. 规格:BV2.5 4. 材质:铜芯	m	6 450	2.20	14 190.00	
23	030411004002	配线	1. 名称:照明线路 2. 配线形式:管内穿线 3. 规格:BV4 4. 材质:铜芯	m	3 300	2.51	8 283.00	
24	030411004003	配线	1. 名称:动力线路 2. 配线形式:管内穿线 3. 规格:BV16 4. 材质:铜芯	m	50	7.60	380.00	

续表

序号	项目编码	项目名称	项目特征描述	计量单位	工程数量	综合单价	合价	其中:暂估价
25	030411004004	配线	1. 名称:动力线路 2. 配线形式:管内穿线 3. 规格:BV25 4. 材质:铜芯	m	136	11.49	15 62.64	
26	030411006001	接线盒	1. 名称:开关盒 2. 材质:铁 3. 规格:86H50 4. 安装形式:暗装	个	895	6.65	5 951.75	
27	030411006002	接线盒	1. 名称:灯头盒 2. 材质:铁 3. 规格:DH75 4. 安装形式:暗装	个	318	6.60	2 098.80	
28	030412001001	普通灯具	1. 名称:半球吸顶灯 2. 型号:32W 环管 3. 规格:D300	套	80	72.64	5 811.20	
29	030412001002	普通灯具	1. 名称:半球吸顶灯 2. 型号:32W 环管 3. 规格:D300 4. 类型:安装高度 6 m	套	10	78.85	788.50	
30	030412004001	装饰灯	1. 名称:疏散指示灯 2. 规格:1×8W 3. 安装形式:嵌入式	套	18	131.27	2 362.86	
31	030412005001	荧光灯	1. 名称:单管荧光灯 2. 规格:1×36W 3. 安装形式:吸顶式	套	50	50.72	2 536.00	
32	030412005002	荧光灯	1. 名称:双管荧光灯 2. 规格:2×36W 3. 安装形式:吸顶式	套	160	85.96	13 753.60	
		分部分项合计					210 001.90	
1	031301017001	脚手架搭拆		项	1	2 082.10	2 082.10	
		单价措施合计					2 082.10	
		合计					212 084.00	

综合单价分析表

工程名称：某综合楼电气安装工程　　　　　标段：　　　　　第1页 共33页

项目编码	030404017001	项目名称		配电箱		计量单位	台	工程量	4

清单综合单价组成明细

定额编号	定额项目名称	定额单位	数量	单价					合价				
				人工费	材料费	机械费	管理费	利润	人工费	材料费	机械费	管理费	利润
4-266	成套配电箱安装 落地式	台	1	205.72	32.11	60.34	82.29	28.8	205.72	32.11	60.34	82.29	28.8
4-456	槽钢安装	10 m	0.22	116.92	33.03	11.21	46.77	16.37	25.72	7.27	2.47	10.29	3.6
4-424	压铜接线端子 导线截面 16 mm² 以内	10个	0.5	25.16	38.75		10.06	3.52	12.58	19.38		5.03	1.76
4-425	压铜接线端子 导线截面 35 mm² 以内	10个	0.625	37.74	52.84		15.1	5.28	23.59	33.03		9.44	3.3
综合人工工日		小计							267.61	91.79	62.81	107.05	37.46
3.62 工日		未计价材料费							6 487.08				
清单项目综合单价									7 053.8				

材料费明细	主要材料名称、规格、型号		单位	数量	单价（元）	合价（元）	暂估单价（元）	暂估合价（元）
	落地式配电箱 XL-21-09 1 700×700×400		台	1	6 431.62	6 431.62		
	槽钢 10#		m	2.31	24.01	55.46		
	其他材料费				—	91.79	—	
	材料费小计				—	6 578.87	—	

综合单价分析表

工程名称：某综合楼电气安装工程　　　　　标段：　　　　　第2页 共33页

项目编码	030404017002	项目名称		配电箱		计量单位	台	工程量	5

清单综合单价组成明细

定额编号	定额项目名称	定额单位	数量	单价					合价				
				人工费	材料费	机械费	管理费	利润	人工费	材料费	机械费	管理费	利润
4-268	成套配电箱安装 悬挂嵌入式 半周长 1 m	台	1	102.12	34.41		40.85	14.3	102.12	34.41		40.85	14.3
4-412	无端子外部接线 2.5	10个	1.2	12.58	14.44		5.03	1.76	15.1	17.33		6.04	2.11
4-413	无端子外部接线 6	10个	0.8	17.02	14.44		6.81	2.38	13.62	11.55		5.45	1.90
综合人工工日		小计							130.84	63.29		52.34	18.31
1.77 工日		未计价材料费							857.55				
清单项目综合单价									1 122.33				

材料费明细	主要材料名称、规格、型号		单位	数量	单价（元）	合价（元）	暂估单价（元）	暂估合价（元）
	嵌入式配电箱 PZ30-30 300×300		台	1	857.55	857.55		
	其他材料费				—	63.29	—	
	材料费小计				—	920.84	—	

综合单价分析表

项目编码	030404034001	项目名称	照明开关	计量单位	个	工程量	125

清单综合单价组成明细

定额编号	定额项目名称	定额单位	数量	单价					合价				
				人工费	材料费	机械费	管理费	利润	人工费	材料费	机械费	管理费	利润
4-339	扳式暗开关（单控）单联	10套	0.1	48.1	4.06		19.24	6.73	4.81	0.41		1.92	0.67
综合人工工日		小计							4.81	0.41		1.92	0.67
0.07 工日		未计价材料费									4.51		
清单项目综合单价											12.32		

材料费明细	主要材料名称、规格、型号	单位	数量	单价（元）	合价（元）	暂估单价（元）	暂估合价（元）
	一位单极开关 86K11-10N	只	1.02	4.42	4.51		
	其他材料费			—	0.41	—	
	材料费小计			—	4.92	—	

综合单价分析表

项目编码	030404034002	项目名称	照明开关	计量单位	个	工程量	30

清单综合单价组成明细

定额编号	定额项目名称	定额单位	数量	单价					合价				
				人工费	材料费	机械费	管理费	利润	人工费	材料费	机械费	管理费	利润
4-340	扳式暗开关（单控）双联	10套	0.1	50.32	5.58		20.13	7.04	5.03	0.56		2.01	0.70
综合人工工日		小计							5.03	0.56		2.01	0.70
0.07 工日		未计价材料费									6.02		
清单项目综合单价											14.32		

材料费明细	主要材料名称、规格、型号	单位	数量	单价（元）	合价（元）	暂估单价（元）	暂估合价（元）
	二位单极开关 86K21-10N	只	1.02	5.9	6.02		
	其他材料费			—	0.56	—	
	材料费小计			—	6.58	—	

综合单价分析表

项目编码	030404034003	项目名称		照明开关		计量单位	个	工程量		10

清单综合单价组成明细

定额编号	定额项目名称	定额单位	数量	单价					合价				
				人工费	材料费	机械费	管理费	利润	人工费	材料费	机械费	管理费	利润
4-345	扳式暗开关(双控)单联	10套	0.1	48.1	5.07		19.24	6.73	4.81	0.51		1.92	0.67
综合人工工日		小计							4.81	0.51		1.92	0.67
0.07工日		未计价材料费							6.53				
清单项目综合单价									14.44				

材料费明细	主要材料名称、规格、型号	单位	数量	单价(元)	合价(元)	暂估单价(元)	暂估合价(元)
	一位单极双控开关86K12-10N	只	1.02	6.4	6.53		
	其他材料费			—	0.51	—	
	材料费小计			—	7.04	—	

综合单价分析表

项目编码	030404035001	项目名称		插座		计量单位	个	工程量		40

清单综合单价组成明细

定额编号	定额项目名称	定额单位	数量	单价					合价				
				人工费	材料费	机械费	管理费	利润	人工费	材料费	机械费	管理费	利润
4-371	单相暗插座 15A 3孔	10套	0.1	51.8	8.56		20.72	7.25	5.18	0.86		2.07	0.73
综合人工工日		小计							5.18	0.86		2.07	0.73
0.07工日		未计价材料费							5.85				
清单项目综合单价									14.69				

材料费明细	主要材料名称、规格、型号	单位	数量	单价(元)	合价(元)	暂估单价(元)	暂估合价(元)
	单相三极插座86Z13A10N	套	1.02	5.73	5.85		
	其他材料费			—	0.86	—	
	材料费小计			—	6.71	—	

综合单价分析表

项目编码	030404035002	项目名称		插座		计量单位	个	工程量		690

清单综合单价组成明细

定额编号	定额项目名称	定额单位	数量	单价					合价				
				人工费	材料费	机械费	管理费	利润	人工费	材料费	机械费	管理费	利润
4-373	单相暗插座 15A 5孔	10套	0.1	62.16	13.23		24.86	8.7	6.22	1.32		2.49	0.87
综合人工工日		小计							6.22	1.32		2.49	0.87
0.08 工日		未计价材料费							7.65				
清单项目综合单价									18.55				

材料费明细	主要材料名称、规格、型号	单位	数量	单价(元)	合价(元)	暂估单价(元)	暂估合价(元)
	单相二、三极插座 86Z223A10N	套	1.02	7.5	7.65		
	其他材料费			—	1.32	—	
	材料费小计			—	8.97	—	

综合单价分析表

项目编码	030411003001	项目名称		桥架		计量单位	m	工程量		128

清单综合单价组成明细

定额编号	定额项目名称	定额单位	数量	单价					合价				
				人工费	材料费	机械费	管理费	利润	人工费	材料费	机械费	管理费	利润
4-1306	钢制槽式桥架 宽＋高 400 mm 以下	10 m	0.1	179.82	64.39	7.78	71.93	25.17	17.98	6.44	0.78	7.19	2.52
综合人工工日		小计							17.98	6.44	0.78	7.19	2.52
0.24 工日		未计价材料费							180.99				
清单项目综合单价									215.90				

材料费明细	主要材料名称、规格、型号	单位	数量	单价(元)	合价(元)	暂估单价(元)	暂估合价(元)
	槽式桥架 300×100	m	1.005	180.09	180.99		
	其他材料费			—	6.44	—	
	材料费小计			—	187.43	—	

综合单价分析表

工程名称：某综合楼电气安装工程　　　　　标段：　　　　　第9页 共33页

项目编码	030411003002	项目名称	桥架	计量单位	m	工程量	8

清单综合单价组成明细

定额编号	定额项目名称	定额单位	数量	单价					合价				
				人工费	材料费	机械费	管理费	利润	人工费	材料费	机械费	管理费	利润
4-1313	钢制梯式桥架 宽＋高 500 mm 以下	10 m	0.1	206.46	65.29	8.76	82.58	28.9	20.65	6.53	0.88	8.26	2.89
综合人工工日		小计							20.65	6.53	0.88	8.26	2.89
0.28 工日		未计价材料费							155.13				
清单项目综合单价									194.34				

材料费明细	主要材料名称、规格、型号	单位	数量	单价(元)	合价(元)	暂估单价(元)	暂估合价(元)
	梯式桥架 300×100	m	1.005	154.36	155.13		
	其他材料费			—	6.53	—	
	材料费小计			—	161.66	—	

综合单价分析表

工程名称：某综合楼电气安装工程　　　　　标段：　　　　　第10页 共33页

项目编码	030413001001	项目名称	铁构件	计量单位	kg	工程量	320

清单综合单价组成明细

定额编号	定额项目名称	定额单位	数量	单价					合价				
				人工费	材料费	机械费	管理费	利润	人工费	材料费	机械费	管理费	利润
4-1355	桥架支撑架	100kg	0.01	333	32.9	18.57	133.2	46.62	3.33	0.33	0.19	1.33	0.47
综合人工工日		小计							3.33	0.33	0.19	1.33	0.47
0.05 工日		未计价材料费							6.89				
清单项目综合单价									12.54				

材料费明细	主要材料名称、规格、型号	单位	数量	单价(元)	合价(元)	暂估单价(元)	暂估合价(元)
	支撑架	kg	1.005	6.86	6.89		
	其他材料费			—	0.33	—	
	材料费小计			—	7.22	—	

综合单价分析表

项目编码	030408001001	项目名称	电力电缆	计量单位	m	工程量	150

清单综合单价组成明细

定额编号	定额项目名称	定额单位	数量	单价					合价				
				人工费	材料费	机械费	管理费	利润	人工费	材料费	机械费	管理费	利润
4-741	铜芯电力电缆敷设:五芯电缆 电缆截面 35 mm² 以下	100 m	0.01	517.26	209.7	10.12	206.9	72.42	5.17	2.10	0.10	2.07	0.72
综合人工工日		小计							5.17	2.10	0.10	2.07	0.72
0.07 工日		未计价材料费							60.63				
清单项目综合单价									70.79				

材料费明细	主要材料名称、规格、型号	单位	数量	单价(元)	合价(元)	暂估单价(元)	暂估合价(元)
	电力电缆 YJV-4×35＋1×16	m	1.01	60.03	60.63		
	其他材料费			—	2.10	—	
	材料费小计			—	62.73	—	

综合单价分析表

项目编码	030408001002	项目名称	电力电缆	计量单位	m	工程量	52

清单综合单价组成明细

定额编号	定额项目名称	定额单位	数量	单价					合价				
				人工费	材料费	机械费	管理费	利润	人工费	材料费	机械费	管理费	利润
4-742	铜芯电力电缆敷设:五芯电缆 电缆截面 120 mm² 以下	100 m	0.01	932.4	340.77	64.38	372.96	130.54	9.32	3.41	0.64	3.73	1.31
综合人工工日		小计							9.32	3.41	0.64	3.73	1.31
0.13 工日		未计价材料费							149.84				
清单项目综合单价									168.25				

材料费明细	主要材料名称、规格、型号	单位	数量	单价(元)	合价(元)	暂估单价(元)	暂估合价(元)
	电力电缆 YJV-3×95＋2×50	m	1.01	148.36	149.84		
	其他材料费			—	3.41	—	
	材料费小计			—	153.25	—	

综合单价分析表

项目编码	030408006001	项目名称		电力电缆头		计量单位		个	工程量		6

清单综合单价组成明细

定额编号	定额项目名称	定额单位	数量	单价					合价				
				人工费	材料费	机械费	管理费	利润	人工费	材料费	机械费	管理费	利润
4-828×1.2	户内干包式电力电缆头制作、安装：干包终端头截面 35 mm²	个	1	37.30	76.24		14.92	5.22	37.30	76.24		14.92	5.22
综合人工工日		小计							37.30	76.24		14.92	5.22
0.50 工日		未计价材料费											
清单项目综合单价									133.68				

材料费明细	主要材料名称、规格、型号		单位	数量	单价（元）	合价（元）	暂估单价（元）	暂估合价（元）
	其他材料费				—	76.24	—	
	材料费小计				—	76.24	—	

综合单价分析表

项目编码	030408006002	项目名称		电力电缆头		计量单位		个	工程量		4

清单综合单价组成明细

定额编号	定额项目名称	定额单位	数量	单价					合价				
				人工费	材料费	机械费	管理费	利润	人工费	材料费	机械费	管理费	利润
4-829×1.2	户内干包式电力电缆头制作、安装：干包终端头截面 120 mm²	个	1	61.27	130.61		24.51	8.58	61.27	130.61		24.51	8.58
综合人工工日		小计							61.27	130.61		24.51	8.58
0.83 工日		未计价材料费											
清单项目综合单价									224.97				

材料费明细	主要材料名称、规格、型号		单位	数量	单价（元）	合价（元）	暂估单价（元）	暂估合价（元）
	其他材料费				—	130.61	—	
	材料费小计				—	130.61	—	

综合单价分析表

| 项目编码 | 030409003001 | | 项目名称 | 避雷引下线 | | 计量单位 | m | 工程量 | 210 |

清单综合单价组成明细

定额编号	定额项目名称	定额单位	数量	单价					合价				
				人工费	材料费	机械费	管理费	利润	人工费	材料费	机械费	管理费	利润
4-915	避雷引下线敷设利用建筑物主筋引下	10 m	0.1	91.02	4.56	27.16	36.41	12.74	9.10	0.46	2.72	3.64	1.27
4-964	断接卡子制作、安装	10 套	0.001 9	203.50	41.99	1.64	81.40	28.49	0.39	0.08		0.16	0.05
综合人工工日			小计						9.49	0.54	2.72	3.80	1.32
0.13 工日			未计价材料费										
清单项目综合单价								17.87					

材料费明细	主要材料名称、规格、型号			单位	数量	单价(元)	合价(元)	暂估单价(元)	暂估合价(元)
	其他材料费					—	0.54	—	
	材料费小计					—	0.54	—	

综合单价分析表

| 项目编码 | 030409004001 | | 项目名称 | 均压环 | | 计量单位 | m | 工程量 | 196 |

清单综合单价组成明细

定额编号	定额项目名称	定额单位	数量	单价					合价				
				人工费	材料费	机械费	管理费	利润	人工费	材料费	机械费	管理费	利润
4-917	均压环敷设利用圈梁钢筋	10 m	0.1	35.52	1.21	7.55	14.21	4.97	3.55	0.12	0.76	1.42	0.5
4-916	柱主筋与圈梁钢筋焊接	10 处	0.010 2	204.98	23.35	38.82	81.99	28.7	2.09	0.24	0.40	0.84	0.29
综合人工工日			小计						5.64	0.36	1.16	2.26	0.79
0.08 工日			未计价材料费										
清单项目综合单价								10.21					

材料费明细	主要材料名称、规格、型号			单位	数量	单价(元)	合价(元)	暂估单价(元)	暂估价(元)
	其他材料费					—	0.36	—	
	材料费小计					—	0.36	—	

综合单价分析表

工程名称:某综合楼电气安装工程　　　　标段:

项目编码	030409005001	项目名称	避雷网	计量单位	m	工程量	208

清单综合单价组成明细

定额编号	定额项目名称	定额单位	数量	单价					合价				
				人工费	材料费	机械费	管理费	利润	人工费	材料费	机械费	管理费	利润
4-919	避雷网安装 沿折板支架敷设	10 m	0.10	172.42	24.15	11.21	68.97	24.14	17.24	2.42	1.12	6.90	2.41
综合人工工日		小计							17.24	2.42	1.12	6.90	2.41
0.23 工日		未计价材料费							2.70				
清单项目综合单价									32.79				

材料费明细	主要材料名称、规格、型号	单位	数量	单价（元）	合价（元）	暂估单价（元）	暂估合价（元）
	镀锌圆钢 D10	m	1.05	2.57	2.70		
	其他材料费			—	2.42	—	
	材料费小计			—	5.12		

综合单价分析表

工程名称:某综合楼电气安装工程　　　　标段:

项目编码	030414011001	项目名称	接地装置	计量单位	系统	工程量	1

清单综合单价组成明细

定额编号	定额项目名称	定额单位	数量	单价					合价				
				人工费	材料费	机械费	管理费	利润	人工费	材料费	机械费	管理费	利润
4-1858	接地装置调试 接地网	系统	1	369.6	3.98	129.28	147.84	51.74	369.60	3.98	129.28	147.84	51.74
综合人工工日		小计							369.60	3.98	129.28	147.84	51.74
4.80 工日		未计价材料费											
清单项目综合单价									702.44				

材料费明细	主要材料名称、规格、型号	单位	数量	单价（元）	合价（元）	暂估单价（元）	暂估合价（元）
	其他材料费			—	3.98	—	
	材料费小计			—	3.98		

综合单价分析表

工程名称:某综合楼电气安装工程　　　　　标段:　　　　　

项目编码	030411001001	项目名称		配管		计量单位	m	工程量	2 100

清单综合单价组成明细

定额编号	定额项目名称	定额单位	数量	单价					合价				
				人工费	材料费	机械费	管理费	利润	人工费	材料费	机械费	管理费	利润
4-1140	钢管敷设 砖、混凝土结构暗配 钢管公称直径 15 mm 以内	100 m	0.01	449.92	76.65	15.10	179.97	62.99	4.50	0.77	0.15	1.80	0.63
综合人工工日		小计							4.50	0.77	0.15	1.80	0.63
0.06 工日		未计价材料费							3.53				
清单项目综合单价									11.38				

材料费明细	主要材料名称、规格、型号			单位	数量	单价(元)	合价(元)	暂估单价(元)	暂估合价(元)
	焊接钢管 SC15			m	1.03	3.43	3.53		
	其他材料费					—	0.77	—	
	材料费小计					—	4.30	—	

综合单价分析表

工程名称:某综合楼电气安装工程　　　　　标段:　　　　　

项目编码	030411001002	项目名称		配管		计量单位	m	工程量	800

清单综合单价组成明细

定额编号	定额项目名称	定额单位	数量	单价					合价				
				人工费	材料费	机械费	管理费	利润	人工费	材料费	机械费	管理费	利润
4-1141	钢管敷设 砖、混凝土结构暗配 钢管公称直径 20 mm 以内	100 m	0.01	479.52	85.15	15.10	191.81	67.13	4.80	0.85	0.15	1.92	0.67
综合人工工日		小计							4.80	0.85	0.15	1.92	0.67
0.06 工日		未计价材料费							4.61				
清单项目综合单价									13.00				

材料费明细	主要材料名称、规格、型号			单位	数量	单价(元)	合价(元)	暂估单价(元)	暂估合价(元)
	焊接钢管 SC20			m	1.03	4.48	4.61		
	其他材料费					—	0.85	—	
	材料费小计					—	5.46	—	

综合单价分析表

项目编码	030411001003	项目名称		配管	计量单位	m	工程量	55

清单综合单价组成明细

定额编号	定额项目名称	定额单位	数量	单价					合价				
				人工费	材料费	机械费	管理费	利润	人工费	材料费	机械费	管理费	利润
4-1143	钢管敷设 砖、混凝土结构暗配 钢管公称直径 32 mm 以内	100 m	0.01	618.64	168.81	23.11	247.46	86.61	6.19	1.69	0.23	2.47	0.87
综合人工工日			小计						6.19	1.69	0.23	2.47	0.87
0.08 工日			未计价材料费						8.71				
清单项目综合单价									20.16				

材料费明细	主要材料名称、规格、型号	单位	数量	单价（元）	合价（元）	暂估单价（元）	暂估合价（元）
	焊接钢管 SC32	m	1.03	8.46	8.71		
	其他材料费			—	1.69	—	
	材料费小计			—	10.40	—	

综合单价分析表

项目编码	030411004001	项目名称		配线	计量单位	m	工程量	6 450

清单综合单价组成明细

定额编号	定额项目名称	定额单位	数量	单价					合价				
				人工费	材料费	机械费	管理费	利润	人工费	材料费	机械费	管理费	利润
4-1359	管内穿线 照明线路 导线截面 2.5 mm² 以内 铜芯	100 m 单线	0.01	56.98	15.33		22.79	7.98	0.57	0.15		0.23	0.08
综合人工工日			小计						0.57	0.15		0.23	0.08
0.01 工日			未计价材料费						1.17				
清单项目综合单价									2.20				

材料费明细	主要材料名称、规格、型号	单位	数量	单价（元）	合价（元）	暂估单价（元）	暂估合价（元）
	绝缘导线 BV2.5	m	1.16	1.01	1.17		
	其他材料费			—	0.15	—	
	材料费小计			—	1.32	—	

综合单价分析表

项目编码	030411004002	项目名称			配线		计量单位	m	工程量		3 300

清单综合单价组成明细

定额编号	定额项目名称	定额单位	数量	单价					合价				
				人工费	材料费	机械费	管理费	利润	人工费	材料费	机械费	管理费	利润
4-1360	管内穿线 照明线路 导线截面 4 mm² 以内 铜芯	100 m 单线	0.01	39.96	15.40		15.98	5.59	0.40	0.15		0.16	0.06
综合人工工日		小计							0.40	0.15		0.16	0.06
0.01 工日		未计价材料费							1.74				
清单项目综合单价									2.51				

材料费明细	主要材料名称、规格、型号		单位	数量	单价(元)	合价(元)	暂估单价(元)	暂估合价(元)
	绝缘导线 BV4		m	1.10	1.58	1.74		
	其他材料费				—	0.15	—	
	材料费小计				—	1.89	—	

综合单价分析表

项目编码	030411004003	项目名称			配线		计量单位	m	工程量		50

清单综合单价组成明细

定额编号	定额项目名称	定额单位	数量	单价					合价				
				人工费	材料费	机械费	管理费	利润	人工费	材料费	机械费	管理费	利润
4-1389	管内穿线 动力线路(铜芯) 导线截面 16 mm²	100 m 单线	0.01	62.16	17.82		24.86	8.7	0.62	0.18		0.25	0.09
综合人工工日		小计							0.62	0.18		0.25	0.09
0.01 工日		未计价材料费							6.46				
清单项目综合单价									7.60				

材料费明细	主要材料名称、规格、型号		单位	数量	单价(元)	合价(元)	暂估单价(元)	暂估合价(元)
	绝缘导线 BV16		m	1.05	6.15	6.46		
	其他材料费				—	0.18	—	
	材料费小计				—	6.64	—	

综合单价分析表

工程名称：某综合楼电气安装工程　　　　　标段：　　　　　第 25 页 共 33 页

项目编码	030411004004	项目名称			配线		计量单位	m	工程量		136

清单综合单价组成明细

定额编号	定额项目名称	定额单位	数量	单价					合价				
				人工费	材料费	机械费	管理费	利润	人工费	材料费	机械费	管理费	利润
4-1390	管内穿线 动力线路(铜芯)导线截面 25 mm² 以内	100 m 单线	0.01	77.70	20.51		31.08	10.88	0.78	0.21		0.31	0.11
综合人工工日		小计							0.78	0.21		0.31	0.11
0.01 工日		未计价材料费							10.08				
清单项目综合单价									11.49				

材料费明细	主要材料名称、规格、型号	单位	数量	单价(元)	合价(元)	暂估单价(元)	暂估合价(元)
	绝缘导线 BV25	m	1.05	9.6	10.08		
	其他材料费			—	0.21	—	
	材料费小计			—	10.29	—	

综合单价分析表

工程名称：某综合楼电气安装工程　　　　　标段：　　　　　第 26 页 共 33 页

项目编码	030411006001	项目名称			接线盒		计量单位	个	工程量		895

清单综合单价组成明细

定额编号	定额项目名称	定额单位	数量	单价					合价				
				人工费	材料费	机械费	管理费	利润	人工费	材料费	机械费	管理费	利润
4-1546	接线盒暗装 开关盒	10个	0.1	27.38	2.52		10.95	3.83	2.74	0.25		1.10	0.38
综合人工工日		小计							2.74	0.25		1.10	0.38
0.04 工日		未计价材料费							2.18				
清单项目综合单价									6.65				

材料费明细	主要材料名称、规格、型号	单位	数量	单价(元)	合价(元)	暂估单价(元)	暂估合价(元)
	开关盒 86H50	只	1.02	2.14	2.18		
	其他材料费			—	0.25	—	
	材料费小计			—	2.43	—	

综合单价分析表

| 项目编码 | 030411006002 | | 项目名称 | | | 接线盒 | | 计量单位 | 个 | 工程量 | | 318 |

清单综合单价组成明细

定额编号	定额项目名称	定额单位	数量	单价					合价				
				人工费	材料费	机械费	管理费	利润	人工费	材料费	机械费	管理费	利润
4-1545	接线盒暗装 接线盒	10 个	0.1	25.16	5.44		10.06	3.52	2.52	0.54		1.01	0.35
综合人工工日		小计							2.52	0.54		1.01	0.35
0.03 工日		未计价材料费							2.18				
清单项目综合单价									6.60				

材料费明细	主要材料名称、规格、型号	单位	数量	单价（元）	合价（元）	暂估单价（元）	暂估合价（元）
	灯头盒 DH75	只	1.02	2.14	2.18		
	其他材料费			—	0.54	—	
	材料费小计			—	2.72	—	

综合单价分析表

| 项目编码 | 030412001001 | | 项目名称 | | | 普通灯具 | | 计量单位 | 套 | 工程量 | | 80 |

清单综合单价组成明细

定额编号	定额项目名称	定额单位	数量	单价					合价				
				人工费	材料费	机械费	管理费	利润	人工费	材料费	机械费	管理费	利润
4-1558	半球吸顶灯 灯罩直径 300 mm 以内	10 套	0.1	122.10	18.70		48.84	17.09	12.21	1.87		4.88	1.71
综合人工工日		小计							12.21	1.87		4.88	1.71
0.17 工日		未计价材料费							51.97				
清单项目综合单价									72.64				

材料费明细	主要材料名称、规格、型号	单位	数量	单价（元）	合价（元）	暂估单价（元）	暂估合价（元）
	半球吸顶灯 32W 环管 D300	套	1.01	51.45	51.97		
	其他材料费			—	1.87	—	
	材料费小计			—	53.84	—	

综合单价分析表

工程名称:某综合楼电气安装工程					标段:					第29页 共33页		
项目编码	030412001002		项目名称		普通灯具		计量单位		套	工程量		10

清单综合单价组成明细												
定额编号	定额项目名称	定额单位	数量	单价					合价				
				人工费	材料费	机械费	管理费	利润	人工费	材料费	机械费	管理费	利润
4-1558	半球吸顶灯 灯罩直径 300 mm 以内	10套	0.1	162.39	18.7		64.96	22.73	16.24	1.87		6.50	2.27
综合人工工日		小计							16.24	1.87		6.50	2.27
0.22 工日		未计价材料费							51.97				
清单项目综合单价									78.85				

材料费明细	主要材料名称、规格、型号	单位	数量	单价(元)	合价(元)	暂估单价(元)	暂估合价(元)
	半球吸顶灯 32W 环管 D300	套	1.01	51.45	51.97		
	其他材料费			—	1.87	—	
	材料费小计			—	53.84	—	

综合单价分析表

工程名称:某综合楼电气安装工程					标段:					第30页 共33页		
项目编码	030412004001		项目名称		装饰灯		计量单位		套	工程量		18

清单综合单价组成明细												
定额编号	定额项目名称	定额单位	数量	单价					合价				
				人工费	材料费	机械费	管理费	利润	人工费	材料费	机械费	管理费	利润
4-1746	标志、诱导装饰灯具 嵌入式 [示意图号] 171、172、173、174	10套	0.1	160.58	26.02		64.23	22.48	16.06	2.60		6.42	2.25
综合人工工日		小计							16.06	2.60		6.42	2.25
0.22 工日		未计价材料费							103.94				
清单项目综合单价									131.27				

材料费明细	主要材料名称、规格、型号	单位	数量	单价(元)	合价(元)	暂估单价(元)	暂估合价(元)
	疏散指示灯 1×8W 嵌入式	套	1.01	102.91	103.94		
	其他材料费			—	2.60	—	
	材料费小计			—	106.54	—	

综合单价分析表

工程名称:某综合楼电气安装工程　　　　标段:

项目编码	030412005001	项目名称	荧光灯	计量单位	套	工程量	50

清单综合单价组成明细

定额编号	定额项目名称	定额单位	数量	单价					合价				
				人工费	材料费	机械费	管理费	利润	人工费	材料费	机械费	管理费	利润
4-1797	荧光灯安装 成套型 吸顶式 单管	10套	0.1	122.84	15.03		49.14	17.2	12.28	1.50		4.91	1.72
综合人工工日			小计						12.28	1.50		4.91	1.72
0.17 工日			未计价材料费							30.31			
清单项目综合单价									50.72				

材料费明细	主要材料名称、规格、型号	单位	数量	单价(元)	合价(元)	暂估单价(元)	暂估合价(元)
	单管荧光灯 1×36W 吸顶式	套	1.01	30.01	30.31		
	其他材料费			—	1.50	—	
	材料费小计			—	31.81	—	

综合单价分析表

工程名称:某综合楼电气安装工程　　　　标段:

项目编码	030412005002	项目名称	荧光灯	计量单位	套	工程量	160

清单综合单价组成明细

定额编号	定额项目名称	定额单位	数量	单价					合价				
				人工费	材料费	机械费	管理费	利润	人工费	材料费	机械费	管理费	利润
4-1798	荧光灯安装 成套型 吸顶式 双管	10套	0.1	154.66	15.03		61.86	21.65	15.47	1.50		6.19	2.17
综合人工工日			小计						15.47	1.50		6.19	2.17
0.21 工日			未计价材料费							60.63			
清单项目综合单价									85.96				

材料费明细	主要材料名称、规格、型号	单位	数量	单价(元)	合价(元)	暂估单价(元)	暂估合价(元)
	双管荧光灯 2×36W 吸顶式	套	1.01	60.03	60.63		
	其他材料费			—	1.50	—	
	材料费小计			—	62.13	—	

综合单价分析表

工程名称:某综合楼电气安装工程　　　　　　　　标段:　　　　　　　　第 33 页 共 33 页

项目编码	031301017001	项目名称	脚手架搭拆	计量单位	项	工程量	1

清单综合单价组成明细

定额编号	定额项目名称	定额单位	数量	单价					合价				
				人工费	材料费	机械费	管理费	利润	人工费	材料费	机械费	管理费	利润
4-F1	第四册 10kV 以下架空线路除外（定额 4-1～4-966）脚手架搭拆费,取人工费的 4%,其中人工 25%,材料 75%,机械 0。	项	1	154.34	463.09		61.74	21.61	154.34	463.09		61.74	21.61
4-F1	第四册 10kV 以下架空线路除外（定额 4-1051～4-9999）脚手架搭拆费,取人工费的 4%,其中人工 25%,材料 75%,机械 0。	项	1	304.26	912.76		121.70	42.6	304.26	912.76		121.70	42.60
综合人工工日		小计							458.60	1 375.85		183.44	64.21
0.00 工日		未计价材料费											
清单项目综合单价									2 082.10				

材料费明细	主要材料名称、规格、型号		单位	数量	单价（元）	合价（元）	暂估单价（元）	暂估合价（元）
	其他材料费				—	1 375.85	—	
	材料费小计				—	1 375.85	—	

总价措施项目清单与计价表

工程名称:某综合楼电气安装工程

序号	项目编码	项目名称	计算基础	费率（%）	金额（元）	调整费率（%）	调整后金额（元）	备注
1	031302001001	安全文明施工费		100.000	3 817.51			
1.1		基本费		1.500	3 181.26			
1.2		增加费		0.300	636.25			
2	031302002001	夜间施工增加		0.050	106.04			
3	031302003001	非夜间施工增加	分部分项合计＋单价措施项目合计—设备费					
4	031302004001	二次搬运						
5	031302005001	冬雨季施工增加		0.125	265.11			
6	031302006001	已完工程及设备保护		0.025	53.02			
				1.100	2 332.92			
7	031302008001	临时设施						
8	031302009001	赶工措施						

续表

序号	项目编码	项目名称	计算基础	费率(%)	金额(元)	调整费率(%)	调整后金额(元)	备注
9	031302010001	工程按质论价	分部分项合计＋单价措施项目合计—设备费					
10	031302011001	住宅分户验收						
11	031302012001	地上、地下设施、建筑物的临时保护设施						
12	031302013001	特殊条件下施工增加费						
合 计					6 574.60			

其他项目清单与计价汇总表

工程名称:综合楼电气安装工程　　　　　　　　标段:　　　　　　　　第1页 共1页

序号	项目名称	金额(元)	结算金额(元)	备注
1	暂列金额			
2	暂估价			
2.1	材料(工程设备)暂估价	—		
2.2	专业工程暂估价			
3	计日工			
4	总承包服务费			
	合 计			—

暂列金额明细表

工程名称:综合楼电气安装工程　　　　　　　　标段:　　　　　　　　第1页 共1页

序号	项目名称	计量单位	暂定金额(元)	备注
	合 计		—	

材料(工程设备)暂估单价及调整表

工程名称:综合楼电气安装工程　　　　　　　　标段:　　　　　　　　第1页 共1页

序号	材料编码	材料(工程设备)名称、规格、型号	计量单位	数量		暂估(元)		确认(元)		差额±(元)		备注
				投标	确认	单价	合价	单价	合价	单价	合价	
	合 计											

专业工程暂估价及结算价表

工程名称:综合楼电气安装工程　　　　　　　　标段:　　　　　　　　第1页 共1页

序号	工程名称	工程内容	暂估金额(元)	结算金额(元)	差额±(元)	备注
合　计						

计 日 工 表

工程名称:综合楼给排水工程　　　　　　　　标段:　　　　　　　　第1页 共1页

编号	项目名称	单位	暂定数量	实际数量	综合单价(元)	合价(元)	
						暂定	实际
一	人工						
人 工 小 计							
二	材料						
材 料 小 计							
三	施工机械						
施 工 机 械 小 计							
四、企业管理费和利润　　按　　的　　％							
总　计							

总承包服务费计价表

工程名称:综合楼电气安装工程　　　　　　　　标段:　　　　　　　　第1页 共1页

序号	项 目 名 称	项目价值(元)	服务内容	计算基础	费率(%)	金额(元)
合　计		—	—		—	0.00

规费、税金项目计价表

工程名称:综合楼电气安装工程　　　　　　　　标段:　　　　　　　　第1页 共1页

序号	项 目 名 称	计算基础	计算基数(元)	计算费率(%)	金额(元)
1	规费		6 384.84		6 384.84
1.1	社会保险费	分部分项工程费＋措施项目费＋其他项目费—工程设备费	218 658.60	2.400	5 247.81
1.2	住房公积金		218 658.60	0.420	918.37
1.3	工程排污费		218 658.60	0.100	218.66
2	税金	分部分项工程费＋措施项目费＋其他项目费＋规费—按规定不计税的工程设备金额	225 043.44	10.00	22 504.34
合　计					28 889.18

承包人提供主要材料和工程设备一览表(适用造价信息差额调整法)

工程名称:某综合楼电气安装工程

序号	材料编码	名称、规格、型号	单位	数量	风险系数(%)	基准单价(元)	投标单价(元)	发承包人确认单价(元)	备注
1	14010305~1	焊接钢管 SC15	m	2 163	5.00	3.43	3.43		
2	14010305~2	焊接钢管 SC20	m	824	5.00	4.48	4.48		
3	14010305~3	焊接钢管 SC32	m	56.65	5.00	8.46	8.46		
4	22470111~1	半球吸顶灯:32W 环管 D300	套	90.9	5.00	51.45	51.45		
5	22470111~2	疏散指示灯:1×8W 嵌入式	套	18.18	5.00	102.91	102.91		
6	22470111~3	单管荧光灯:1×36W 吸顶式	套	50.5	5.00	30.01	30.01		
7	22470111~4	双管荧光灯 2×36W 吸顶式	套	161.6	5.00	60.03	60.03		
8	23230131~1	一位单极开关:86K11-10N	个	127.5	5.00	4.42	4.42		
9	23230131~2	二位单极开关:86K21-10N	个	30.6	5.00	5.90	5.90		
10	23230131~3	一位单极双控开关:86K12-10N	个	10.2	5.00	6.40	6.40		
11	23412504~1	单相三极插座:86Z13A10N	个	40.8	5.00	5.73	5.73		
12	23412504~2	单相二、三极插座:86Z223A10N	个	703.8	5.00	7.50	7.50		
13	25430311~1	绝缘导线 BV2.5	m	7 482	5.00	1.01	1.01		
14	25430311~2	绝缘导线 BV4	m	3 630	5.00	1.58	1.58		
15	25430315~2	绝缘导线 BV25	m	142.8	5.00	9.60	9.60		
16	25430315~1	绝缘导线 BV16	m	52.5	5.00	6.15	6.15		
17	26012501~1	槽式桥架 300×100	m	128.64	5.00	180.09	180.09		
18	26012501~2	梯式桥架 300×100	m	8.04	5.00	154.36	154.36		
19	26110101~1	开关盒 86H50	个	912.9	5.00	2.14	2.14		
20	26110101~2	灯头盒 DH75	个	324.36	5.00	2.14	2.14		
21	26230111	支撑架	kg	321.6	5.00	6.86	6.86		
22	ZC0001	落地式配电箱 XL-21-09 1 700×700×400	台	4	5.00	6 431.62	6 431.62		
23	ZC0002	槽钢 10#	m	9.24	5.00	24.01	24.01		
24	ZC0003	嵌入式配电箱 PZ30-30 300×300	台	5	5.00	857.55	857.55		
25	ZC0004	电力电缆 YJV-4×35+1×16	m	151.5	5.00	60.03	60.03		
26	ZC0005	电力电缆 YJV-3×95+2×50	m	52.52	5.00	148.36	148.36		
27	ZC0006	镀锌圆钢 D10	m	218.4	5.00	2.57	2.57		

9 通风空调工程

《通用安装工程工程量计算规范》附录 G 适用于工业与民用建筑的新建、扩建项目中的通风、空调工程，主要内容包括通风、空调设备及部件制作安装，通风管道制作安装，通风管道部件制作安装，通风工程检测、调试，共计 52 个清单项目。

《江苏省安装工程计价定额》(2014 版)是完成安装工程规定计量单位分部分项工程所需的人工、材料、施工机械台班的消耗量标准，是编制设计概算、施工图预算、招标控制价、投标报价的依据。《安装工程计价定额》中的《第七册　通风空调工程》作为通风空调工程编制招标工程量清单、招标控制价、投标报价的主要依据之一，主要内容如表 9.1 所示 。

表 9.1 《通风空调工程》分部分项工程名称表

序号	分部工程	分项工程名称
1	通风、空调设备及部件制作安装	空气加热器(冷却器)；除尘设备；空调器；风机盘管；密闭门；挡水板；滤水器、溢水盘；过滤器；净化工作台；风淋室；除湿机；人防过滤吸收器；设备支架；电加热器外壳
2	通风管道制作安装	碳钢通风管道；净化通风管道；不锈钢板通风管道；铝板通风管道；塑料通风管道；复合型风管；柔性软风管；弯头导流叶片；软管、帆布接头；风管检查孔；温度、风量测定孔
3	通风管道部件制作安装	碳钢阀门；柔性软风管阀门；塑料阀门；碳钢风口、散流器、百叶窗；塑料风口、散流器、百叶窗；铝及铝合金风口、散流器；碳钢风帽；铝板伞形风帽；玻璃钢伞形风帽；碳钢罩类；塑料罩类；柔性接口；消声器；静压箱；人防超压自动排气阀；人防手动密闭阀；人防其他部件

未列入《通用安装工程工程量计算规范》附录 G 的项目，编制清单时按相关专业工程的计算规范的规定设置，计价时套用相应计价定额的有关项目，具体来说：

(1) 冷冻机组站内的设备安装、通风机安装及人防两用通风机安装，应按《通用安装工程工程量计算规范》附录 A 机械设备安装工程相关项目编码列项。计价时通风空调工程使用的风机执行《安装工程计价定额》的《第七册　通风空调工程》的有关子目，专为通风工程配套的各种风机及除尘设备、其他工业用风机及除尘设备应执行《第一册　机械设备安装工程》有关子目。

(2) 冷冻机组站内的管道安装，应按《通用安装工程工程量计算规范》附录 H 工业管道工程相关项目编码列项。计价时执行《安装工程计价定额》的《第八册　工业管道工程》有关子目。

(3) 冷冻站外墙皮以外通往通风空调设备的供热、供冷、供水等管道，应按《通用安装工程工程量计算规范》附录 K 给排水、采暖、燃气工程相关项目编码列项。计价时执行《安装工程计价定额》的《第十册　给排水、采暖、燃气工程》有关子目。

(4) 管道、设备和支架的刷油、防腐、绝热工程按《通用安装工程工程量计算规范》附录 M 刷油、防腐蚀、绝热工程相关项目编码列项，计价时执行《安装工程计价定额》的《第十一册　刷油、防腐蚀、绝热工程》有关子目。

9.1 通风及空调设备及部件制作安装

9.1.1 工程量清单项目

通风及空调设备及部件制作安装工程量清单项目、设置项目特征描述的内容、计量单位及工程量计 算规则,应按照《通用安装工程工程量计算规范》中的附录 G.1 的规定执行,见表 9.2 所示。

表 9.2　G.1 通风及空调设备及部件制作安装(编码:030701)

项目编码	项目名称	项目特征	计量单位	工程量计算规则	工程内容
030701001	空气加热器(冷却器)	1. 名称 2. 型号 3. 规格 4. 质量 5. 安装形式 6. 支架形式、材质	台	按设计图示数量计算	1. 本体安装、调试 2. 设备支架制作、安装 3. 补刷(喷)油漆
030701002	除尘设备				
030701003	空调器	1. 名称 2. 型号 3. 规格 4. 安装形式 5. 质量 6. 隔振垫(器)、支架形式、材质	台(组)		1. 本体安装或组装、调试 2. 设备支架制作、安装 3. 补刷(喷)油漆
030701004	风机盘管	1. 名称 2. 型号 3. 规格 4. 安装形式 5. 减振器、支架形式、材质 6. 试压要求	台		1. 本体安装、调试 2. 支架制作、安装 3. 试压 4. 补刷(喷)油漆
030701005	表冷器	1. 名称 2. 型号 3. 规格			1. 本体安装 2. 型钢制作、安装 3. 过滤器安装 4. 挡水板安装 5. 调试及运转 6. 补刷(喷)油漆
030701006	密闭门	1. 名称 2. 型号 3. 规格 4. 形式 5. 支架形式、材质	个		1. 本体制作 2. 本体安装 3. 支架制作、安装
030701007	挡水板				
030701008	滤水器、溢水盘				
030701009	金属壳体				
030701010	过滤器	1. 名称 2. 型号 3. 规格 4. 类型 5. 框架形式、材质	1. 台 2. m²	1. 以台计量,按设计图示数量计算 2. 以面积计量,按设计图示尺寸以过滤面积计算	1. 本体安装 2. 框架制作、安装 3. 补刷(喷)油漆

项目编码	项目名称	项目特征	计量单位	工程量计算规则	工程内容
030701011	净化工作台	1. 名称 2. 型号 3. 规格 4. 类型	台	按设计图示数量计算	1. 本体安装 2. 补刷(喷)油漆
030701012	风淋室	1. 名称 2. 型号 3. 规格 4. 类型 5. 质量			
030701013	洁净室				
030701014	除湿机	1. 名称 2. 型号 3. 规格 4. 类型			本体安装
030701015	人防过滤吸收器	1. 名称 2. 规格 3. 形式 4. 材质 5. 支架形式、材质			1. 过滤吸收器安装 2. 支架制作、安装

注:通风空调设备安装的地脚螺栓按设备自带考虑。

通风空调设备应按项目特征不同编制工程量清单。空气加热器、除尘器应标出每台的重量;空调器的安装形式应描述吊顶式、落地式、墙上式、窗式、分段组装式,并标出每台的重量;风机盘管的安装形式应描述吊顶式、落地式;过滤器的安装应描述初效过滤器(M-A型、WL 型、LWP 型)、中效过滤器(ZKL 型、YB 型、W 型、ZX-1 型)高效过滤器(GB 型、GS型、JX-20 型)。

工程量计算规则:按设计图示数量计算,设备安装以"台"为计量单位,部件制作安装以"个""台"为计量单位。

通风机、冷却塔安装应按《通用安装工程工程量计算规范》附录 A 机械设备安装工程相关项目编码列项,见表 9.3 和表 9.4 所示。

表 9.3 A.8 风机安装(编码:030108)

项目编码	项目名称	项目特征	计量单位	工程量计算规则	工程内容
030108001	离心式通风机	1. 名称 2. 型号 3. 规格 4. 质量 5. 材质 6. 减振底座形式、数量 7. 灌浆配合比 8. 单机试运转要求	台	按设计图示数量计算	1. 本体安装 2. 拆装检查 3. 减振台座制作、安装 4. 二次灌浆 5. 单机试运转 6. 补刷(喷)油漆
030108002	离心式引风机				
030108003	轴流通风机				
030108004	回转式鼓风机				
030108005	离心式鼓风机				
030108006	其他风机				

注:① 直联式风机的质量包括本体及电动机、底座的总质量。
② 风机支架应按本规范附录 C 静置设备与工艺金属结构制作安装工程项目编码列项。

直联式风机的质量包括本体及电动机、底座的总质量。风机支架应按《通用安装工程工程量计算规范》附录 C 静置设备与工艺金属结构制作安装工程项目编码列项。

表 9.4 A.13 其他机械安装(编码:030113)

项目编码	项目名称	项目特征	计量单位	工程量计算规则	工程内容
030113017	冷却塔	1. 名称 2. 型号 3. 规格 4. 材质 5. 质量 6. 单机试运转要求	台	按设计图示数量计算	1. 本体安装 2. 单机试运转 3. 补刷(喷)油漆

9.1.2 综合单价确定

风机安装按设计不同型号以"台"为计量单位,通风机安装项目定额内包括电动机安装,其安装形式包括 A 型、B 型、C 型或 D 型,也适用不锈钢和塑料风机安装。风机减震台座制作安装以"kg"为计量单位,执行设备支架制安定额,定额内不包括减震器的材料费,组价时需计入减震器的材料费。

整体式空调机组安装,空调器按不同重量和安装方式以"台"为计量单位;分段组装式空调器按设计 2 图纸所示质量以"kg"为计量单位。设备支架制作安装按设计图纸所示质量以"kg"为计量单位,执行设备支架制安定额。

风机盘管安装,按安装方式不同以"台"为计量单位。诱导器安装执行风机盘管安装项目。

空气加热器、除尘设备安装,按质量不同以"台"为计量单位。

钢板密闭门制作安装,按型号规格不同以"个"为计量单位。保温钢板密闭门执行钢板密闭门项目,其材料费乘以 0.5,机械费均乘以 0.45,人工费不变。

挡水板制作安装,按空调器断面面积计算。玻璃挡水板执行钢挡水板相应项目,其材料和机械费均乘以 0.45,人工费不变。

滤水器、溢水盘、金属壳体、设备支架制作安装,均按设计图示尺寸以"kg"为计量单位。

过滤器、净化工作台、除湿机、人防过滤吸收器安装以"台"为计量单位;风淋室安装按不同质量以"台"为计量单位。

洁净室安装按质量计算,套用本册"分段组装式空调器"安装定额。

设备安装项目的定额基价中不包括设备和应配备的地脚螺栓价值。在组价时,需将地脚螺栓的价值计入设备安装的综合单价内。

【例 9.1】 某高层(21 层)写字楼通风空调工程,ZK 系列组装式空调器安装,10 000 m³/h,质量 3 500 kg,共计 7 台,编制工程量清单并确定其综合单价。

【解】 工程类别为二类。工程量清单见表 9.5 所示,综合单价计算过程见表 9.6 所示。

说明:为便于对照计价定额数据,本章例题的人工费按计价定额数据执行,不做调整,材料、机械费按计价定额除税价格执行。

表 9.5 分部分项工程项目和单价措施项目清单与计价表

工程名称:××通风工程　　　　　　　　标段:　　　　　　　　第___页 共___页

序号	项目编码	项目名称	项目特征描述	计量单位	工程数量	金额(元)		
						综合单价	合价	其中:暂估价
1	030701003001	空调器	1.名称:分段组装式空调器 2.型号:ZK 型 3.规格:10 000 m³/h 4.质量:3 500 kg	组	7			

表 9.6 分部分项工程项目清单综合单价计算表

工程名称:　　　　　　　　　　　　　　　　计量单位:组
项目编码:030701003001　　　　　　　　　　　工程数量:7
项目名称:空调器　　　　　　　　　　　　　　综合单价:144 028.41 元

序号	定额编号	工程内容	单位	数量	综合单价组成					小计
					人工费	材料费	机械费	管理费	利润	
1	7—18	空调器安装	100 kg	245	27 013.70			11 886.03	3 781.92	42 681.65
2		空调器	组	7		965 517.24				965 517.24
		合计	元		27 013.70	965 517.24		11 886.03	3 781.92	1 008 198.89

9.2 通风管道制作安装

9.2.1 工程量清单项目

通风管道制作安装工程量清单项目设置、项目特征描述的内容、计量单位及工程量计算规则,应按照《通用安装工程工程量计算规范》中的附录 G.2 的规定执行,见表 9.7 所示。

表 9.7 G.2 通风管道制作安装(编码:030702)

项目编码	项目名称	项目特征	计量单位	工程量计算规则	工程内容
030702001	碳钢通风管道	1.名称 2.材质 3.形状 4.规格 5.板材厚度 6.管件、法兰等附件及支架设计要求 7.接口形式	m²	按设计图示内径尺寸以展开面积计算	1.风管、管件、法兰、零件、支吊架制作、安装 2.过跨风管落地支架制作、安装
030702002	净化通风管道				
030702003	不锈钢板通风管道	1.名称 2.形状 3.规格 4.板材厚度 5.管件、法兰等附件及支架设计要求 6.接口形式			
030702004	铝板通风管道				
030702005	塑料通风管道				

项目编码	项目名称	项目特征	计量单位	2工程量计算规则	工程内容
030702006	玻璃钢通风管道	1. 名称 2. 形状 3. 规格 4. 板材厚度 5. 支架形式、材质 6. 接口形式	m²	按设计图示外径尺寸以展开面积计算	1. 风管、管件安装 2. 支吊架制作、安装 3. 过跨风管落地支架制作、安装
030702007	复合型风管	1. 名称 2. 材质 3. 形状 4. 规格 5. 板材厚度 6. 接口形式 7. 支架形式、材质			
030702008	柔性软风管	1. 名称 2. 材质 3. 规格 4. 风管接头、支架形式、材质	1. m 2. 节	1. 以米计量,按设计图示中心线以长度计算 2. 以节计量,按设计图示数量计算	1. 风管安装 2. 风管接头安装 3. 支吊架制作、安装
030702009	弯头导流叶片	1. 名称 2. 材质 3. 规格 4. 形式	1. m² 2. 组	1. 以面积计量,按设计图示以展开面积平方米计算 2. 以组计量,按设计图示数量计算	1. 制作 2. 组装
030702010	风管检查孔	1. 名称 2. 材质 3. 规格	1. kg 2. 个	1. 以千克计量,按风管检查孔质量计算 2. 以个计量,按设计图示数量计算	1. 制作 2. 安装
030702011	温度、风量测定孔	1. 名称 2. 材质 3. 规格 4. 设计要求	个	按设计图示数量计算	1. 制作 2. 安装

注:1. 风管展开面积,不扣除检查孔、测定孔、送风口、吸风口等所占面积;风管长度一律以设计图示中心线长度为准(主管与支管以其中心线交点划分),包括弯头、三通、变径管、天圆地方等管件的长度,但不包括部件所占的长度。风管展开面积不包括风管、管口重叠部分面积。风管渐缩管:圆形风管按平均直径;矩形风管按平均周长。

2. 穿墙套管按展开面积计算,计入通风管道工程量中。

3. 通风管道的法兰垫料或封口材料,按图纸要求应在项目特征中描述。

4. 净化通风管的空气洁净度按100 000级标准编制,净化通风管使用的型钢材料如要求镀锌时,工程内容应注明支架镀锌。

5. 弯头导流叶片数量,按设计图纸或规范要求计算。

6. 风管检查孔、温度测定孔、风量测定孔数量,按设计图纸或规范要求计算。

通风管道制作安装工程量清单应描述风管的材质、形状(圆形、矩形、渐缩形)、直径(矩形风管按周长)、板材厚度、连接形式(咬口、焊接)风管附件及支架材质。

除柔性软风管外的各类风管,按设计图示以展开面积计算(其中玻璃钢和复合型风管以外径尺寸的展开面积,其他风管以内径尺寸的展开面积),不扣除检查孔、测定孔、送风口、吸风口等所占面积;风管长度一律以设计图示中心线长度为准(主管与支管以其中心线交点划分),包括弯头、三通、变径管、天圆地方等管件的长度,但不包括部件所占的长度。

对柔性软风管按设计图示中心线长度计算,包括弯头、三通、变径管、天圆地方等管件的长度,但不包括部件所占的长度。

风管展开面积不包括风管、管口重叠部分面积。直径和周长按图示尺寸为准展开。风管渐缩管:圆形风管按平均直径,矩形风管按平均周长。穿墙套管按展开面积计算,计入通风管道工程量中。

弯头导流叶片按设计图示展开面积以"m²"为计量单位,弯头导流叶片数量,按设计图纸或规范要求计算。

风管检查孔按风管检查孔质量以"kg"为计量单位计算。风管检查孔数量,按设计图纸或规范要求计算。

温度、风量测定孔按设计图示数量以"个"为计量单位计算。温度测定孔、风量测定孔数量,按设计图纸或规范要求计算。

9.2.2　综合单价确定

风管制作安装以施工图规格不同按展开面积计算,不扣除检查孔、测定孔、送风口、吸风口等所占面积。圆管风管的面积(F):

$$F = \pi DL$$

式中:D——圆形风管直径;

　　　L——管道中心线长度。

矩形风管:按图示周长乘以管道中心线长度计算。

风管长度一律以施工图示中心线长度为准(主管与支管以其中心线交点划分),包括弯头、三通、变径管、天圆地方等管件的长度,但不得包括部件所占长度。直径和周长按图示尺寸为准展开,咬口重叠部分已包括在定额内,不得另行增加。

过跨风管落地支架的制作安装按其设计图示尺寸以"kg"计量,执行设备支架制作安装定额。

风管导流叶片制作安装按图示叶片的面积计算。

软管接口制作安装,按图示尺寸以"m²"为计量单位。软管接头使用人造革而不使用帆布者可以换算。

风管检查孔按风管检查孔质量以"kg"计量。风管检查孔质量按《第七册　通风空调工程》附录二"国标通风部件标准重量表"计算。

风管测定孔制作安装,按其型号以"个"计量。

以《江苏省安装工程计价定额》中的《第七册　通风空调工程》为依据确定通风管道制作安装清单项目综合单价时需注意的问题:

(1)对薄钢板风管

① 整个通风系统设计采用渐缩管均匀送风者,圆形风管按平均直径,矩形风管按平均周长,套用相应规格子目,其人工费乘以系数 2.5。

② 镀锌薄钢板风管项目中的板材是按镀锌薄钢板编制的,如设计要求不用镀锌薄钢板者,板材可以换算,其他不变。

③ 薄钢板通风管道制作安装定额项目中,包括弯头、三通、变径管、天圆地方等管件及

法兰、加固框和吊托支架的制作用工,但不包括过跨风管落地支架的制作安装费用,落地支架制作安装执行设备支架项目,其制安费用应计入清单项目的综合单价。

④ 如制作空气幕送风管时,按矩形风管平均周长执行相应风管规格项目,其人工费乘以系数3,其余不变。

⑤ 薄钢板风管项目中的板材,如设计要求厚度不同者可以换算,但人工费、机械费不变。

（2）对净化风管

① 净化风管的空气洁净度按100 000级标准编制。

② 净化风管使用的型钢材料如图纸要求镀锌时,镀锌费另计,并计入综合单价。

③ 净化风管道制作安装定额项目中,包括弯头、三通、变径管、天圆地方等管件及法兰、加固框和吊托支架的制作用工,但不包括过跨风管落地支架的制作安装费用,落地支架制作安装执行设备支架项目,其制安费用应计入清单项目的综合单价。

④ 圆形风管执行本章矩形风管相应项目。

（3）对不锈钢风管

① 不锈钢风管制作安装项目中包括管件制安费用,但不包括法兰和吊托支架制安费用,法兰和吊托支架应单独列项计算,执行本章相应子目,其制安费用计入不锈钢风管清单项目的综合单价。

② 风管凡以电焊考虑的项目,如需使用手工氩弧焊者,其人工费乘以系数1.238,材料费乘以系数1.163,机械费乘以系数1.673。

③ 不锈钢风管制作安装,不论圆形、矩形均按圆形风管计价。

（4）对铝板通风管

① 铝板风管制作安装项目中包括管件制安费用,但不包括法兰和吊托支架制安费用,法兰和吊托支架应单独列项计算,其制安费用计入铝板风管清单项目的综合单价。

② 风管凡以电焊考虑的项目,如需使用手工氩弧焊者,其人工费乘以系数1.154,材料费乘以系数0.852,机械费乘以系数9.242。

（5）对塑料风管

① 风管项目规格表示的直径为内径,周长为内周长。

② 风管制作安装项目中包括管件、法兰、加固框制安费用,但不包括吊托支架,吊托支架执行相应项目计算制安费用,并计入风管安装清单项目的综合单价。

③ 塑料通风管道胎具材料摊销费的计算方法:塑料风管管件制作的胎具摊销材料费,未包括在定额内,按以下规定另行计算:

风管工程量在30 m² 以上的,每10 m² 风管的胎具摊销木材为0.06 m³,按地区预算价格计算胎具材料摊销费。

风管工程量在30 m² 以下的,每10 m² 风管的胎具摊销木材为0.09 m³,按地区预算价格计算胎具材料摊销费。

④ 项目中的法兰垫料如设计要求使用品种不同者可以换算,但人工费不变。

（6）对玻璃钢通风管

玻璃钢通风管道制作安装定额项目中,包括弯头、三通、变径管、天圆地方等管件及法兰、加固框和吊托支架的制作用工,但不包括过跨风管落地支架的制作安装费用,落地支制作安装执行设备支架项目,其制安费用应计入清单项目的综合单价。

(7) 对复合型风管

对复合型风管,风管项目规格表示的直径为内径,周长为内周长。复合型通风管道制作安装定额项目中,包括弯头、三通、变径管、天圆地方等管件及法兰、加固框和吊托支架的制安费用。

(8) 对柔性软风管

柔性软风管适用于由金属、涂塑化纤织物,聚酯、聚乙烯、聚氯乙烯薄膜以及铝箔等材料制成的软风管。

风管项目中的板材如设计要求厚度不同者可以换算,人工费、机械费不变。

风管及部件项目中,型钢未包括镀锌费,如设计要求镀锌时,需将镀锌费计入风管安装清单项目综合单价内。

【例 9.2】 某写字楼通风空调工程,直径 1 000 mm 圆形镀锌薄钢板风管制作安装,共计 1 100 m²,δ=1.2 mm,咬口,编制其工程量清单和综合单价计算表。

【解】 工程量清单见表 9.8 所示,综合单价计算见表 9.9 所示。工程类别二类。

表 9.8　分部分项工程和单价措施项目清单与计价表

工程名称:××通风空调工程　　　　　　　　　标段:　　　　　　　　　第＿＿页　共＿＿页

序号	项目编码	项目名称	项目特征描述	计量单位	工程数量	金额(元)		
						综合单价	合价	其中:暂估价
1	030702001001	碳钢通风管道	1. 材质:镀锌薄钢板 2. 形状:圆形 3. 规格:φ1 000 4. 板材厚度:1.2 mm 5. 接口形式:咬口	m²	1 100			

表 9.9　分部分项工程项目清单综合价计算表

工程名称:　　　　　　　　　　　　　　　　　　　　　　　　　　计量单位:m²
项目编码:030702001001　　　　　　　　　　　　　　　　　　　　工程数量:1 100
项目名称:碳钢通风管道　　　　　　　　　　　　　　　　　　　　综合单价:134.96 元

序号	定额编号	工程内容	单位	数量	综合单价组成					小计
					人工费	材料费	机械费	管理费	利润	
1	7-76	镀锌薄钢板圆形风管制作 φ1 000	10 m²	110	25 315.40	18 923.30	4 709.10	11 138.78	3 544.16	63 630.74
2		材料:薄钢板	m²	1 251.8		56 978.48				56 978.48
3	7-77	风管安装	10 m²	110	16 849.80	998.80	228.80	7 413.91	2 358.97	27 850.28
4		合计	元		42 165.20	76 900.58	4 937.90	18 552.69	5 903.13	148 459.50

9.3　通风管道部件制作安装

9.3.1　工程量清单项目

通风管道部件制作安装工程量清单项目设置、项目特征描述的内容、计量单位及工程量计算规则,应按照《通用安装工程工程量计算规范》中的附录 G.3 的规定执行,见表 9.10 所示。

表 9.10　G.3 通风管道部件制作安装(编码:030703)

项目编码	项目名称	项目特征	计量单位	工程量计算规则	工程内容
030703001	碳钢阀门	1. 名称 2. 型号 3. 规格 4. 质量 5. 类型 6. 支架形式、材质	个	按设计图示数量计算	1. 阀体制作 2. 阀体安装 3. 支架制作、安装
030703002	柔性软风管阀门	1. 名称 2. 规格 3. 材质 4. 类型			阀体安装
030703003	铝蝶阀	1. 名称 2. 规格			
030703004	不锈钢蝶阀	3. 质量 4. 类型			
030703005	塑料阀门	1. 名称 2. 型号			
030703006	玻璃钢蝶阀	3. 规格 4. 类型			
030703007	碳钢风口、散流器、百叶窗	1. 名称 2. 型号 3. 规格 4. 质量 5. 类型 6. 形式			1. 风口制作、安装 2. 散流器制作、安装 3. 百叶窗安装
030703008	不锈钢风口、散流器、百叶窗	1. 名称 2. 型号 3. 规格 4. 质量 5. 类型 6. 形式			
030703009	塑料风口、散流器、百叶窗				
030703010	玻璃钢风口	1. 名称 2. 型号 3. 规格 4. 类型 5. 形式			风口安装
030703011	铝及铝合金风口、散流器				1. 风口制作、安装 2. 散流器制作、安装
030703012	碳钢风帽				1. 风帽制作、安装 2. 筒形风帽滴水盘制作、安装 3. 风帽筝绳制作、安装 4. 风帽泛水制作、安装
030703013	不锈钢风帽	1. 名称 2. 规格 3. 质量 4. 类型 5. 形式 6. 风帽筝绳、泛水设计要求			
030703014	塑料风帽				
030703015	铝板伞形风帽				1. 板伞形风帽制作、安装 2. 风帽筝绳制作、安装 3. 风帽泛水制作、安装
030703016	玻璃钢风帽				1. 玻璃钢风帽安装 2. 筒形风帽滴水盘安装 3. 风帽筝绳安装 4. 风帽泛水安装

项目编码	项目名称	项目特征	计量单位	工程量计算规则	工程内容
030703017	碳钢罩类	1. 名称 2. 型号 3. 规格 4. 质量 5. 类型 6. 形式	个	按设计图示数量计算	1. 罩类制作 2. 罩类安装
030703018	塑料罩类				
030703019	柔性接口	1. 名称 2. 规格 3. 材质 4. 类型 5. 形式	m²	按设计图示尺寸以展开面积计算	1. 柔性接口制作 2. 柔性接口安装
030703020	消声器	1. 名称 2. 规格 3. 材质 4. 形式 5. 质量 6. 支架形式、材质	个	按设计图示数量计算	1. 消声器制作 2. 消声器安装 3. 支架制作安装
030703021	静压箱	1. 名称 2. 规格 3. 形式 4. 材质 5. 支架形式、材质	1. 个 2. m²	1. 以个计量,按设计图示数量计算 2. 以平方米计量,按设计图示尺寸以展开面积计算	1. 静压箱制作、安装 2. 支架制作、安装
030703022	人防超压自动排气阀	1. 名称 2. 型号 3. 规格 4. 类型	个	按设计图示数量计算	安装
030703023	人防手动密闭阀	1. 名称 2. 型号 3. 规格 4. 支架形式、材质			1. 密闭阀安装 2. 支架制作、安装
030703024	人防其他部件	1. 名称 2. 型号 3. 规格 4. 类型	个(套)	按设计图示数量计算	安装

通风部件如图纸要求制作安装或用成品部件只安装不制作,这类特征在项目特征中应明确描述。

碳钢阀门类型包括:空气加热器上通阀、空气加热器旁通阀、圆形瓣式启动阀、风管蝶阀、风管止回阀、密闭式斜插板阀、矩形风管三通调节阀、对开多叶调节阀、风管防火阀、各型风罩调节阀等。

塑料阀门类型包括:塑料蝶阀、塑料插板阀、各型风罩塑料调节阀。

碳钢风口、散流器、百叶窗类型包括:百叶风口、矩形送风口、矩形空气分布器、风管插板风口、旋转吹风口、圆形散流器、方形散流器、流线型散流器、送吸风口、活动算式风口、网式风口、钢百叶窗等。

碳钢罩类型包括:皮带防护罩、电动机防雨罩、侧吸罩、中小型零件焊接台排气罩、整体分组式槽边侧吸罩、吹吸式槽边通风罩、条缝槽边抽风罩、泥心烘炉排气罩、升降式回转排气罩、上下吸式圆形回转罩、升降式排气罩、手锻炉排气罩。

塑料罩类包括：塑料槽边侧吸罩、塑料槽边风罩、塑料条缝槽边抽风罩。

柔性接口包括：金属、非金属软接口及伸缩节。

消声器类型包括：片式消声器、矿棉管式消声器、聚酯泡沫管式消声器、卡普隆纤维管式消声器、弧形声流式消声器、阻抗复合式消声器、微穿孔板消声器、消声弯头。

柔性接口工程量按设计图示尺寸展开面积以"m²"为计量单位计算。

静压箱工程量按设计图示尺寸展开面积以"m²"为计量单位计算，不扣除开口的面积。

其他通风管道部件工程量按设计图示数量以"个"为计量单位计算。

9.3.2 综合单价确定

标准部件的制作，按其成品重量以"kg"为计量单位，根据设计型号、规格，按本册定额附录二"国标通风部件标准重量表"计算重量，非标准部件按图示成品重量计算。部件的安装按图示规格尺寸(周长或直径)以"个"为计量单位，分别执行相应定额。

碳钢阀门、静压箱的支架按图示规格尺寸计算，以"kg"为计量单位，执行设备支架项目。

钢百叶窗及活动金属百叶风口的制作以"m²"为计量单位，安装按规格尺寸以"个"为计量单位。

风帽筝绳制作安装按图示规格、长度计算，以"kg"为计量单位。

风帽泛水制作安装按图示展开面积计算，以"m²"为计量单位。

柔性接口、静压箱工程量按设计图示尺寸展开面积以"m²"为计量单位计算。静压箱工程量不扣除开口的面积。

消声器按其质量以"kg"为计量单位计算。

需要注意的是：碳钢阀门、静压箱的支架制作安装费应计入碳钢阀门、静压箱的综合单价中。

【例 9.3】 某写字楼通风空调工程，对开多叶调节阀 800×320 成品安装，共计 7 个，要求采用单独支架，每个风阀吊装型钢支架 10 kg，编制其工程量清单和综合单价计算表。

【解】 工程量清单见表 9.11 所示，综合单价计算见表 9.12 所示。

表 9.11 分部分项工程和单价措施项目清单与计价表

工程名称：××通风空调工程　　　　　　　　　标段：　　　　　　　　第___页　共___页

序号	项目编码	项目名称	项目特征描述	计量单位	工程数量	金额(元)		
						综合单价	合价	其中：暂估价
1	030703001001	碳钢阀门	1. 名称：对开多叶调节阀 2. 型号：T308-1 3. 规格：800×320 4. 质量：17.3 kg 5. 支架形式、材质：型钢吊架	个	7			

表 9.12 分部分项工程项目清单综合单价计算表

工程名称：
项目编码：030703001001
项目名称：碳钢阀门

计量单位：个
工程数量：7
综合单价：555.64 元

序号	定额编号	工程内容	单位	数量	人工费	材料费	机械费	管理费	利润	小计
					综合单价组成					
1	7-316	对开多叶调节阀安装	个	7	181.30	93.45		72.52	25.38	372.65
2		材料:调节阀	个	7		2 175.52				2 715.52
3	7-66	支架制作	100 kg	0.7	278.17	29.55	27.14	111.27	38.94	485.07
4		材料:型钢	kg	72.8		244.76			0.00	244.76
5	7-67	支架安装	100 kg	0.7	45.07	0.60	1.46	18.03	6.31	71.47
		合计	元		504.54	3 083.88	28.60	201.82	70.63	3 889.47

9.4 通风工程检测、调试

通风工程检测、调试项目是指安装单位应在工程安装后做系统检测及调试。检测调试的内容应包括管道漏光、漏风试验,风量及风压测定,空调工程温度、湿度测定,各项调节阀、风口、排气罩的风量、风压调整等全部过程。

通风工程检测、调试不构成工程实体,也不属于措施项目,但在工程实施过程中,按施工验收规范或操作规程的要求,是必须进行的。因此,在工程量清单计价中,通风工程检测、调试应单独编制工程量清单并计价。

通风工程检测、调试工程量清单项目设置、项目特征描述的内容、计量单位及工程量计算规则,应按照《通用安装工程工程量计算规范》中的附录 G.4 的规定执行,见表 9.13 所示。

表 9.13 G.4 通风工程检测、调试(编码:030704)

项目编码	项目名称	项目特征	计量单位	工程量计算规则	工程内容
030704001	通风工程检测、调试	风管工程量	系统	按通风系统计算	1. 通风管道风量测定 2. 风压测定 3. 温度测定 4. 各系统风口、阀门调整
030704002	风管漏光试验、漏风试验	漏光试验、漏风试验、设计要求	m²	按设计图纸或规范要求以展开面积计算	通风管道漏光试验、漏风试验

通风工程检测、调试按通风系统以"系统"为计量单位计算;风管漏光试验、漏风试验按设计图纸或规范要求以展开面积计算。

通风工程检测、调试费按系统工程人工费的 13% 计算,其中人工工资占 25%,在该人工费的基础上再计算管理费和利润。

9.5 计取有关费用的规定

《安装工程计价定额》中的《第七册 通风空调工程》中将一些不便单列定额子目进行

计算的费用,通过定额设定的计算方法来计算。该费用就是操作物高度超高增加费,简称"超高费"。

《通用安装工程工程量计算规范》(GB 50856—2013)规定:项目安装高度若超过基本高度时,应在"项目特征"中描述,以便于计算有关超高费。超高费应计入相应的分部分项工程项目清单的综合单价中。

操作物高度:有楼层的按楼地面至操作物的距离,无楼层的按操作地点(或设计正负零)至操作物的距离。

《第七册 通风空调工程》规定基本高度为 6.0 m,操作物高度如超过 6.0 m 时,其超过部分工程(指由 6.0 m 以上的工程),按人工费的 15% 计算,在人工费的基础上再计算管理费和利润。

【例 9.4】 某综合楼通风空调工程,某一段通风管道底部标高 6.2 m,直径 1 000 mm 圆形镀锌薄钢板风管制作安装,共计 220 m²,δ＝1.2 mm,咬口,编制其工程量清单和综合单价计算表。

【解】 分部分项工程项目清单见表 9.14 所示,综合单价计算见表 9.15 所示。工程类别二类。

表 9.14 分部分项工程和单价措施项目清单与计价表

工程名称:××通风空调工程　　　　　　　　标段:　　　　　　　　第___页 共___页

序号	项目编码	项目名称	项目特征描述	计量单位	工程数量	金额(元)		
						综合单价	合价	其中:暂估价
1	030702001001	碳钢通风管道	1. 材质:镀锌钢板 2. 形状:圆形 3. 规格:φ1 000 4. 板材厚度:1.2 mm 5. 接口形式:咬口 6. 安装高度:6.2 m	m²	220			

表 9.15 分部分项工程项目清单综合单价计算表

工程名称:　　　　　　　　　　　　　　　　　　　　　计量单位:m²
项目编码:030702001001　　　　　　　　　　　　　　　工程数量:220
项目名称:碳钢通风管道　　　　　　　　　　　　　　　综合单价:138.59 元

序号	定额编号	工程内容	单位	数量	综合单价组成					小计
					人工费	材料费	机械费	管理费	利润	
1	7-76	镀锌薄钢板圆形风管制作 φ1 000	10 m²	22	5 063.08	3 784.66	941.82	2 227.76	708.83	12 726.15
2		材料:薄钢板	m²	250.36		11 395.70				11 395.70
3	7-77	风管安装	10 m²	22	3 369.96	199.76	45.76	1 482.78	471.76	5 570.02
4		超高费			505.49			222.42	70.77	798.68
		合计	元		8 938.53	15 380.12	987.58	3 932.96	1 251.36	30 490.55

表中超高费按人工费的 15% 计算,即:

超高费中的人工费＝3 369.96×15%＝505.49(元)

管理费＝505.49×44％＝222.42(元)

利　润＝505.49×14％＝70.77(元)

超高费＝505.49＋222.42＋70.77＝798.68(元)

9.6 措施项目

措施项目费是指为完成建设工程施工,发生于该工程施工前和施工过程中的技术、生活、安全、环境保护等方面的费用。《计价规范》规定:措施项目清单必须根据国家现行的相关工程计量规范的规定编制;措施项目清单应根据拟建工程的实际情况列项。措施项目清单的内容详见本书第4章。

根据现行《通用安装工程工程量计算规范》,措施项目分为能计量的单价措施项目与不能计量的总价措施项目两类。措施项目费的计算方法详见本书第2章。这里简要介绍通风空调工程中常用的措施项目。

9.6.1 单价措施项目费

1) 脚手架搭拆费

脚手架搭拆费属竞争性费用。现行的《安装工程计价定额》规定:以单位工程人工费为取费基础,采用脚手架搭拆系数来计算。

脚手架搭拆费以单位工程人工费作为取费基础,其计算分为三步:

① 单位工程人工费×脚手架搭拆费费率

《安装工程计价定额》中《第七册　通风空调工程》规定的脚手架搭拆费费率为3％。

② 费用拆分:该费用拆分为人工费和材料费。其中人工工资占25％,材料占75％。

③ 在人工费的基础上计算管理费和利润。即:

$$脚手架搭拆费 = 人工费 ＋ 材料费 ＋ 管理费 ＋ 利润$$

各册定额在测算脚手架搭拆费系数时,均已考虑各专业工程交叉作业、互相利用脚手架、简易架等因素。因此,不论工程实际是否搭拆或搭拆数量多少,均按定额规定系数计算脚手架搭拆费用,由企业包干使用。

【例 9.5】 某建筑通风空调工程,套《第七册　通风空调工程》定额计算得到的分部分项工程费中的人工费为 113 366.67 元,按现行规定确定该工程的脚手架搭拆费用。已知工程类别为三类。

【解】 113 366.67×3％＝3 401.00(元)

其中:人工费＝3 401×25％＝850.25(元)

材料费＝3 401×75％＝2 550.75(元)

机械费:0 元

则:管理费＝850.25×40％＝340.10(元)

利润＝850.25×14％＝119.04(元)

脚手架搭拆费为:850.25＋2 550.75＋0＋340.10＋119.04＝3 860.14(元)

2) 高层建筑增加费(高层施工增加费)

高层建筑是指层数在 6 层以上或高度在 20 m 以上(不含 6 层、20 m)的工业与民用建筑。高层建筑增加费是指高层建筑施工应增加的费用。

高层建筑的高度或层数以室外设计正负零至檐口（不包括屋顶水箱间、电梯间、屋顶平台出入口等）高度计算，不包括地下室的高度和层数，半地下室也不计算层数。

现行的《安装工程计价定额》规定：以单位工程人工费为取费基础，采用高层建筑增加费费率来计算此费用。

高层建筑增加费以人工费为计算基础，其计算分为三步：

① 人工费×高层建筑增加费费率

《第七册　通风空调工程》规定的高层建筑增加费费率见表9.16所示。

表 9.16　（第七册）高层建筑增加费费率表

层　数		9层以下(30 m)	12层以下(40 m)	15层以下(50 m)	18层以下(60 m)	21层以下(70 m)	24层以下(80 m)	27层以下(90 m)	30层以下(100 m)	33层以下(110 m)
按人工费的%		3	5	7	10	12	15	19	22	25
其中	人工费占%	33	40	43	40	42	40	42	45	52
	机械费占%	67	60	57	60	58	60	58	55	48
层　数		36层以下(120 m)	40层以下(130 m)	42层以下(140 m)	45层以下(150 m)	48层以下(160 m)	51层以下(170 m)	54层以下(180 m)	57层以下(200 m)	60层以下(110 m)
按人工费的%		28	32	36	39	41	44	47	51	54
其中	人工费占%	57	59	62	65	68	70	72	73	74
	机械费占%	43	41	38	35	32	30	28	27	26

② 费用拆分：该费用拆分为人工费和机械费。

③ 在人工费的基础计算管理费和利润。即：

$$高层建筑增加费 = 人工费 + 机械费 + 管理费 + 利润$$

在计算高层建筑增加费时，应注意下列几点：

① 计算基数包括6层或20 m以下的全部人工费，并且包括各章、节中所规定的应按系数调整的子目中人工调整部分的费用。

② 同一建筑物有部分高度不同时，可分别不同高度计算高层建筑增加费。

③ 在高层建筑施工中，同时又符合超高施工条件的，可同时计算高层建筑增加费和超高增加费。

3) 安装与生产同时进行施工增加费

现行的《安装工程计价定额》规定：以单位工程人工费为取费基础，按人工费的10%计取，其中人工费占100%，在该人工费的基础上再计算管理费和利润。

4) 有害身体健康环境中施工增加费

现行的《安装工程计价定额》规定：以单位工程人工费为取费基础，按人工费的10%计取，其中人工费占100%，在该人工费的基础上再计算管理费和利润。

9.6.2　总价措施项目费

通用安装工程中总价措施项目包括：安全文明施工、夜间施工增加、非夜间施工照明、二次搬运、冬雨季施工增加、已完工程及设备保护。此外,《江苏省建设工程费用定额》(2014 年)又补充了 5 项总价措施项目:临时设施费、赶工措施费、工程按质论价、特殊条件下施工增加费、住宅工程分户验收。

1) 安全文明施工费

安全文明施工费是在合同履行过程中,承包人按照国家法律、法规、标准等规定,为保证安全施工、文明施工,保护现场内外环境和搭拆临时设施等所采用的措施而发生的费用。

《计价规范》规定:措施项目中的安全文明施工费必须按国家或省级、行业建设主管部门的规定计算,不得作为竞争性费用。

《江苏省建设工程费用定额》(2014 年)规定,安全文明施工费计算基础为:

$$分部分项工程费-除税工程设备费+单价措施项目费$$

即： 安全文明施工费＝(分部分项工程费－除税工程设备费＋单价措施项目费)×
安全文明施工费费率(%)

2) 其他总价措施项目费

《江苏省建设工程费用定额》(2014 年)规定,其他总价措施项目费计算基础为:

$$分部分项工程费-除税工程设备费+单价措施项目费$$

即： 其他总价措施项目费＝(分部分项工程费－除税工程设备费＋单价措施项目费)×
相应费率(%)

其他总价措施项目费费率参见《江苏省建设工程费用定额》(2014 年)。

9.7 工程实例

本工程为一加工车间通风空调工程,层高 4.0 m,详见图 9.1 所示。

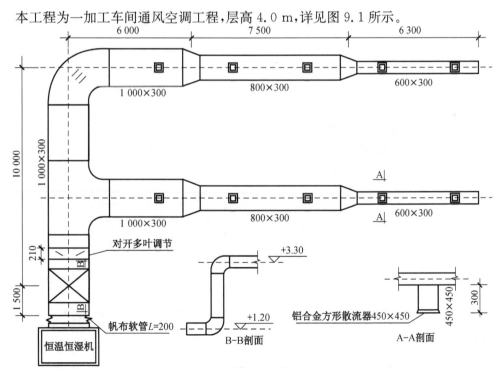

图 9.1 通风空调平面图

图纸设计说明：

（1）本加工车间采用1台恒温恒湿机进行室内空气调节，并配合土建砌筑混凝土基础和预埋地脚螺栓安装，其型号为YSL-DHS-225，外形尺寸为1 200×1 100×1 900，基础安装橡胶隔震垫δ20。

（2）风管采用镀锌薄钢板矩形风管，法兰咬口连接，风管规格1 000×300，板厚δ1.20；风管规格800×300，板厚δ1.00；风管规格630×300，板厚δ1.00；风管规格450×450，板厚δ0.75。风管法兰支架刷红丹防锈漆两遍。

（3）对开多叶调节阀为成品购买，采用单独支架，每个风阀吊架10 kg，铝合金方形散流器规格为450×450。

（4）风管采用橡塑保温板保温，保温板厚度为δ25。

根据以上背景资料及现行国家标准《建设工程工程量清单计价规范》（GB 50500—2013）、《通用安装工程工程量计算规范》（GB 50856—2013），计算工程量、编制该通风空调安装工程工程量清单及计算工程造价。

工程量计算书见表9.17所示，工程量汇总表见表9.18所示。

表9.17 工程量计算书

序号	计算部位	项目名称	计算式	计量单位	工程量
1		镀锌薄钢板矩形风管 1 000×300	1.5+（10−0.21）+（3.3−1.2）+6.0×2	m	25.39
2		镀锌薄钢板矩形风管800×300	2×7.5	m	15.00
3		镀锌薄钢板矩形风管630×300	2×6.3	m	12.60
4		镀锌薄钢板矩形风管450×450	（0.3+0.15）×10	m	4.50
5		柔性接口1 000×300	0.20	m	0.2
6		弯头导流叶片	0.314×7	m²	2.20
7		空调器 YSL-DHS-225	1	台	1
8		对开多叶调节阀1 000×300	1	个	1
9		铝合金散流器 450×450	10	个	10
10		管道绝热	[2×（1+0.3）+1.033×0.025]×1.033×0.025×25.39+[2×（0.8+0.3）+1.033×0.025]×1.033×0.025×15+[2×（0.63+0.3）+1.033×0.025]×1.033×0.025×12.6+[2×（0.45+0.45）+1.033×0.025]×1 033×0.025×4.5	m³	8.60
11		支架除锈刷油	37.81 kg/10 m²×（6.6+3.3）+38.92 kg/10 m²×（2.34+0.81）+26.651kg/m²×0.5	kg	510.43
12		通风系统检测、调试	1	系统	1

表 9.18 工程量汇总表

序号	计算部位	项目名称	计算式	计量单位	工程量
1		镀锌薄钢板矩形风管 1 000×300	(1+0.3)×2×25.39	m²	66.0
2		镀锌薄钢板矩形风管 800×300	(0.8+0.3)×2×15	m²	33.0
3		镀锌薄钢板矩形风管 630×300	(0.63+0.3)×2×12.6	m²	23.4
4		镀锌薄钢板矩形风管 450×450	(0.45+0.45)×2×4.5	m²	8.10
5		柔性接口 1 000×300	(1+0.3)×2×0.2	m²	0.52
6		弯头导流叶片	0.314×7	m²	2.20
7		空调器 YSL-DHS-225	1	台	1
8		对开多叶调节阀 1 000×300	1	个	1
9		铝合金散流器 450×450	10	个	10
10		管道绝热	[2×(1+0.3)+1.033×0.025]×1.033×0.025×25.39+[2×(0.8+0.3)+1.033×0.025]×1.033×0.025×15+[2×(0.63+0.3)+1.033×0.025]×1.033×0.025×12.6+[2×(0.45+0.45)+1.033×0.025]×1 033×0.025×4.5	m³	8.60
11		支架除锈刷油	37.81 kg/10 m²×(6.6+3.3)+38.92 kg/10 m²×(2.34+0.81)	kg	497.10
12		通风系统检测、调试	1	系统	1.0

以下为工程量清单计价系列表格。

投 标 总 价

招　标　人：＿＿＿＿＿＿＿＿＿＿＿＿＿＿＿＿＿＿＿＿

工　程　名　称：＿＿×× 车间通风空调工程＿＿＿＿＿＿＿＿

投标总价(小写)：＿72 763.72＿＿＿＿＿＿＿＿＿＿＿＿

　　　　(大写)：＿柒万贰仟柒佰陆拾叁元柒角贰分＿＿＿＿＿

投　标　人：＿＿＿＿＿＿＿＿＿＿＿＿＿＿＿＿＿＿＿＿
　　　　　　　　(单位盖章)

法定代表人

或其授权人：＿＿＿＿＿＿＿＿＿＿＿＿＿＿＿＿＿＿＿＿
　　　　　　　(签字或盖章)

编　制　人：＿＿＿＿＿＿＿＿＿＿＿＿＿＿＿＿＿＿＿＿
　　　　　　　(造价人员签字盖专用章)

时　　间：　　　年　月　日

总　说　明

工程名称：××车间通风空调工程　　　　　　　　　　　　　第1页　共1页

1. 工程概况：××加工车间通风空调工程，镀锌薄钢板通风管道约57 m，
恒温恒湿机1台，铝合金方形散流器10个。
2. 投标报价范围：从恒温恒湿机至风口的所有通风管道及部件制作安装。
3. 投标报价编制依据：
(1)《建设工程工程量清单计价规范》(GB 50500—2013)。
(2)《通用安装工程工程量计算规范》(GB 50856—2013)。
(3) 江苏省建设工程费用定额(2014 年)。
(4) 江苏省安装工程计价定额(2014 版)。
(5) 招标文件、招标工程量清单及其补充通知、答疑纪要。
(6) 建设工程设计文件及相关资料。
(7) 施工现场情况、工程特点及拟定的投标施工组织设计。
(8) 与建设项目相关的标准、规范等技术资料。
(9) 市场价格信息或××市工程造价管理机构发布的 2015 年 12 月工程造价信息。
(10) 其他的相关资料。
4. 增值税计税采用一般计税方法。

单位工程投标报价汇总表

工程名称：××车间通风空调工程　　　　　标段：　　　　　　　第1页　共1页

序号	汇总内容	金额(元)	其中:暂估价(元)
1	分部分项工程	61 013.24	
1.1	人工费	8 490.00	
1.2	材料费	47 196.47	
1.3	施工机具使用费	741.74	
1.4	企业管理费	3 395.82	
1.5	利润	1 188.54	
2	措施项目	2 679.83	—
2.1	单价措施项目费	824.69	
2.2	总价措施项目费	1 855.14	
2.2.1	其中:安全文明施工措施费	927.57	
3	其他项目		—
3.1	其中:暂列金额		—
3.2	其中:专业工程暂估价		—
3.3	其中:计日工		—
3.4	其中:总承包服务费		—
4	规费	1 859.83	
5	税金	6 555.29	—
投标报价合计＝1＋2＋3＋4＋5		72 108.19	

分部分项工程和单价措施项目清单与计价表

工程名称：××车间通风空调工程　　　　　　　　标段：　　　　　　　　第___页 共___页

序号	项目编码	项目名称	项目特征描述	计量单位	工程量	金额(元)		
						综合单价	合价	其中暂估价
1	030701003001	空调器	1. 名称:恒温恒湿机 2. 型号:YSL-DHS-225 3. 规格尺寸: 1 200×1 100×1 900 4. 安装形式:落地式 5. 质量:350 kg 6. 隔振垫(器)、支架形式、材质:橡胶隔震垫δ20	台	1	19 846.95	19 846.95	
2	030702001001	碳钢通风管道	1. 材质:镀锌钢板 2. 形状:矩形 3. 规格:1 000×300 4. 板材厚度:1.20 mm 5. 接口形式:咬口	m²	66.00	116.82	7 710.12	
3	030702001002	碳钢通风管道	1. 材质:镀锌钢板 2. 形状:矩形 3. 规格:800×300 4. 板材厚度:1.00 mm 5. 接口形式:咬口	m²	33.00	116.82	3 855.06	
4	030702001003	碳钢通风管道	1. 材质:镀锌钢板 2. 形状:矩形 3. 规格:630×300 4. 板材厚度:1.00 mm 5. 接口形式:咬口	m²	23.40	129.13	3 021.64	
5	030702001004	碳钢通风管道	1. 材质:镀锌钢板 2. 形状:矩形 3. 规格:450×450 4. 板材厚度:0.75 mm 5. 接口形式:咬口	m²	8.10	118.40	959.04	
6	030703019001	柔性接口	1. 规格:1 000×300 2. 材质:帆布	m²	0.52	66.23	34.44	
7	030702009001	弯头导流叶片	1. 材质:镀锌薄钢板 2. 规格:δ0.75	m²	2.20	172.07	378.55	
8	030703001001	碳钢阀门	1. 名称:对开多叶调节阀 2. 规格:1 000×300 L=200 3. 支架形式、材质:型钢吊架10 kg/个	个	1	667.96	667.96	
9	030703011001	铝及铝合金风口、散流器	1. 名称:铝合金方形散流器 2. 规格:450×450	个	10	275.13	2 751.30	
10	031208003001	通风管道绝热	1. 绝热材料品种:橡塑保温板 2. 绝热厚度:δ25	m³	8.60	2 380.02	20 468.17	

续表

序号	项目编码	项目名称	项目特征描述	计量单位	工程量	综合单价	合价	其中暂估价
						金 额(元)		
11	031201003001	金属结构刷油	1. 除锈级别：轻锈 2. 油漆品种：红丹防锈漆 3. 结构类型：一般钢结构 4. 涂刷遍数、漆膜厚度：二遍	kg	497.10	1.34	666.11	
12	2030704001001	通风工程检测、调试	风管工程量 通风工程	系统	1	653.90	653.90	
		分部分项合计					61 013.24	
13	031301017001	脚手架搭拆		项	1	824.69	824.69	
		单价措施合计					824.69	
		合 计					61 837.93	

综合单价分析表

工程名称：××车间通风空调工程　　　　　　　　　　第1页　共13页

项目编码	030701003001	项目名称	空调器	计量单位	台	工程量	1

清单综合单价组成明细

定额编号	定额项目名称	定额单位	数量	单 价					合 价				
				人工费	材料费	机械费	管理费	利润	人工费	材料费	机械费	管理费	利润
7—11	空调器安装落地式重量1.0 t	台	1	774.78	2.79		309.91	108.47	774.78	2.79		309.91	108.47
综合人工工日		小 计							774.78	2.79		309.91	108.47
10.47 工日		未计价材料费							18 651				
清单项目综合单价									19 846.95				

材料费明细	主要材料名称、规格、型号	单位	数量	单价（元）	合价（元）	暂估单价（元）	暂估合价（元）
	落地式空调器　350 kg	台	1	17 151	17 151		
	橡胶隔震垫	套	1	1 500	1 500	—	
	其他材料费			—	2.79		
	材料费小计			—	18 653.79		

综合单价分析表

项目编码	030702001001	项目名称	碳钢通风管道	计量单位	m²	工程量		66.00		

清单综合单价组成明细

定额编号	定额项目名称	定额单位	数量	单价					合价				
				人工费	材料费	机械费	管理费	利润	人工费	材料费	机械费	管理费	利润
7-85	镀锌薄钢板矩形风管安装 周长 4 000 δ1.2 咬口	10 m²	0.1	113.96	8.61	2.08	45.58	15.95	11.40	0.86	0.21	4.56	1.60
7-84	镀锌薄钢板矩形风管制作 周长 4 000 δ1.2 咬口	10 m²	0.1	170.2	163.17	39.48	68.08	23.83	17.02	16.32	3.95	6.81	2.38
综合人工工日			小　计						28.42	17.18	4.16	11.37	3.98
0.384 工日			未计价材料费						51.72				
清单项目综合单价									116.82				

材料费明细	主要材料名称、规格、型号	单位	数量	单价（元）	合价（元）	暂估单价（元）	暂估合价（元）
	热镀锌钢板 δ1.2	m²	1.138	45.45	51.72		
	其他材料费			—	17.18		
	材料费小计			—	68.9		

综合单价分析表

项目编码	030702001002	项目名称	碳钢通风管道	计量单位	m²	工程量		33.00		

清单综合单价组成明细

定额编号	定额项目名称	定额单位	数量	单价					合价				
				人工费	材料费	机械费	管理费	利润	人工费	材料费	机械费	管理费	利润
7-84	镀锌薄钢板矩形风管制作 周长 4 000 δ1.2 以内 咬口	10 m²	0.1	170.2	163.17	39.48	68.08	23.83	17.02	16.32	3.95	6.81	2.38
7-85	镀锌薄钢板矩形风管安装 周长 4 000 δ1.2 以内 咬口	10 m²	0.1	113.96	8.61	2.08	45.58	15.95	11.4	0.86	0.21	4.56	1.6
综合人工工日			小　计						28.42	17.18	4.16	11.37	3.98
0.384 工日			未计价材料费						51.72				
清单项目综合单价									116.82				

材料费明细	主要材料名称、规格、型号	单位	数量	单价（元）	合价（元）	暂估单价（元）	暂估合价（元）
	热镀锌钢板 δ1.0	m²	1.138	45.45	51.72		
	其他材料费			—	17.18		
	材料费小计			—	68.9		

综合单价分析表

工程名称：××车间通风空调工程　　　　　　　　　　　　　　　　　　　　　第 4 页　共 13 页

项目编码	030702001003	项目名称	碳钢通风管道	计量单位	m²	工程量	23.40

清单综合单价组成明细

定额编号	定额项目名称	定额单位	数量	单价					合价				
				人工费	材料费	机械费	管理费	利润	人工费	材料费	机械费	管理费	利润
7-82	镀锌薄钢板矩形风管制作 周长2 000 δ1.2以内 咬口	10 m²	0.1	227.18	200.6	64.85	90.87	31.81	22.72	20.06	6.49	9.09	3.18
7-83	镀锌薄钢板矩形风管安装 周长2 000 δ1.2以内 咬口	10 m²	0.1	150.96	10.56	3.58	60.38	21.13	15.1	1.06	0.36	6.04	2.11
综合人工工日			小　计						37.82	21.12	6.85	15.13	5.29
0.511 工日			未计价材料费						42.94				
清单项目综合单价									129.13				

材料费明细	主要材料名称、规格、型号	单位	数量	单价（元）	合价（元）	暂估单价（元）	暂估合价（元）
	热镀锌钢板 δ1.0	m²	1.138	37.73	42.94		
	其他材料费			—	21.12		
	材料费小计			—	64.06		

综合单价分析表

工程名称：××车间通风空调工程　　　　　　　　　　　　　　　　　　　　　第 5 页　共 13 页

项目编码	030702001004	项目名称	碳钢通风管道	计量单位	m²	工程量	8.1

清单综合单价组成明细

定额编号	定额项目名称	定额单位	数量	单价					合价				
				人工费	材料费	机械费	管理费	利润	人工费	材料费	机械费	管理费	利润
7-82	镀锌薄钢板矩形风管制作 周长2 000 δ1.2以内 咬口	10 m²	0.1	227.19	200.6	64.85	90.86	31.81	22.72	20.06	6.49	9.09	3.18
7-83	镀锌薄钢板矩形风管安装 周长2 000 δ1.2以内 咬口	10 m²	0.1	150.96	10.56	3.58	60.38	21.14	15.1	1.06	0.36	6.04	2.11
综合人工工日			小　计						37.82	21.12	6.85	15.13	5.29
0.511 工日			未计价材料费						32.21				
清单项目综合单价									118.4				

材料费明细	主要材料名称、规格、型号	单位	数量	单价（元）	合价（元）	暂估单价（元）	暂估合价（元）
	热镀锌钢板 δ0.75	m²	1.138	28.3	32.21		
	其他材料费			—	21.12		
	材料费小计			—	53.33		

综合单价分析表

项目编码	030703019001	项目名称	柔性接口	计量单位	m²	工程量	0.52

清单综合单价组成明细

定额编号	定额项目名称	定额单位	数量	单价					合价				
				人工费	材料费	机械费	管理费	利润	人工费	材料费	机械费	管理费	利润
7-271	帆布软接口	m²	1	31.08	16.38	2	12.42	4.35	31.08	16.38	2.00	12.42	4.35
综合人工工日		小　计							31.08	16.38	2.00	12.42	4.35
0.419 2 工日		未计价材料费											
清单项目综合单价									66.23				

材料费明细	主要材料名称、规格、型号		单位	数量		单价（元）	合价（元）	暂估单价（元）	暂估合价（元）
	其他材料费					—	16.38		
	材料费小计					—	16.38		

综合单价分析表

项目编码	030702009001	项目名称	弯头导流叶片	计量单位	m²	工程量	2.20

清单综合单价组成明细

定额编号	定额项目名称	定额单位	数量	单价					合价				
				人工费	材料费	机械费	管理费	利润	人工费	材料费	机械费	管理费	利润
7-268	弯头导流叶片制作	m²	1	54.02	31.39		21.61	7.56	54.02	31.39		21.61	7.56
7-269	弯头导流叶片安装	m²	1	36.26	1.65		14.5	5.08	36.26	1.65		14.5	5.08
综合人工工日		小　计							90.28	33.04		36.11	12.64
1.22 工日		未计价材料费											
清单项目综合单价									172.07				

材料费明细	主要材料名称、规格、型号		单位	数量		单价（元）	合价（元）	暂估单价（元）	暂估合价（元）
	其他材料费					—	33.04		
	材料费小计					—	33.04		

综合单价分析表

项目编码	030703001001	项目名称	碳钢阀门	计量单位	个	工程量	1

清单综合单价组成明细

定额编号	定额项目名称	定额单位	数量	单价					合价				
				人工费	材料费	机械费	管理费	利润	人工费	材料费	机械费	管理费	利润
7-316	对开多叶调节阀	个	1	25.9	13.35		10.36	3.63	25.9	13.35		10.36	3.63
7-66	设备支架(C G327) 50 kg 制作	100 kg	0.1	397.4	42.18	34.4	159	55.6	39.74	4.22	3.44	15.9	5.56
7-67	设备支架(C G327) 50 kg 安装	100 kg	0.1	64.4	0.9	1.9	25.8	9	6.44	0.09	0.19	2.58	0.9
综合人工工日			小　计						72.08	17.66	3.63	28.84	10.09
0.974 工日			未计价材料费						535.67				
清单项目综合单价									667.96				

材料费明细	主要材料名称、规格、型号	单位	数量	单价 (元)	合价 (元)	暂估单价 (元)	暂估合价 (元)
	对开多叶调节阀 1 000×300, L＝200	个	1	500.00	500.00		
	型钢	kg	10.4	3.43	35.67		
	其他材料费			—	17.66		
	材料费小计			—	553.33		

综合单价分析表

项目编码	030703011001	项目名称	铝及铝合金风口、散流器	计量单位	个	工程量	10

清单综合单价组成明细

定额编号	定额项目名称	定额单位	数量	单价					合价				
				人工费	材料费	机械费	管理费	利润	人工费	材料费	机械费	管理费	利润
7-401	铝合金方形散流器周长 1 000 mm 以内	个	1	14.06	3.48		5.62	1.97	14.06	3.48		5.62	1.97
综合人工工日			小　计						14.06	3.48		5.62	1.97
0.19 工日			未计价材料费						250.00				
清单项目综合单价									275.13				

材料费明细	主要材料名称、规格、型号	单位	数量	单价 (元)	合价 (元)	暂估单价 (元)	暂估合价 (元)
	铝合金方形散流器 450×450	个	1	250.00	250.00		
	其他材料费			—	3.48		
	材料费小计			—	253.48		

综合单价分析表

| 项目编码 | 031208003001 | 项目名称 | 通风管道绝热 | 计量单位 | m³ | 工程量 | | 8.60 |

清单综合单价组成明细

定额编号	定额项目名称	定额单位	数量	单价					合价				
				人工费	材料费	机械费	管理费	利润	人工费	材料费	机械费	管理费	利润
11-2287	橡塑保温管（板）粘贴通风管道厚度 30 mm	m³	1	335.96	143.25		134.38	47.03	335.96	143.25		134.38	47.03
综合人工工日		小　计							335.96	143.25		134.38	47.03
4.54 工日		未计价材料费								1 719.40			
清单项目综合单价									2 380.02				

材料费明细	主要材料名称、规格、型号	单位	数量	单价（元）	合价（元）	暂估单价（元）	暂估合价（元）
	橡塑保温板	m³	1.1	1 543.59	1 697.95		
	胶带（9 m/卷）	卷	5	4.29	21.45		
	其他材料费			—	143.25		
	材料费小计			—	1 862.65		

综合单价分析表

| 项目编码 | 031201003001 | 项目名称 | 金属结构刷油 | 计量单位 | kg | 工程量 | | 497.10 |

清单综合单价组成明细

定额编号	定额项目名称	定额单位	数量	单价					合价				
				人工费	材料费	机械费	管理费	利润	人工费	材料费	机械费	管理费	利润
11-7	手工除锈一般钢结构轻锈	100 kg	0.01	21.46	2.07	7.38	8.58	3	0.21	0.02	0.07	0.09	0.03
11-117	金属结构一般钢结构刷油红丹防锈漆 第一遍	100 kg	0.01	14.8	2.74	7.38	5.92	2.07	0.15	0.03	0.07	0.06	0.02
11-118	金属结构一般钢结构刷油红丹防锈漆 第二遍	100 kg	0.01	14.06	2.37	7.38	5.62	1.97	0.14	0.02	0.07	0.06	0.02
综合人工工日		小　计							0.50	0.07	0.21	0.21	0.07
0.006 8 工日		未计价材料费								0.27			
清单项目综合单价									1.34				

材料费明细	主要材料名称、规格、型号	单位	数量	单价（元）	合价（元）	暂估单价（元）	暂估合价（元）
	醇酸防锈漆 C53-1	kg	0.0211	12.86	0.27		
	其他材料费			—	0.07		
	材料费小计			—	0.34		

综合单价分析表

工程名称：××车间通风空调工程

项目编码	030704001001	项目名称	通风工程检测、调试	计量单位	系统	工程量	1

清单综合单价组成明细

定额编号	定额项目名称	定额单位	数量	单价					合价				
				人工费	材料费	机械费	管理费	利润	人工费	材料费	机械费	管理费	利润
7-1000	第七册通风工程检测调试费增加人工费13%，其中人工工资25%材料费75%	项	1	144.03	432.10		57.61	20.16	144.03	432.10		57.61	20.16
综合人工工日			小 计						144.03	432.10		57.61	20.16
			未计价材料费										
清单项目综合单价									653.90				

材料费明细	主要材料名称、规格、型号		单位		数量		单价（元）	合价（元）	暂估单价（元）	暂估合价（元）
	其他材料费						—	432.10	—	
	材料费小计						—	432.10	—	

综合单价分析表

工程名称：××车间通风空调工程

项目编码	031301017001	项目名称	脚手架搭拆	计量单位	项	工程量	1

清单综合单价组成明细

定额编号	定额项目名称	定额单位	数量	单价					合价				
				人工费	材料费	机械费	管理费	利润	人工费	材料费	机械费	管理费	利润
7-9300	第七册脚手架搭拆费增加人工费3%，其中人工工资25%材料费75%	项	1	34.32	102.96		13.73	4.80	34.32	102.96		13.73	4.80
11-9302	第十一册脚手架绝热搭拆费增加人工费20%，其中人工工资25%材料费75%	项	1	144.46	433.39		57.78	20.22	144.46	433.39		57.78	20.22
11-9300	第十一册脚手架刷油搭拆费增加人工费8%，其中人工工资25%材料费75%	项	1	2.87	8.61		1.15	0.40	2.87	8.61		1.15	0.40
综合人工工日			小 计						181.65	544.96		72.66	25.42
			未计价材料费										
清单项目综合单价									824.69				

材料费明细	主要材料名称、规格、型号		单位		数量		单价（元）	合价（元）	暂估单价（元）	暂估合价（元）
	其他材料费						—	544.96	—	
	材料费小计						—	544.96	—	

总价措施项目清单与计价表

工程名称：××车间通风空调工程　　　　　标段：　　　　　　第1页 共1页

序号	项目编码	项目名称	计算基础	费率(%)	金额(元)	调整费率(%)	调整后金额(元)	备注
1	031302001001	安全文明施工			927.57			
1.1	1.1	基本费	分部分项工程费＋单价措施清单合价－分部分项工程设备费－单价措施工程设备费	1.5	927.57			
1.2	1.2	增加费	分部分项工程费＋单价措施清单合价－分部分项工程设备费－单价措施工程设备费					
2	031302002001	夜间施工增加费						
3	031302003001	非夜间施工照明						
4	031302005001	冬雨季施工增加费						
5	031302006001	已完工程及设备保护费						
6	031302008001	临时设施	分部分项工程费＋单价措施清单合价－分部分项工程设备费－单价措施工程设备费	1.5	927.57			
7	031302009001	赶工措施						
8	031302010001	工程按质论价						
9	031302011001	住宅分户验收						
		合　计			1 855.14			

其他项目清单与计价汇总表

工程名称：××车间通风空调工程　　　　　标段：　　　　　　第1页 共1页

序号	项目名称	金额(元)	结算金额(元)	备注
1	暂列金额			
2	暂估价			
2.1	材料(工程设备)暂估价	—		
2.2	专业工程暂估价			
3	计日工			
4	总承包服务费			
	合　计			—

暂列金额明细表

工程名称：××车间通风空调工程　　　　　标段：　　　　　　第1页 共1页

序号	项目名称	计量单位	暂定金额(元)	备注
	合计		0.00	—

材料(工程设备)暂估单价及调整表

工程名称:××车间通风空调工程　　　　　　　　标段:　　　　　　　　第1页　共1页

序号	材料编码	材料(工程设备)名称、规格、型号	计量单位	数量		暂估(元)		确认(元)		差额±(元)		备注
				投标	确认	单价	合价	单价	合价	单价	合价	
合　计												

专业工程暂估价及结算价表

工程名称:××车间通风空调工程　　　　　　　　标段:　　　　　　　　第1页　共1页

序号	工程名称	工程内容	暂估金额(元)	结算金额(元)	差额±(元)	备注
合计						

计 日 工 表

工程名称:××车间通风空调工程　　　　　　　　标段:　　　　　　　　第1页　共1页

编号	项目名称	单位	暂定数量	实际数量	综合单价(元)	合价(元)	
						暂定	实际
一	人工						
人工小计							
二	材料						
材 料 小 计							
三	施工机械						
施工机械小计							
四、企业管理费和利润　　按　　的　％							
总　　计							

总承包服务费计价表

工程名称:××车间通风空调工程　　　　　　　　标段:　　　　　　　　第1页　共1页

序号	项目名称	项目价值(元)	服务内容	计算基础	费率(%)	金额(元)
合计		—	—		—	0.00

规费、税金项目计价表

工程名称:××车间通风空调工程　　　　　　标段:　　　　　　第1页　共1页

序号	项目名称	计算基础	计算基数(元)	计算费率(%)	金额(元)
1	规费		1 859.83		1 859.83
1.1	社会保险费	分部分项工程费＋措施项目费＋其他项目费－工程设备费	63 693.07	2.4	1 528.63
1.2	住房公积金		63 693.07	0.42	267.51
1.3	工程排污费		63 693.07	0.1	63.69
2	税金	分部分项工程费＋措施项目费＋其他项目费＋规费－按规定不计税的工程设备金额	65 552.90	10	6 555.29
	合　计				8 415.12

发包人提供材料和工程设备一览表

工程名称:××车间通风空调工程　　　　　　标段:　　　　　　第1页　共1页

序号	材料编码	材料(工程设备)名称、规格、型号	单位	数量	单价(元)	合价(元)	交货方式	送达地点	备注
		合　计							

承包人供应材料一览表

工程名称:××车间通风空调工程　　　　　　标段:　　　　　　第1页　共1页

序号	材料编码	材料名称	规格型号等特殊要求	单位	数量	单价(元)	合价(元)	备注
1	Z	橡胶隔震垫		套	1	1 500.00	1 500.00	
2	Z	对开多叶调节阀	$1\,000\times300, L=200$	个	1	500.00	500.00	
3	Z	铝合金方形散流器	450×450	个	10	250.00	2 500.00	
4	01270101	型钢		kg	10.40	3.43	35.67	
5	01290453	热镀锌钢板	$\delta1.2$	m²	112.662	45.45	5 120.49	
6	01290453	热镀锌钢板	$\delta1.0$	m²	26.629 2	37.73	1 004.72	
7	01290453	热镀锌钢板	$\delta0.75$	m²	9.217 8	28.30	260.86	
8	11030305	醇酸防锈漆	C53-1	kg	10.488 9	12.86	134.89	
9	12430303	胶带	(9 m/卷)	卷	43.00	4.29	184.47	
10	13120503	橡塑保温板		m³	9.46	1 543.59	14 602.36	
11	50030101	落地式空调器	350 kg	台	1.00	17 151.00	17 151.00	

10 刷油、防腐蚀、绝热工程

《通用安装工程工程量计算规范》中的附录 M 刷油、防腐蚀、绝热工程适用于采用工程量清单计价的新建、扩建项目中的设备、管道、金属结构等的刷油、防腐蚀、绝热工程。《江苏省安装工程计价定额》中的《第十一册　刷油、防腐蚀、绝热工程》是刷油、防腐蚀、绝热工程编制招标工程量清单、招标控制价、投标报价的主要依据之一。

10.1 刷油工程

10.1.1 工程量清单项目

刷油工程工程量清单项目设置、项目特征描述的内容、计量单位及工程量计算规则,应按照《通用安装工程工程量计算规范》中的附录 M.1 的规定执行,见表 10.1 所示。

表 10.1 M.1 刷油工程(编码:031201)

项目编码	项目名称	项目特征	计量单位	工程量计算规则	工程内容
031201001	管道刷油	1. 除锈级别 2. 油漆品种 3. 涂刷遍数、漆膜厚度 4. 标志色方式、品种	1. m² 2. m	1. 以平方米计量,按设计图示表面积尺寸以面积计算 2. 以米计量,按设计图示尺寸以长度计算	
031201002	设备与矩形管道刷油				
031201003	金属结构刷油	1. 除锈级别 2. 油漆品种 3. 结构类型 4. 涂刷遍数、漆膜厚度	1. m² 2. kg	1. 以平方米计量,按设计图示表面积尺寸以面积计算 2. 以千克计量,按金属结构的理论质量计算	1. 除锈 2. 调配、涂刷
031201004	铸铁管、暖气片刷油	1. 除锈级别 2. 油漆品种 3. 涂刷遍数、漆膜厚度	1. m² 2. m	1. 以平方米计量,按设计图示表面积尺寸以面积计算 2. 以米计量,按设计图示尺寸以长度计算	
031201005	灰面刷油	1. 油漆品种 2. 涂刷遍数、漆膜厚度 3. 涂刷部位	m²	按设计图示表面积计算	调配、涂刷
031201006	布面刷油	1. 布面品种 2. 油漆品种 3. 涂刷遍数、漆膜厚度 4. 涂刷部位			

项目编码	项目名称	项目特征	计量单位	工程量计算规则	工程内容
031201007	气柜刷油	1. 除锈级别 2. 油漆品种 3. 涂刷遍数、漆膜厚度 4. 涂刷部位	m²	按设计图示表面积计算	1. 除锈 2. 调配、涂刷
031201008	玛碲酯面刷油	1. 除锈级别 2. 油漆品种 3. 涂刷遍数、漆膜厚度			调配、涂刷
031201009	喷漆	1. 除锈级别 2. 油漆品种 3. 喷涂遍数、漆膜厚度 4. 喷涂部位	m²		1. 除锈 2. 调配、喷涂

1) 项目特征

（1）除锈级别

按照《涂覆涂料前钢材表面处理　表面清洁度的目视评定》(GB/T 8923.1—2011)的规定,钢材表面的锈蚀程度分别以 A、B、C 和 D 四个锈蚀等级表示:

A 级,全面覆盖着氧化皮而几乎没有铁锈的钢材表面;

B 级,已发生锈蚀,且部分氧化皮已经剥落的钢材表面;

C 级,氧化皮已因锈蚀而剥落,或者可以刮除,且有少量点蚀的钢材表面;

D 级,氧化皮已因锈蚀而全面剥离,且已普遍发生点蚀的钢材表面。

按照《涂覆涂料前钢材表面处理　表面清洁度的目视评定》(GB/T 8923.1—2011)的规定,钢材表面除锈处理等级随除锈方式不同而分为若干等级。钢材表面除锈方式主要包括手工和动力工具除锈、喷(抛)射除锈、化学除锈、火焰除锈等。

手工除锈是一种最简单的方法,主要使用刮刀、砂布、钢丝刷等手工工具,进行手工打磨、刷、铲等操作,从而除去锈垢,然后再用有机溶剂如汽油、丙酮、苯等,将浮锈和油污洗净。动力工具除锈是利用简单的动力工具砂轮机磨去表面锈蚀层。手工和动力工具除锈适用于工作量不大的除锈作业。如管道工程施工,一般采用手工或动力工具除锈。

喷射除锈是利用高压空气为动力,通过喷砂嘴将磨料高速喷射到金属表面,依靠磨料棱角的冲击和摩擦,显露出一定粗糙度的金属本色表面,以得到有一定粗糙度,并显露出金属本色的表面。包括抛射除锈(又称抛丸法除锈)和喷砂除锈。喷(抛)射除锈可以达到比较高的除锈质量以及粗糙度,常用于要求比较高的工程。喷砂除锈是高效、优质的除锈方法,如果条件许可,应优先选用,常用磨料为石英砂。

化学除锈是利用各种酸溶液或碱溶液与金属表面氧化物发生化学反应,使其溶解在酸溶液或碱溶液中,从而达到除锈的目的。该方法在制造厂采用较多,如很多自行车车架的除锈都采用这种方法。

火焰除锈是先将基体表面锈层铲掉,再用火焰烘烤或加热,并配合使用动力钢丝刷清理加热表面。此种方法适用于除掉旧的防腐层或带有油浸过的金属表面工程,不适用于薄壁的金属设备、管道,也不能使用在退火钢和可淬硬钢除锈工程上。

手工或动力工具除锈,金属表面除锈处理等级定为二级,用 St2、St3 表示。St2 级为彻底的手工和动力工具除锈,钢材表面无可见的油脂和污垢,且没有附着不牢的氧化皮、铁锈和油漆涂层等附着物。可保留黏附在钢材表面且不能被钝油灰刀剥掉的氧化皮、锈和旧涂层。St3 级为非常彻底的手工和动力工具除锈。钢材表面无可见的油脂和污垢,且没有附着不牢的氧化皮、铁锈和油漆涂层等附着物。除锈应比 St2 更为彻底,底材显露部分的表面应具有金属光泽。

喷射或抛射除锈定为 Sa1、Sa2、Sa2.5、Sa3 四级。Sa1 级为轻度的喷射或抛射除锈,钢材表面无可见的油脂、污垢、无附着不牢的氧化皮、铁锈、油漆涂层等附着物。Sa2 级为彻底的喷射或抛射除锈,钢材表面无可见的油脂和污垢,且氧化皮、铁锈和油漆涂层等附着物已基本清除,其残留物应是牢固附着的。Sa2.5 级为非常彻底的喷射或抛射除锈,钢材表面无可见的油脂、污垢、氧化皮、铁锈和油漆涂层等附着物,任何残留的痕迹仅是点状或条纹状的轻微色斑。Sa3 级为使钢材表观洁净的喷射或抛射除锈,非常彻底地除掉金属表面的一切杂物,表面无任何可见残留物及痕迹,呈现均匀的金属色泽,并有一定的粗糙度。

另外,还有火焰除锈处理等级 F1 和化学除锈处理等级 Pi。

在编制原《全国统一安装工程预算定额》第十三分册"刷油、防腐蚀、绝热"时,国家尚未颁布钢材表面锈蚀等级标准,因此将常用的手工和动力工具除锈级别简单区分为微、轻、中、重四种,区分标准如下:

微锈:氧化皮完全紧附,仅有少量锈点。

轻锈:部分氧化皮开始破裂脱落,红锈开始发生。

中锈:部分氧化皮破裂脱落,呈堆粉状,除锈后用肉眼能见到腐蚀小凹点。

重锈:大部分氧化皮脱落,呈片状锈层或凸起的锈斑,除锈后出现麻点或麻坑。

现行的《安装工程计价定额》大都采用微锈、轻锈、中锈、重锈四种描述方式。

(2) 金属结构结构类型

钢结构划分为一般钢结构、管廊钢结构、H 型钢制钢结构(包括大于 400 mm 以上各种型钢)三个档次。一般钢结构包括:梯子、栏杆、支吊架、平台等;H 型钢制钢结构包括各种 H 型钢及规格大于 400 mm 以上各种型钢组成的钢结构;管廊钢结构是指管廊钢结构中除一般钢结构和 H 型钢结构及规格大于 400 mm 以上各类型钢外,余下部分的钢结构。

由钢管组成的金属结构的刷油按管道刷油相关项目编码,由钢板组成的金属结构的刷油按 H 型钢刷油相关项目编码。

2) 工程量计算规则

(1) 一般金属结构、管廊钢结构刷油按金属结构的理论质量以"kg"为计量单位计算。

(2) H 型钢制钢结构除锈、刷油:按设计图示表面积尺寸以"m²"为计量单位计算。

(3) 各式圆形管道刷油按设计图示表面积尺寸以"m²"为计量单位计算。

对不保温的管道表面刷油:

$$S = \pi \cdot D \cdot L$$

式中:D——外径;

L——管道延长米。

管道表面积包括管件、阀门、法兰、人孔、管口凹凸部分。

对圆形管道保温层上表面刷油:

$$S = \pi \cdot L \cdot (D + 2.1\delta + 0.008\ 2)$$

式中:D——外径;

　　L——管道延长米;

　　δ——绝热层厚度。

(4)设备刷油按设计图示表面积尺寸以"m²"为计量单位计量计算。

带圆封头的设备面积(图10.1):

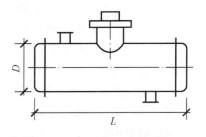

图10.1 圆封头设备不保温面积

$$S = L \cdot \pi \cdot D + \left(\frac{D}{2}\right)^2 \cdot \pi \cdot K \cdot N$$

式中:K——圆封头展开面积系数,$K=1.5$;

　　N——封头个数。

(5)铸铁暖气片刷油按设计图示表面积尺寸以"m²"为计量单位计算。即按暖气片散热面积计算。暖气片散热面积见表10.2所示。

表10.2 铸铁散热器表面积

散热器类型	型号	表面积(m²/片)	散热器类型	型号	表面积(m²/片)
长翼型	大60	1.20	柱型	四柱	0.28
	小60	0.90		五柱	0.37
圆翼型	D80	1.80	M132型		0.24
	D50	1.30			

(6)对通风管道系统

① 通风管道刷油按风管制作安装工程量以"m²"为计量单位计算。

② 通风管道部件刷油按部件质量以"kg"为计量单位计算,执行"金属结构刷油"清单项目。

③ 通风管道、部件支架刷油按金属结构的理论质量以"kg"为计量单位计算,执行"金属结构刷油"清单项目。

10.1.2　综合单价确定

(1)一般钢结构、管廊钢结构除锈、刷油:按金属结构的理论质量以"kg"为计量单位计算。除锈按除锈方式、除锈级别不同套用定额;刷油按照金属结构类型、油漆品种和遍数套用定额。金属结构展开面积为58 m²/t。

(2)H型钢制钢结构除锈、刷油:按设计图示表面积尺寸以"m²"为计量单位计算,除锈按除锈方式、除锈级别不同套用定额;刷油按照油漆品种和遍数套用定额。

(3)各式圆形管道除锈、刷油:按设计图示表面积尺寸以"m²"为计量单位计算。

对不保温的管道表面除锈、刷油面积:

$$S = \pi \cdot D \cdot L$$

对管道保温层上表面刷油面积:

$$S = \pi \cdot L \cdot (D + 2.1\delta + 0.008\ 2)$$

式中:D——外径;

L—— 管道延长米；

δ—— 绝热层厚度。

管道表面积包括管件、阀门、法兰、人孔、管口凹凸部分。

(4) 设备除锈、刷油：按设计图示表面积尺寸以"m²"为计量单位计量计算。

带圆封头的设备面积：

$$S = L \cdot \pi \cdot D + \left(\frac{D}{2}\right)^2 \cdot \pi \cdot K \cdot N$$

式中：K—— 圆封头展开面积系数，$K = 1.5$；

N—— 封头个数。

(5) 铸铁暖气片刷油按设计图示表面积尺寸以"m²"为计量单位计算。

各式管道、设备、铸铁暖气片除锈按除锈方式、除锈级别不同套用定额；刷油按照油漆品种和遍数套用定额。

确定刷油工程综合单价时需注意以下几点：

① 喷射除锈按 Sa2.5 级标准确定。若变更级别标准，如 Sa3 级按人工、材料、机械乘以系数 1.1；Sa2 级或 Sa1 级乘以系数 0.9 计算。

② 除锈工程定额不包括除微锈，发生时执行轻锈定额乘以系数 0.2。

③ 各种管件、阀件及设备上人孔、管口凸凹部分的除锈、刷油已综合考虑在定额内。

④ 同一种油漆刷三遍时，第三遍套用第二遍的定额子目。

⑤ 刷油工程定额是按安装地点就地刷（喷）油漆考虑，如安装前集中刷油，人工乘以系数 0.7（暖气片除外）。

⑥ 标志色环等零星刷油，执行刷油定额相应项目时，其人工乘以系数 2.0。

(6) 通风管道及管道部件除锈、刷油

① 通风管道除锈、刷油：按风管制作安装工程量以"m²"为计量单位计算。除锈按除锈方式、除锈级别不同套用定额；刷油按照油漆品种和遍数套用定额，矩形风管应套用"设备与矩形管道刷油"相应子目。

② 通风管道部件除锈、刷油：按部件质量以"kg"为计量单位计算。

③ 通风管道、部件支架刷油按金属结构的理论质量以"kg"为计量单位计算。

部件及支架除锈按除锈方式、除锈级别不同套用金属结构定额；刷油按照金属结构类型、油漆品种和遍数套用金属结构定额。

确定通风管道及管道刷油工程综合单价需注意以下几点：

① 薄钢板风管刷油按其工程量执行相应项目，仅外（或内）面刷油者，定额乘以系数 1.2，内外均刷油者，定额乘以系数 1.1，但其法兰、加固框、吊托支架刷油已包括在此系数内，不再另计刷油工程量。

② 薄钢板部件刷油按其工程量执行金属结构刷油项目，定额乘以系数 1.15。

③ 不包括在风管工程量内而单独列项的各种支架（不锈钢吊托支架除外）按其工程量执行金属结构项目。

【例 10.1】 某 12 层综合楼消防工程，DN150 焊接钢管 450 m，型钢支架 80 kg，设计文件要求焊接钢管和支架刷红丹防锈漆两遍，编制刷油工程量清单，并确定其综合单价。

【解】 DN150 焊接钢管外径 165 mm，刷油工程量：

$$S = 3.14 \times 0.165 \times 450 = 230.18 \, (\text{m}^2)$$

工程量清单见表 10.3 所示。12 层综合楼消防工程,工程类别二类,综合单价计算见表 10.4 和表 10.5 所示。

表 10.3 分部分项工程和单价措施项目清单与计价表

工程名称:××消防工程　　　　　　　　　　标段:　　　　　　　　　第＿＿页 共＿＿页

序号	项目编码	项目名称	项目特征描述	计量单位	工程数量	金额(元)		
						综合单价	合价	其中:暂估价
1	031201001001	管道刷油	1. 除锈级别:轻锈 2. 油漆品种:红丹防锈漆 3. 涂刷遍数:两遍	m²	230.18			
2	031201003001	金属结构刷油	1. 除锈级别:轻锈 2. 油漆品种:红丹防锈漆 3. 结构类型:一般钢结构 4. 涂刷遍数、漆膜厚度:两遍	kg	80			

表 10.4 分部分项工程项目清单综合单价计算表

工程名称:××消防工程　　　　　　　　　　　　　　　　　　　计量单位:m²
项目编码:031201001001　　　　　　　　　　　　　　　　　　工程数量:230.18
项目名称:管道刷油　　　　　　　　　　　　　　　　　　　　综合单价:15.09 元

序号	定额编号	工程内容	单位	数量	综合单价组成					小计
					人工费	材料费	机械费	管理费	利润	
1	11-1	管道手工除轻锈	10 m²	23.02	494.01	75.05		212.42	69.16	850.64
2	11-51	刷红丹漆第一遍	10 m²	23.02	391.80	90.70		168.47	54.85	705.82
3		材料:红丹漆	kg	33.84		507.59				507.59
4	11-52	刷红丹漆第二遍	10 m²	23.02	391.80	345.30		168.47	54.85	960.42
5		材料:红丹漆	kg	29.93		448.89				448.89
		合计			1 277.61	1 467.53		549.36	178.86	3 473.36

表 10.5 分部分项工程项目清单综合单价计算表

工程名称:××消防工程　　　　　　　　　　　　　　　　　　　计量单位:kg
项目编码:031201003001　　　　　　　　　　　　　　　　　　工程数量:80
项目名称:金属结构刷油　　　　　　　　　　　　　　　　　　综合单价:1.19 元

序号	定额编号	工程内容	单位	数量	综合单价组成					小计
					人工费	材料费	机械费	管理费	利润	
1	11-7	一般钢结构手工除轻锈	100 kg	0.80	17.17	1.93		7.38	2.40	28.88
2	11-117	刷红丹漆第一遍	100 kg	0.80	11.84	2.55		5.09	1.66	21.14
3		材料:红丹漆	kg	0.93		13.92				13.92
4	11-118	刷红丹漆第二遍	100 kg	0.80	11.25	2.22		4.84	1.57	19.88
5		材料:红丹漆	kg	0.76		11.40				11.40
		合计			40.26	32.02		17.31	5.63	95.22

10.2 防腐蚀涂料工程

10.2.1 工程量清单项目

防腐蚀涂料工程工程量清单项目设置、项目特征描述的内容、计量单位及工程量计算规则,应按照《通用安装工程工程量计算规范》中的附录 M.2 的规定,执行见表 10.6 所示。

表 10.6 M.2 防腐蚀涂料工程(编码:031202)

项目编码	项目名称	项目特征	计量单位	工程量计算规则	工程内容
031202001	设备防腐蚀	1. 除锈级别 2. 涂刷(喷)品种 3. 分层内容 4. 涂刷(喷)遍数、漆膜厚度	m²	按设计图示表面积计算	1. 除锈 2. 调配、涂刷(喷)
031202002	管道防腐蚀		1. m² 2. m	1. 以平方米计量,按设计图示表面积尺寸以面积计算 2. 以米计量,按设计图示尺寸以长度计算	
031202003	一般钢结构防腐蚀		kg	按一般钢结构的理论质量计算	
031202004	管廊钢结构防腐蚀			按管廊钢结构的理论质量计算	
031202005	防火涂料	1. 除锈级别 2. 涂刷(喷)品种 3. 涂刷(喷)遍数、漆膜厚度 4. 耐火极限(h) 5. 耐火厚度(mm)	m²	按设计图示表面积计算	
031202006	H 型钢制钢结构防腐蚀	1. 除锈级别 2. 涂刷(喷)品种 3. 分层内容 4. 涂刷(喷)遍数、漆膜厚度	m²		
031202007	金属油罐内壁防静电				
031202008	埋地管道防腐蚀	1. 除锈级别 2. 刷缠品种 3. 分层内容 4. 刷缠遍数	1. m² 2. m	1. 以平方米计量,按设计图示表面积尺寸以面积计算 2. 以米计量,按设计图示尺寸以长度计算	1. 除锈 2. 刷油 3. 防腐蚀 4. 缠保护层
031202009	环氧煤沥青防腐蚀				1. 除锈 2. 涂刷、缠玻璃布
031202010	涂料聚合一次	1. 聚合类型 2. 聚合部位	m²	按设计图示表面积计算	聚合

一般钢结构、管廊钢结构、H 型钢制钢结构的定义见上一节。

在描述项目特征时,除了说明除锈级别、涂刷(喷)品种、涂刷(喷)遍数外,还需说明分层内容。分层内容是指应注明每一层的内容,如底漆、中间漆、面漆及玻璃丝布等。

建筑设备安装工程中钢管防腐蚀及埋地钢管防腐蚀按设计要求,如设计无规定时,可按有关施工验收规范执行。

表 10.7 为《建筑给水排水及采暖工程施工质量验收规范》(GB 50242—2002)中规定的管道防腐层结构。表 10.8、表 10.9 为《给水排水管道工程施工及验收规范》(GB 50268—

2008)中规定的管道防腐层结构。

表 10.7　管道防腐层种类与结构

防腐层层次	正常防腐层	加强防腐层	特加强防腐层
（从金属表面起）　1	冷底子油	冷底子油	冷底子油
2	沥青涂层	沥青涂层	沥青涂层
3	外包保护层	加强包扎层	加强保护层
		（封闭层）	（封闭层）
4		沥青涂层	沥青涂层
5		外保护层	加强包扎层
6			（封闭层）
			沥青涂层
7			外包保护层
防腐层厚度不小于(mm)	3	6	9

表 10.8　石油沥青涂料外防腐层构造

材料种类	普通级（三油二布）		加强级（四油三布）		特加强级（五油四布）	
	构　造	厚度(mm)	构　造	厚度(mm)	构　造	厚度(mm)
石油沥青涂料	（1）底料一层 （2）沥青(厚度≥1.5 mm) （3）玻璃布一层 （4）沥青 　（厚度1.0~1.5 mm） （5）玻璃布一层 （6）沥青 　（厚度1.0~1.5 mm） （7）聚氯乙烯工业薄膜一层	≥4.0	（1）底料一层 （2）沥青(厚度≥1.5 mm) （3）玻璃布一层 （4）沥青 　（厚度1.0~1.5 mm） （5）玻璃布一层 （6）沥青 　（厚度1.0~1.5 mm） （7）玻璃布一层 （8）沥青 　（厚度1.0~1.5 mm） （9）聚氯乙烯工业薄膜一层	≥5.5	（1）底料一层 （2）沥青(厚度≥1.5 mm) （3）玻璃布一层 （4）沥青 　（厚度1.0~1.5 mm） （5）玻璃布一层 （6）沥青 　（厚度1.0~1.5 mm） （7）玻璃布一层 （8）沥青 　（厚度1.0~1.5 mm） （9）玻璃布一层 （10）沥青 　（厚度1.0~1.5 mm） （11）聚氯乙烯工业薄膜一层	≥7.0

表 10.9　环氧煤沥青涂料外防腐层构造

材料种类	普通级（三油）		加强级（四油一布）		特加强级（六油二布）	
	构　造	厚度(mm)	构　造	厚度(mm)	构　造	厚度(mm)
环氧煤沥青涂料	（1）底料 （2）面料 （3）面料 （4）面料	≥0.3	（1）底料 （2）面料 （3）面料 （4）玻璃布 （5）面料 （6）面料	≥0.4	（1）底料 （2）面料 （3）面料 （4）玻璃布 （5）面料 （6）面料 （7）玻璃布 （8）面料 （9）面料	≥0.6

　　管道、设备防腐蚀，埋地管道防腐蚀，环氧煤沥青防腐蚀按设计图示表面积尺寸以"m^2"为计量单位计算。

管道面积：$\qquad\qquad\qquad\qquad S=\pi \cdot D \cdot L$

阀门表面积：$\qquad\qquad\qquad S=\pi \cdot D \cdot 2.5D \cdot K \cdot N$

弯头表面积：$\qquad\qquad\qquad S=\pi \cdot D \cdot 1.5D \cdot 2\pi \cdot \dfrac{N}{B}$

法兰表面积：$\qquad\qquad\qquad S=\pi \cdot D \cdot 1.5D \cdot K \cdot N$

式中：D——直径；

$\qquad L$——管道延长米；

$\qquad K$——系数，1.05；

$\qquad N$——阀门、弯头、法兰个数；

$\qquad B$——90°弯头 $B=4$；45°弯头 $B=8$。

带圆封头的设备面积：

$$S = L \cdot \pi \cdot D + \left(\dfrac{D}{2}\right)^2 \cdot \pi \cdot K \cdot N$$

式中：K——圆封头展开面积系数，$K=1.5$；

$\qquad N$——封头个数。

一般钢结构、管廊钢结构防腐蚀按钢结构的理论质量以"kg"为计量单位计算；H 型钢制钢结构防腐蚀按设计图示表面积计算，以"m²"为计量单位。

防火涂料按设计图示表面积计算，以"m²"为计量单位。

计算设备、管道内壁防腐蚀工程量，当壁厚大于 10 mm 时，按其内径计算；当壁厚小于 10 mm 时，按其外径计算。

10.2.2　综合单价确定

(1) 管道及设备除锈、防腐蚀涂料工程量：按设计图示表面积尺寸以"m²"为计量单位计算。除锈按除锈方式、除锈级别不同套用定额；防腐涂料按照涂料品种和遍数套用相应定额。

管道面积：$\qquad\qquad\qquad\qquad S=\pi \cdot D \cdot L$

带圆封头的设备面积：$\qquad S = L \cdot \pi \cdot D + \left(\dfrac{D}{2}\right)^2 \cdot \pi \cdot K \cdot N$

式中字符含义同上。

(2) 埋地管道防腐蚀的保护层工程量：按设计图示表面积尺寸以"m²"为计量单位计算。按照保护层品种套用相应定额。

(3) 一般钢结构、管廊钢结构的除锈、防腐涂料工程量：按钢结构的理论质量以"kg"为计量单位计算。

(4) H 型钢制钢结构除锈、防腐涂料工程量：按设计图示表面积尺寸以"m²"为计量单位计算。

金属结构除锈按除锈方式、除锈级别不同套用定额；防腐涂料按照涂料品种和分层内容(底漆、中间漆、面漆)套用相应定额。

【例 10.2】　某管道工程，埋地 DN150 焊接钢管 200 m，设计文件要求管道采用环氧煤沥青涂料外防腐，防腐层结构为加强级(四油一布)，编制防腐涂料工程工程量清单，并确定其综合单价。工程类别二类。

【解】 DN150 焊接钢管外径 165 mm,防腐涂料工程量:

$$S = 3.14 \times 0.165 \times 200 = 103.62 \ (\text{m}^2)$$

工程量清单见表 10.10 所示,综合单价计算见表 10.11 所示。

表 10.10　分部分项工程和单价措施项目清单与计价表

工程名称:××工业管道工程　　　　　　　　　　标段:　　　　　　　　第___页　共___页

序号	项目编码	项目名称	项目特征描述	计量单位	工程数量	金额(元)		
						综合单价	合价	其中:暂估价
1	031202009001	环氧煤沥青防腐蚀	1. 除锈级别:轻锈 2. 刷缠品种:刷环氧煤沥青、缠玻璃布 3. 刷缠遍数:刷底漆一遍、面漆两遍、缠玻璃布一道、玻璃布刷面漆两遍	m²	103.62			

表 10.11　分部分项工程项目清单综合单价计算表

工程名称:××工业管道工程　　　　　　　　　　　　　　　　　计量单位:m²
项目编码:031202009001　　　　　　　　　　　　　　　　　　工程数量:103.62
项目名称:环氧煤沥青防腐蚀　　　　　　　　　　　　　　　　综合单价:89.03 元

序号	定额编号	工程内容	单位	数量	综合单价组成					小计
					人工费	材料费	机械费	管理费	利润	
1	11-1	管道手工除轻锈	10 m²	10.36	222.33	33.77		95.60	31.13	382.83
2	11-325	环氧煤沥青防腐一底	10 m²	10.36	260.66	104.84		112.08	36.49	514.07
3		材料:环氧煤沥青底漆	kg	25.90		518.00				518.00
4	11-326×2	环氧煤沥青防腐二面	10 m²	10.36	628.64	257.76		270.32	88.01	1 244.73
5		材料:环氧煤沥青面漆	kg	58.02		1 160.32				1 160.32
6	11-327	缠玻璃布	10 m²	10.36	398.65	822.58		171.42	55.81	1 448.46
7	11-328	玻璃布面刷环氧煤沥青第一遍	10 m²	10.36	593.32	201.29		255.13	83.06	1 132.80
8		材料:环氧煤沥青面漆	kg	53.87		1 077.44				1 077.44
9	11-329	玻璃布面刷环氧煤沥青第二遍	10 m²	10.36	505.98	154.16		217.57	70.84	948.55
10		材料:环氧煤沥青面漆	kg	39.89		797.72				797.72
		合计			2 609.58	5 127.88		1 122.12	365.34	9 224.92

10.3　绝热工程

10.3.1　工程量清单项目

　　绝热工程工程量清单项目设置、项目特征描述的内容、计量单位及工程量计算规则,应按照《通用安装工程工程量计算规范》中的附录 M.8 中的规定执行,见表 10.12 所示。

表 10.12 M.8 绝热工程(编码:031208)

项目编码	项目名称	项目特征	计量单位	工程量计算规则	工程内容
031208001	设备绝热	1. 绝热材料品种 2. 绝热厚度 3. 设备形式 4. 软木品种	m³	按图示表面积加绝热层厚度及调整系数计算	1. 安装 2. 软木制品安装
031208002	管道绝热	1. 绝热材料品种 2. 绝热厚度 3. 管道外径 4. 软木品种			
031208003	通风管道绝热	1. 绝热材料品种 2. 绝热厚度 3. 软木品种	1. m³ 2. m²	1. 以立方米计量,按图示表面积加绝热层厚度及调整系数计算 2. 以平方米计量,按图示表面积及调整系数计算	
031208004	阀门绝热	1. 绝热材料 2. 绝热厚度 3. 阀门规格	m³	按图示表面积加绝热层厚度及调整系数计算	安装
031208005	法兰绝热	1. 绝热材料 2. 绝热厚度 3. 法兰规格			
031208006	喷涂、涂抹	1. 材料 2. 厚度 3. 对象	m²	按图示表面积计算	喷涂、涂抹安装
031208007	防潮层、保护层	1. 材料 2. 厚度 3. 层数 4. 对象 5. 结构形式	1. m² 2. kg	1. 以平方米计量,按图示表面积加绝热层厚度及调整系数计算 2. 以千克计量,按图示金属结构质量计算	安装
031208008	保温盒、保温托盘	名称	1. m² 2. kg	1. 以平方米计量,按图示表面积计算 2. 以千克计量,按图示金属结构质量计算	制作、安装

　　管道及设备的绝热结构一般分层设置,由内到外,保冷结构由防腐层、保冷层、防潮层、保护层组成。保温结构由防腐层、保温层、保护层组成,在潮湿环境或埋地状况下,需在保温层表面增设防潮层。圆形管道绝热结构示意见图 10.2 所示,矩形风管绝热结构示意见图 10.3 所示。

　　防腐层是将防腐材料敷设在设备或碳钢管道的表面,防止其因受潮而腐蚀。保温碳钢管道或设备常采用刷红丹防锈漆、防锈漆两遍,保冷碳钢管道常采用刷沥青漆两遍。保冷(温)层是绝热结构的核心,将绝热材料敷设在管

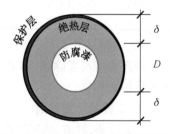

图 10.2 圆形管道绝热结构示意图
D—管道外径;δ—绝热层厚度

道或设备的外表面,阻止外部环境与管内介质的热量交换。常用的绝热材料有矿(岩)棉、玻璃棉、硅酸钙、膨胀珍珠岩、泡沫玻璃制品和硬质聚氨酯泡沫塑料等。防潮层是保冷

层的维护层,将防潮材料敷设在保冷层外,阻止外部环境的水蒸气渗入,防止保冷层材料受潮后降低保冷功效乃至破坏保冷功能,常用防潮层材料有聚乙烯薄膜、玻璃丝布等。保护层是为防止雨水对保温、保冷、防潮层的侵蚀或外力破坏,延长绝热结构使用寿命,保持外观整齐美观,保护层常用有玻璃丝布、复合铝箔、玻璃钢等非金属材料,镀锌薄钢板、薄铝合金板等金属材料敷设于绝热层表面,再捆扎并辅以黏结剂与密封剂将其封严。也可以在绝热层表面附着一层或多层基层材料,并在其上方涂抹各类涂层材料形成保护层。在保护层外表面根据需要可涂刷防腐漆,采用不同颜色的防腐漆或制作相应色标,以识别设备或管道内介质类别和流向。

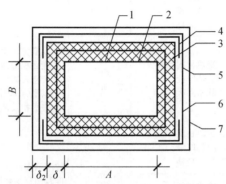

图 10.3　矩形风管绝热结构示意图

1—风管;2—风管防锈漆;3—保温层 δ;4—角状铁垫片;5—铅丝网;

6—涂抹保护壳 δ_2 或缠绕玻璃布等;7—保护壳调和漆

1) 项目特征

(1)绝热材料品种:绝热材料的品种很多,比较常用的有岩棉、矿渣棉、玻璃棉、硅藻土、石棉、膨胀珍珠岩、泡沫玻璃制品和硬质聚氨酯泡沫塑料等。

(2)设备形式:指立式、卧式或球形。

(3)对象:指设备、管道、通风管道、阀门、法兰、钢结构。

(4)防潮层、保护层的层数:是指树脂玻璃钢管道的防潮层、保护层结构,如一布二油、两布三油等。

(5)防潮层、保护层的结构形式:对钢结构而言,即钢结构形式,包括一般钢结构、H 型钢制结构、管廊钢结构。

另外,如设计要求保温、保冷分层施工需注明。按照规范要求,保温层厚度大于100 cm,保冷层厚度大于 80 cm 时应分层安装,工程量应分层计算。

绝热工程前需除锈、刷油,应按《通用安装工程工程量计算规范》附录 M.1 刷油工程相关项目编码列项。

2) 工程量计算规则

(1)设备、管道、通风管道、阀门、法兰绝热:按图示表面积加绝热层厚度及调整系数以"m³"为计量单位计算。

设备筒体、圆形管道绝热工程量:

$$V = \pi \cdot (D + 1.033\delta) \cdot 1.033\delta \cdot L$$

矩形风管绝热工程量:

$$V = 2(A + B + 2.066\delta) \cdot 1.033\delta \cdot L$$

设备封头绝热工程量：

$$V = \left(\frac{D + 1.033\delta}{2}\right)^2 \pi \cdot 1.033\delta \cdot 1.5 \cdot N$$

阀门绝热工程量：

$$V = \pi \cdot (D + 1.033\delta) \cdot 2.5D \cdot 1.033\delta \cdot 1.05 \cdot N$$

法兰绝热工程量：

$$V = \pi \cdot (D + 1.033\delta) \cdot 1.5D \cdot 1.033\delta \cdot 1.05 \cdot N$$

拱顶罐封头绝热工程量：

$$V = 2\pi r \cdot (h + 1.033\delta) \cdot 1.033\delta$$

式中：D——直径；

　　L——管道延长米；

　　δ——绝热层厚度；

　　1.033——调整系数；

　　N——设备封头、阀门、弯头、法兰个数；

　　A、B——矩形风管的宽和高。

绝热工程分层施工时，第二层（直径）工程量：

$$D_1 = (D + 2.1\delta) + 0.008\ 2$$

以此类推。

在计算管道和设备绝热工程量时，管道绝热工程，除阀门法兰外，其他管件均已包括；设备绝热工程，除法兰、人孔外，其封头已计算在内。

人孔和管接口绝热工程量（图 10.4）：

$$V = \pi(h + 1.033\delta) \cdot (d + 1.033\delta) \cdot 1.033\delta$$

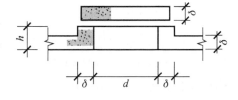

图 10.4　人孔和管接口绝热示意图

（2）喷涂、涂抹：按图示表面积以"m²"为计量单位计算。

（3）防潮层、保护层：按图示表面积加绝热层厚度及调整系数以"m²"为计量单位计算。

设备筒体、圆形管道防潮和保护层工程量：

$$S = \pi \cdot (D + 2.1\delta + 0.0082) \cdot L$$

人孔和管接口防潮和保护层工程量：

$$S = \pi(h + 1.05\delta) \cdot (d + 2.1\delta)$$

矩形风管防潮和保护层工程量：

① 涂抹法：　　$S = 2L(A + B + 4.2\delta + 2.066\delta_2)$

② 捆扎法：　　$S = 2L(A + B + 4.2\delta)$

设备封头防潮和保护层工程量：

$$S = \left(\frac{D + 2.1\delta}{2}\right)^2 \cdot \pi \cdot 1.5 \cdot N$$

阀门防潮和保护层工程量：

$$S=\pi \cdot (D+2.1\delta) \cdot 2.5D \cdot 1.05 \cdot N$$

法兰防潮和保护层工程量：

$$S=\pi \cdot (D+2.1\delta) \cdot 1.5D \cdot 1.05 \cdot N$$

拱顶罐封头防潮和保护层工程量：

$$S=2\pi r \times (h+2.1\delta)$$

式中：D——直径；

$\quad L$——管道延长米；

$\quad \delta$——绝热层厚度；

$\quad \delta_2$——涂抹法施工时涂抹层厚度；

$\quad 2.1、4.2$——调整系数；

$\quad 0.008\ 2$——捆扎线直径或钢带厚度；

$\quad N$——设备封头、阀门、弯头、法兰个数；

$\quad A、B$—— 矩形风管的宽和高。

矩形风管保护壳表面油漆工程量：

$$S=2L(A+B+4.2\delta+4.2\delta_2+0.132\delta_2)$$

（4）保温盒制作安装按图示表面积以"m²"为计量单位计算；保温托盘按图示金属结构质量以"kg"为计量单位计算。

10.3.2　综合单价确定

绝热工程中绝热层以"m³"为计量单位，防潮层、保护层以"m²"为计量单位计算。管道、设备绝热及防潮层、保护层工程量计算公式同上。按绝热材料种类、绝热层厚度及绝热结构形式的不同套用相应定额。

定额将绝热工程保温材料品种划分为纤维类制品、泡沫塑料类制品、毡类制品及硬质材料类制品几大类。具体说明如下：

（1）纤维类制品：包括矿棉、岩棉、玻璃棉、超细玻璃棉、泡沫石棉制品、硅酸铝制品等。

（2）泡沫类制品：包括聚苯乙烯泡沫塑料、聚氨酯泡沫塑料等。

（3）毡类制品：包括岩棉毡、矿棉毡、玻璃棉毡制品。

（4）硬质材料类制品：包括珍珠岩制品、泡沫玻璃类制品。

根据绝热材料及施工方法的不同，常用的绝热结构形式有：预制式（管壳）绝热结构、包扎式绝热结构、喷涂式绝热结构、涂抹式绝热结构、缠绕式绝热结构等。

在计算绝热工程量、套用相应定额时，需注意以下问题：

（1）管道绝热工程，除法兰、阀门外，其他管件均已考虑在内；设备绝热工程，除法兰、人孔外，其封头已考虑在内。不要重复计算。

（2）依据规范要求，保温厚度大于 100 mm、保冷厚度大于 80 mm 时应分层施工，工程量分层计算，采用相应厚度定额。但是如果设计要求保温厚度小于 100 mm、保冷厚度小于 80 mm 也需分层施工时，也应分层计算工程量。

分层计算时，第二层（直径 D_1）工程量：

$$D_1=(D+2.1\delta)+0.008\ 2$$

（3）聚氨酯泡沫塑料发泡工程，是按现场直喷无模具考虑的，若采用有模具浇注法施工，其模具制作安装应依据施工方案另行计算。

（4）矩形管道绝热需要加防雨坡度时，其人工费、材料费、机械费应另行计算。

（5）卷材安装应执行相同材质的板材安装项目，其人工、铁丝消耗量不变，但卷材用量损耗率按 3.1% 考虑。

（6）复合成品材料安装应执行相同材质瓦块（或管壳）安装项目。复合材料分别安装时应按分层计算。

（7）镀锌铁皮的规格按 1 000×2 000 和 900×1 800，厚度 0.8 mm 以下综合考虑，若采用其他规格铁皮时，可按实际调整。厚度大于 0.8 mm 时，其人工费乘以系数 1.2；卧式设备保护层安装，其人工费乘以系数 1.05。此项也适用于铝皮保护层，主材可以换算。

（8）采用不锈钢薄板保护层安装时，其人工乘以系数 1.25，钻头用量乘以系数 2.0，机械台班乘以系数 1.15。

（9）设备和管道绝热均按现场安装后绝热施工考虑，若先绝热后安装时，其人工乘以系数 0.9。

（10）矩形通风管道绝热，套用卧式设备相应子目。

【例 10.3】 某厂建管网供热工程，DN250 焊接钢管长 L 为 500 m。管道保温之前，采用动力工具除锈，再刷红丹防锈漆两遍。绝热采用岩棉管壳，δ 为 60 mm，管壳缠玻璃丝布两层做保护层，玻璃布表层刷调和漆两遍。编制相应工程工程量清单并确定其综合单价。工程类别为二类。

【解】 DN250 焊接钢管外径 273 mm。

钢管除锈、刷油工程量：
$$S = \pi \times D \times L = 3.14 \times 0.273 \times 500 = 428.61 \, (\text{m}^2)$$

钢管绝热工程量：
$$V = \pi \times (D + 1.033\delta) \times 1.033\delta \times L$$
$$= 3.14 \times (0.273 + 1.033 \times 0.06) \times 1.033 \times 0.06 \times 500$$
$$= 32.60 \, (\text{m}^3)$$

二层管道保护层工程量：
$$S = \pi \times (D + 2.1\delta + 0.008\,2) \times L$$
$$= 3.14 \times (0.273 + 2.1 \times 0.06 + 0.008\,2) \times 500 = 639.30 \, (\text{m}^2)$$

玻璃布表层刷调和漆工程量：
$$S = \pi \times (D + 2.1\delta + 0.008\,2) \times L$$
$$= 3.14 \times (0.273 + 2.1 \times 0.06 + 0.008\,2) \times 500 = 639.30 \, (\text{m}^2)$$

工程量清单见表 10.13 所示。综合单价计算见表 10.14～表 10.17 所示。

表 10.13 分部分项工程和单价措施项目清单与计价表

工程名称：××供热工程　　　　　　　标段：　　　　　　　　　　第___ 共___页

序号	项目编码	项目名称	项目特征描述	计量单位	工程数量	金额（元）		
						综合单价	合价	其中：暂估价
1	031201001001	管道刷油	1. 除锈级别：轻锈 2. 油漆品种：红丹防锈漆 3. 涂刷遍数：两遍	m²	428.61			

续表

序号	项目编码	项目名称	项目特征描述	计量单位	工程数量	金额(元)		
						综合单价	合价	其中:暂估价
2	031208002001	管道绝热	1. 绝热材料品种:岩棉管壳 2. 绝热厚度:60 mm 3. 管道外径:273 mm	m³	32.60			
3	031208007001	防潮层、保护层	1. 材料:玻璃丝布 2. 层数:两层 3. 对象:管道	m²	639.30			
4	031201006001	布面刷油	1. 布面品种:玻璃丝布 2. 油漆品种:调和漆 3. 涂刷遍数:两遍	m²	639.30			

表 10.14　分部分项工程项目清单综合单价计算表

工程名称:××供热工程　　　　　　　　　　　　　　　　　　　　　计量单位:m²
项目编码:031201001001　　　　　　　　　　　　　　　　　　　　　工程数量:428.61
项目名称:管道刷油　　　　　　　　　　　　　　　　　　　　　　　　综合单价:16.33 元

序号	定额编号	工程内容	单位	数量	综合单价组成					小计
					人工费	材料费	机械费	管理费	利润	
1	11-16	管道除轻锈	10 m²	42.86	1 268.66	122.15		545.52	177.61	2 113.94
2	11-51	刷红丹漆第一遍	10 m²	42.86	729.48	168.87		313.68	102.13	1 314.15
3		材料:红丹漆	kg	63.00		945.06				945.06
4	11-52	刷红丹漆第二遍	10 m²	42.86	729.48	642.90		313.68	102.13	1 788.18
5		材料:红丹漆	kg	55.72		835.77				835.77
		合计			2 727.61	2 714.75		1 172.87	381.87	6 997.10

表 10.15　分部分项工程项目清单综合单价计算表

工程名称:××供热工程　　　　　　　　　　　　　　　　　　　　　计量单位:m³
项目编码:031208002001　　　　　　　　　　　　　　　　　　　　　工程数量:32.60
项目名称:管道绝热　　　　　　　　　　　　　　　　　　　　　　　　综合单价:589.91 元

序号	定额编号	工程内容	单位	数量	综合单价组成					小计
					人工费	材料费	机械费	管理费	利润	
1	11-1848	DN250 岩棉管壳 δ60 mm	m²	32.60	3 329.11	573.11		1 431.52	466.08	5 799.82
2		材料:岩棉管壳	m²	33.58		13 431.20				13 431.20
		合计			3 329.11	14 004.31		1 431.52	466.08	19 231.02

表 10.16 分部分项工程项目清单综合单价计算表

工程名称:××供热工程
项目编码:031208007001
项目名称:防潮层、保护层

计量单位:m²
工程数量:639.30
综合单价:11.76 元

| 序号 | 定额编号 | 工程内容 | 单位 | 数量 | 综合单价组成 | | | | | 小计 |
					人工费	材料费	机械费	管理费	利润	
1	11-2161×2	二层玻璃丝布保护层	10 m²	63.93	3 406.19	23.01		1 464.66	476.87	5 370.73
2		材料:玻璃丝布	m²	1 790.04		2 148.05				2 148.05
		合计			3 406.19	2 171.06		1 464.66	476.87	7 518.78

表 10.17 分部分项工程项目清单综合单价计算表

工程名称:××供热工程
项目编码:031201006001
项目名称:布面刷油

计量单位:m²
工程数量:639.30
综合单价:22.39 元

| 序号 | 定额编号 | 工程内容 | 单位 | 数量 | 综合单价组成 | | | | | 小计 |
					人工费	材料费	机械费	管理费	利润	
1	11-246	玻璃布面刷调和漆 第一遍	10 m²	63.93	3 690.04	149.60		1 586.72	516.61	5 942.97
2		材料:调和漆	kg	121.47		1 822.01				1 822.01
3	11-247	玻璃布面刷调和漆 第二遍	10 m²	63.93	3 216.96	108.68		1 383.29	450.37	5 159.30
4		材料:调和漆	kg	92.70		1 390.48				1 390.48
		合计			6 907.00	3 470.77		2 970.01	966.98	14 314.76

【例 10.4】 某厂建管网供热工程,碳钢管道保温工程,管径 ϕ273 mm,长 L 为 300 m,管道保温之前,采用动力工具除锈,再刷红丹防锈漆两遍。绝热采用内层做岩棉管壳,δ 为 60 mm,外层作聚氨酯泡沫塑料瓦块,δ 为 60 mm,保护层作玻璃布两层及两道沥青漆。计算绝热工程工程量。

【解】 DN250 焊接钢管外径 273 mm。

钢管除锈、刷油工程量:
$$S = \pi \times D \times L = 3.14 \times 0.273 \times 300 = 257.17 \ (\text{m}^2)$$

钢管岩棉管壳绝热工程量:
$$V = \pi \times (D + 1.033\delta) \times 1.033\delta \times L$$
$$= 3.14 \times (0.273 + 1.033 \times 0.06) \times 1.033 \times 0.06 \times 300$$
$$= 19.56 \ (\text{m}^3)$$

绝热工程第二层直径:
$$D_1 = (D + 2.1\delta) + 0.008 \ 2$$
$$= 0.273 + 2.1 \times 0.06 + 0.008 \ 2$$
$$= 0.407 \ 2 \ \text{m}$$

钢管聚氨酯绝热工程量：
$$V = \pi \times (D_1 + 1.033\delta) \times 1.033\delta \times L$$
$$= 3.14 \times (0.407\,2 + 1.033 \times 0.06) \times 1.033 \times 0.06 \times 300$$
$$= 27.39 \ (\text{m}^3)$$

保护层直径 D_2：
$$D_2 = (D_1 + 2.1\delta) + 0.008\,2$$
$$= 0.407\,2 + 2.1 \times 0.06 + 0.008\,2$$
$$= 0.541\,4 \ (\text{m})$$

二层管道保护层工程量：
$$S = \pi \times (D_1 + 2.1\delta + 0.008\,2) \times L$$
$$= 3.14 \times (0.407\,2 + 2.1 \times 0.06 + 0.008\,2) \times 300$$
$$= 510.00 \ (\text{m}^2)$$

玻璃布表层刷沥青漆工程量：
$$S = \pi \times (D_1 + 2.1\delta + 0.008\,2) \times L$$
$$= 3.14 \times (0.407\,2 + 2.1 \times 0.06 + 0.008\,2) \times 300$$
$$= 510.00 \ (\text{m}^2)$$

10.4 计取有关费用的规定

《安装工程计价定额》中的《第十一册 刷油、防腐蚀、绝热工程》规定：

（1）超高降效增加费

以设计标高±0.00 m为准，当安装高度超过±6.00 m，人工费和机械费分别乘以下表10.18中的系数。

表 10.18 超高降效增加系数表

20 m以内	30 m以内	40 m以内	50 m以内	60 m以内	70 m以内	80 m以内	80 m以上
0.3	0.4	0.5	0.6	0.7	0.8	0.9	1.0

（2）厂区外1～10 km增加的费用，按超过部分的人工费和机械费乘以系数1.10计算。

10.5 措施项目

根据现行《通用安装工程工程量计算规范》，措施项目分为能计量的单价措施项目与不能计量的总价措施项目两类。措施项目费的计算方法详见第二章。这里简要介绍刷油、防腐蚀、绝热工程等工程中常用的措施项目。

10.5.1 单价措施项目费

1）脚手架搭拆费

脚手架搭拆费的计算方法同前。

脚手架搭拆费费率，按照下列系数计算，其中人工工资占25%：

（1）刷油工程：按人工费的 8%。

（2）防腐蚀工程：按人工费的 12%。

（3）绝热工程：按人工费的 20%。

计算脚手架搭拆费时，除锈工程的脚手架搭拆费应分别随刷油工程或防腐蚀工程计算，即刷油工程的脚手架搭拆费的计算基数中应包括除锈工程发生的人工费；防腐蚀工程的脚手架搭拆费的计算基数中应包括除锈工程发生的人工费。

2）高层建筑增加费（高层施工增加费）

建筑设备安装工程，高层建筑增加费按主体工程（通风空调、消防、给排水、采暖、电气工程）的高层建筑增加费相应规定计算。

3）安装与生产同时进行施工增加费

安装与生产同时进行施工增加费以单位工程人工费为取费基础，按人工费的 10% 计取，其中人工费占 100%，在该人工费的基础上再计算管理费和利润。

4）有害身体健康环境中施工增加费

有害身体健康环境中施工增加费以单位工程人工费为取费基础，按人工费的 10% 计取，其中人工费占 100%，在该人工费的基础上再计算管理费和利润。

10.5.2　总价措施项目费

通用安装工程中总价措施项目费内容同前。

《江苏省建设工程费用定额》（2014 年）规定，总价措施项目费计算基数为：

分部分项工程费－除税工程设备费＋单价措施项目费

即：　　总价措施项目费＝（分部分项工程费－除税工程设备费＋单价措施项目费）×

相应费率（%）

总价措施项目费费率参见《江苏省建设工程费用定额》（2014 年）。

主要参考文献

1 住房和城乡建设部.建设工程工程量清单计价规范(GB 50500—2013)[M].北京:中国计划出版社,2013.

2 住房和城乡建设部.通用安装工程工程量计算规范(GB 50856—2013)[M].北京:中国计划出版社,2013.

3 规范编制组.2013建设工程计价计量规范辅导[M].2版.北京:中国计划出版社,2013.

4 江苏省住房和城乡建设厅.江苏省安装工程计价定额(2014版)[M].南京:江苏凤凰科学技术出版社,2014.

5 朱永恒,李俊,等.安装工程工程量清单计价[M].2版.南京:东南大学出版社,2011.

6 朱永恒,王宏.给水排水工程造价[M].北京:化学工业出版社,2011.

7 朱永恒.环境工程工程量清单与投标报价[M].北京:机械工业出版社,2006.

8 江苏省建设工程造价管理总站.安装工程技术与计价[M].南京:江苏凤凰科学技术出版社,2014.

9 全国造价工程师执业资格考试培训教材编审委员会.建设工程计价[M].6版.北京:中国计划出版社,2013.

10 全国一级建造师执业资格考试用书编写委员会.建设工程经济[M].4版.北京:中国建筑工业出版社,2015.

11 北京广联达慧中软件技术有限公司工程量清单专家顾问委员会.工程量清单的编制与投标报价[M].北京:中国建材工业出版社,2003.

12 全国建设工程招标投标从业人员培训教材编写委员会.建设工程施工发包承包价格[M].北京:中国计划出版社,2002.

13 刘钟莹.工程估价[M].南京:东南大学出版社,2002.

14 李启明.土木工程合同管理[M].南京:东南大学出版社,2002.

15 吴心伦.安装工程定额与预算[M].重庆:重庆大学出版社,2002.

16 徐伟,等.土木工程概预算与招投标[M].上海:同济大学出版社,2002.

17 周树琴.建筑工程造价与招标投标[M].成都:成都科技大学出版社,1998.

18 田威.FIDIC合同条件实用技巧[M].2版.北京:中国建筑工业出版社,2003.

19 谭大璐.建筑工程估价[M].北京:中国计划出版社,2002.

20 建设部标准定额司.全国统一安装工程预算工程量计算规则[M].2版.北京:中国计划出版社,2000.

21 唐连珏.工程造价的确定与控制[M].北京:中国建材工业出版社,2001.

22 孙景芝,韩永学.电气消防[M].北京:中国建筑工业出版社,2000.